调水建筑物运行期安全评价方法及应用

阎红梅　杨元月　王彤彤　崔　溦　编著

黄河水利出版社
·郑州·

内 容 提 要

本书介绍了国内外已建调水工程及调水建筑物,分析了调水建筑物的基本特点。基于调水建筑物的安全评价现状,介绍了6种建筑物安全评价方法。选取相关工程实例,分析各类建筑物运行期安全影响因素,并计算主要隐患发生的可能性;根据计算分析,得出建筑物安全评价结论。在此基础上,提出调水建筑物运行期安全控制措施、应急预案、应急调度与处置措施、补救措施等。

本书适合水利工程管理技术人员及相关专业大专院校师生阅读参考。

图书在版编目(CIP)数据

调水建筑物运行期安全评价方法及应用/阎红梅等编著. —郑州:黄河水利出版社,2021.8

ISBN 978-7-5509-3071-1

Ⅰ.①调… Ⅱ.①阎… Ⅲ.①调水-水工建筑物-安全评价-研究 Ⅳ.①TV68

中国版本图书馆 CIP 数据核字(2021)第165763号

组稿编辑:王路平 电话:0371-66022212 E-mail:hhslwlp@126.com
田丽萍 66025553 912810592@qq.com

出 版 社:黄河水利出版社 网址:www.yrcp.com
地址:河南省郑州市顺河路黄委会综合楼14层 邮政编码:450003
发行单位:黄河水利出版社
发行部电话:0371-66026940、66020550、66028024、66022620(传真)
E-mail:hhslcbs@126.com
承印单位:广东虎彩云印刷有限公司
开本:787 mm×1 092 mm 1/16
印张:13.75
字数:320千字
版次:2021年8月第1版 印次:2021年8月第1次印刷

定价:90.00元

前　言

调水工程是优化水资源时空分布的一项重要举措，是解决水资源严重短缺的可行措施，并能缓解因水资源短缺而造成的生态和环境问题，对缺水地区的经济和社会发展起着至关重要的作用。

调水工程在缓解了水资源分布不均衡的同时，其安全问题也值得关注。调水工程一般为跨区域、地形地质条件复杂的线性工程，沿线穿越城镇、农村等居民区，跨越众多交通设施、构筑物等，涉及范围广，运行期面临的隐患复杂，管理难度大；同时，由于工程运行管理涉及不同流域和地区，管理关系复杂，工程失事的影响较大。从宏观几何形态上看，调水工程是一个由许多建筑物组成的串联系统，系统中任何一个建筑物的失效都会影响工程的运行安全。例如，南水北调东线、中线一期工程是京、津及华北地区供水安全的重要保障，特别是中线工程，因调蓄能力不足，对工程安全运行要求极高。中线一期工程总干渠沿线地质地形条件复杂，渠道、渡槽、隧洞、管涵（PCCP）、倒虹吸等大型输水建筑物众多。东线一期工程穿越河网众多，由河道、泵站、调蓄水库等构成了庞大而复杂的输水系统。工程通水运行以来，其运行安全一直是管理者和社会关注的重点。因此，积极开展对大型调水建筑物运行安全影响因素的识别和分析，提出有效对策，控制隐患事件，对工程的安全运行具有重要意义。

本书共分为9章，主要内容包括三个方面：一是针对调水建筑物已有的安全评价方法的总结；二是基于大量的工程调研和数据分析，提出了主要调水建筑物隐患、安全影响因素及安全评价指标体系和方法；三是总结了运行期调水建筑物安全控制措施。本书较为系统地总结了渡槽、倒虹吸、PCCP、渠道、泵站等主要调水建筑物的运行期安全评价问题，并结合南水北调工程典型建筑物给出了应用案例分析成果，对于类似工程具有一定的参考价值。

本书编写人员及编写分工如下：水利部南水北调规划设计管理局阎红梅、王彤彤编写第1章和第2章，水利部南水北调规划设计管理局杨元月、王彤彤编写第3章和第9章，天津大学崔溦、水利部南水北调规划设计管理局梁钟元编写第4章和第5章，水利部南水北调规划设计管理局钟慧荣、王文丰编写第6章，水利部南水北调规划设计管理局李楠楠、张颜编写第7章，天津大学邹旭、汤秋纬编写第8章。全书由阎红梅、杨元月负责统稿、审定。

本书是在国家重点研发计划“南水北调工程运行性能演变、病害成因及安全影响因素研究”的资助下完成的，在此表示衷心的感谢！

由于作者的学识和水平所限,书中难免存在疏漏、不妥或错误之处,恳请读者与专家指正。

作　者

2021年5月

目 录

第 1 章　调水建筑物的基本特点

随着人口的增长、经济的发展以及人民生活水平的日益提高,工业、生活和生态等各方面对水资源的需求量日益增加。水资源短缺在一些地区已经成为制约社会发展、人民生活水平提高的重要因素,水资源问题已成为 21 世纪生存与可持续发展的一个重要议题。解决这一危机需要对有限的水资源进行优化配置,加强水资源的统一规划与管理,充分有效利用有限水资源。跨流域调水通过调剂水量余缺来实现两个或两个以上的流域系统之间的合理水资源开发利用,是解决水资源空间分布不均、缓解缺水地区水资源供需矛盾、实现水资源合理配置的重要调控手段与措施。

1.1　调水工程及调水建筑物

由于水资源在自然状态下的时空分布不均匀,许多国家都修建了跨流域调水工程,以寻求更广泛时空范围内的水资源优化配置。据不完全统计,全球已建成、在建或规划中的大型跨流域调水工程超过 300 个。世界上的大型河流湖泊,如非洲的尼罗河、南美的亚马孙河、北美的五大湖、欧洲的多瑙河、亚洲的底格里斯河和幼发拉底河、印度的恒河等,都有调水工程的踪迹。

国外最早的调水工程是公元前 2 400 多年埃及的尼罗河调水工程,该工程从尼罗河引水灌溉埃塞俄比亚高原南部地区。20 世纪,国外大型调水工程发展迅速。很多国家如美国、俄罗斯、加拿大、澳大利亚、巴基斯坦、印度等,采用跨流域调水的方法对水资源进行再分配,缓解或解决了缺水地区的经济发展问题,取得了巨大的效益。

我国调水历史悠久,公元前 486 年修建的引长江水入淮河的邗沟工程、公元前 256 年修建的都江堰引水工程、公元 1293 年全线贯通的京杭大运河等早期跨流域调水工程,主要用于漕运和农业灌溉。我国是典型的水资源分布不均匀的国家,缺水区主要分布在华北地区和沿海地带。自 20 世纪 80 年代以来,我国陆续修建了一些调水工程,包括山西万家寨引黄入晋工程、天津引滦入津工程、山东引黄济青工程、甘肃引大入秦工程、四川武都引水工程、南水北调工程等大型调水工程。其中,南水北调工程是我国有史以来最大的跨流域调水工程,是一项以解决我国北方地区水资源短缺、改善生态环境为目标的特大型跨流域调水工程,能够提高人民的生活水平以及促进国民经济的可持续发展,具有巨大的经济效益、生态效益、社会效益。

1.1.1　美国加利福尼亚州调水工程

美国加利福尼亚州(简称加州)位于美国西海岸,西濒太平洋,北与俄勒冈州、东与内华达州及亚利桑那州接壤,南邻墨西哥,面积共 411 013 km^2,总人口约 3 260 万。加州的土地面积列全美第三位,人口列全美第一位。加州是美国第一农业大州,盛产水果、小麦、家禽等农畜产品;食品工业在美国居于首位,其次是飞机制造业、火箭工业等。

加州气候冬季湿凉,夏季温暖干燥。横穿全州的大气高压带使加州夏季以晴朗天气为主,只有少许的降雨。冬季高压带南移,将全州控制在太平洋气压中,使得这个季节的气候多雨雪。加州的大部分水汽来源于太平洋,年平均降水量大约为 584 mm,65%的降水量在蒸发或者植被传送过程中被消耗掉,剩余的 35%则形成地表径流,不到 50%的地表径流用于农业灌溉和城市的工业和人口需求。

无论是加州现在的社会经济发展还是未来长久的繁荣都离不开充足的水资源供给。从 20 世纪 30 年代开始,加州政府就十分重视水利工程的修建,以解决州内水资源供求上的矛盾。先后修建了中央峡谷水利工程、加利福尼亚州水利工程(简称加州水利工程)、科罗拉多河水利工程和洛杉矶水渠等,这其中最著名也最为重要的是加利福尼亚州水利工程。

1.1.1.1 加州水利工程的背景

在加州 411 013 km^2 面积范围内,有沙漠和亚热带高山分布,水资源有着明显的地域性差别。当一些地区苦于 51 mm 的年降水量时,另一些地区却为 2 540 mm 的年降雨量而烦恼。另外,在许多水资源供给不足的地方,人口却越来越密集。更好地储存和控制水资源,把水资源调送到最需要的地区是加州水利工程建设的基本思路。

第二次世界大战之后,加州人口数量的增长与水资源供给之间的矛盾日益突出,因此在 20 世纪 40 年代末提出了修建加州水利工程的设想,并于 50 年代得到了充分的论证。1951 年,联邦政府议会批准了加州水利工程并且为详细的研究拨出专项资金;1959 年立法机关通过了 Burns-Porter act 法案,批准发行 17.5 亿美元的债券进行最初的工程建设;60 年代,全州人民投票通过了该法案。之后,利用十几年的时间,加州水利工程完成了大部分工程的建设内容。

加州超过 2/3 的公民或多或少受益于该工程。此外,工程还向数以万计的工厂和成千上万亩的农田提供水源。

1.1.1.2 加州水利工程的供水系统

加州水利工程是长距离调水工程,工程的供水系统由 32 座蓄水库、18 座泵站、4 座抽水蓄能电厂、5 座水力发电厂、1 065 km 长的水渠和管道组成,其中包括著名的奥罗维尔大坝、雁翎河水库、加州水渠、南湾水渠、北湾水渠和圣路易斯水库等。

工程主要由以下几个部分组成。

1. 渠首工程

渠首工程即为加州水利工程的水源工程。

加州水利工程起始于雁翎河支流上的戴维斯湖、法兰西人湖和安提罗普湖,沿着雁翎河的支流,水自流到巴特县境内的奥罗维尔湖,它们组成工程系统中最主要的蓄水湖库。在春冬季节,奥罗维尔湖把来源于雁翎河上游的水储存起来,年平均蓄水库容达 3.7 亿 m^3,经凯悦、铁马利托等三座抽水蓄能电厂流入雁翎河的天然主河道,之后水蜿蜒流入萨克拉门托河和三角洲地区。

2. 中部输水工程

在三角洲地区,工程分为北湾水渠和南湾水渠两个部分。

北部,水流通过巴克尔河泵站和考德利亚泵站后,沿着北部湾水渠流入纳帕县和索拉诺县,以满足这两个地区的用水需求。南部,水流通过沙洲、南湾和迪瓦雷泵站到三角洲南部的比萨尼水库,再从该小水库把一部分水通过南海湾抽水蓄能电厂输送到南海湾水渠,以满足阿拉米达县和圣塔克来拉县的用水需求。

在三角洲地区,根据水质不同,有一部分弃水流入太平洋中,剩余的大部分水继续送往北加州、旧金山山湾地区,以及中部沿海地带的圣霍金谷和南加州。

3. 北部输水工程

北部输水工程是整个加州水利工程中最为重要的部分,加利福尼亚州水渠是其主体工程。

从比萨尼水库流出的大部分水进入加利福尼亚州水渠。加利福尼亚州水渠主渠长715 km,起源于南三角洲的三角洲泵站,水渠引水南下,穿越圣霍金谷,越过德哈查比山脉,最后在南加州的羚羊谷分为两条水渠——西支渠和东支渠,西支渠终点是洛杉矶北部的加斯达克湖,东支渠终点是临河县的佩利斯湖。

当水流到达加利福尼亚州水渠中部,途经中部湾的南圣霍金谷后,向西分出支渠,延长164 km至中部沿海地带的圣达巴巴拉县,为圣达巴巴拉县和圣路易斯欧毕斯珀县提供水源。

加利福尼亚州水渠的最大设计流量在三角洲处为292 m^3/s,在穿越德哈查比山脉到达南部海岸地区时为127 m^3/s。途经多个提水泵站,如友谊泵站、美景泵站、梯岭泵站和科利斯曼泵站到达德哈查比山脉。其中,在穿越德哈查比山脉后,将途经世界上单位距离内水位提升最大的泵站——艾蒙斯顿泵站,水位在不到14 km的距离内提升587 m。

水流从艾蒙斯顿泵站出来后进入羚羊谷。在羚羊谷水流流向两个支渠——西支渠和东支渠。东渠支线上修建了梨花泵站、阿拉漠发电站和马哈维虹吸发电站,水流经过这些电站后注入银木湖,再流入圣伯尔纳迪诺运河,水位降落432 m到达魔鬼峡谷发电站,最后流到佩利斯湖。水流在西渠支线通过奥索泵站和平安谷管道到达华尔那发电站,穿过华尔那发电站流入洛杉矶境内的金字塔湖,出金字塔湖后流经天使运河和加斯达克抽水蓄能电站到西支渠的终点——加斯达克湖。

1.1.1.3 加州水利工程的社会经济效益

加州水利工程是美国最大的水利项目,它的首要目的是调节不同地区间的水资源供求不平衡。此外它还具有防洪、发电、改善水质、休闲娱乐,提高鱼和野生动物的生物栖息环境等功能。

1. 提水泵站

由于地理位置因素,加州水利工程全长1 046 km内共修建18座提水泵站,如从三角洲至圣霍金谷段,从海拔120 m提升至1 034 m,在73 km长的距离内水位提升了914 m,是目前世界上单位距离内提升水位最高的工程。水位提升后可以向南自流,到达南加州水库。由于提水泵站的能源主要是电力,因此加州水利工程是加州最大的用电户。整个工程系统中建有18座提水泵站,每年的耗电量高达13.7亿kW·h。达到设计流量时,仅艾蒙斯顿泵站每年就将耗电5.8亿kW·h。泵站的电力能源主要来源于煤电、水电等。

2. 水力发电

加州水利工程系统中修建了 9 座水力发电站,其中包括 5 座径流式电站和 4 座抽水蓄能电站,每年提供的电量大约有 6 亿 kW·h(相当于旧金山城市一年的用电量),其中 3/4 用来维持整个加州水利工程的运转,即加州水利工程有 32%的用电可以自行解决,可降低近 1/3 的运营成本。

奥罗维尔湖上的凯悦抽水蓄能电站是工程系统中最大的发电站,年发电量 2.2 亿 kW·h,在其西边的铁马利托抽水蓄能电站年发电量 0.32 亿 kW·h。两个发电站的水库均为多年调节水库,可根据实际的用电需要决定发电量。圣路易斯水库为吉亚尼利抽水蓄能电站的下池,吉亚尼利抽水蓄能电站的年发电量可以达到 0.18 亿 kW·h。水自流到西支渠和东支渠支线时,途经魔鬼峡谷发电站、加斯达克抽水蓄能电站、华尔那发电站、阿拉漠发电站和马哈维虹吸发电站等,每年总发电量可达到 3.4 亿 kW·h。这些系统内的发电站大大缓解了加州水利工程运行期间的供电紧张局面,同时可以将一部分多余的电量供于民用。

3. 防洪

加州水利工程在防洪方面发挥了重要的作用,如在 1964 年,刚刚修建一部分的奥罗维尔大坝就在抵抗当时发生在雁翎河洪水中发挥了重要的作用,完工之后的奥罗维尔大坝更为雁翎河和萨拉门托河的防洪提供了坚实的保障。

圣霍金谷农场多次发生洪水,加州水利工程减缓了洪水的流量和流速,避免了洪水在进入加利福尼亚州水渠时带来巨大的灾难。整个工程系统不仅控制了洪水,而且为发电站发电积蓄了能量。

1.1.2 埃及西水东调工程

阿拉伯埃及共和国地处尼罗河下游,跨亚洲、非洲两大洲,主要领土在非洲,苏伊士运河以东的西奈半岛属亚洲,北临地中海,南与苏丹接壤,西邻利比亚,东邻以色列。埃及国土面积 100 万 km^2,绝大部分为沙漠,适于人居和生产的尼罗河三角洲和尼罗河谷地,仅占国土面积的 4%。西奈半岛面积约 6 万 km^2,其地势南高北低,南有埃及最高峰凯瑟琳山,海拔 2 637 m,北部地势平坦,多为沙漠。埃及气候炎热干燥,热带沙漠气候地区占全国的 86%,仅地中海沿岸属亚热带地中海式气候。

1.1.2.1 水资源及其开发利用

埃及以干旱著称,降水量稀少,年均仅约 10 mm,地中海沿岸年降水量 150~200 mm,开罗地区 28 mm,开罗以南广大地区基本为无雨区,且蒸发强烈,纳赛尔湖年均蒸发量约 2 500 mm。尼罗河是埃及唯一的河流,也是唯一的地表水源。尼罗河在阿斯旺年径流量 840 亿 m^3。根据 1959 年埃及和苏丹两国签订的分水协议,埃及分享水量 555 亿 m^3,苏丹分享水量 185 亿 m^3,另有 100 亿 m^3 作为最大蒸发量。待尼罗河上游工程完成后,尼罗河将增加 180 亿 m^3 可用水量,埃及可多分得 90 亿 m^3,埃及将享有尼罗河水 645 亿 m^3,另有地下水 5 亿 m^3,灌溉回归水约 1.20 亿 m^3,部分资源化后,水资源总量为 685 亿 m^3,如果全部资源化,最大可能水资源总量为 770 亿 m^3。1990 年埃及总用水量达到 514 亿 m^3,水资源开发利用率很高。其中,农业灌溉是最主要的用水户,年用水量 440 亿 m^3,约占总水量的 85%,工业用水量占 9%,城市生活用水量占 6%,人均综合用水量为 913 m^3。

1.1.2.2　西水东调工程背景

埃及经济以农业为主,但人口多、耕地少,1997 年人口 6 200 多万,耕地 4 200 余万亩(280 余万 hm^2),人均耕地不足 0.7 亩(0.047 hm^2),在耕地面积中约 1/3 种植棉花,是世界长绒棉的主要产地,也是埃及主要的出口物资,但粮食不能自给。根据埃及农业发展政策,要求采取扩大耕地面积和提高单位面积产量双管齐下的举措,增加粮食产量,最大限度地减少粮食进口,增加水果、蔬菜出口。其次,埃及人口集中在尼罗河三角洲和尼罗河谷,其他地方人烟稀少,位于亚洲部分的西奈半岛基本没有开发,对国家均衡发展极为不利,从长远社会经济发展要求考虑,迫切需要开发。西奈北部地势平坦,适于农耕,制约西奈发展的关键因素是水,其地表大部分被沙漠覆盖,埃及唯一的水源是尼罗河,要开发西奈只有跨大洲从尼罗河调水,别无他途。

1.1.2.3　西奈北部开发总体规划

埃及公共工程和水资源部为开发西奈半岛成立了“西奈北部开发委员会”,专司西奈北部开发工程的建设和管理。埃及西水东调工程主要有三部分:苏伊士运河以西渠道、穿苏伊士运河输水隧洞、西奈北部输水工程。规划开发耕地 378 万亩(25.2 万 hm^2),其中苏伊士运河西侧非洲部分开发 126 万亩(8.4 万 hm^2)。

苏伊士运河以东亚洲部分西奈半岛北部开发 252 万亩(17.36 万 hm^2),总用水量 44.5 亿 m^3,其中引用尼罗河淡水量 21.1 亿 m^3,利用三角洲灌溉回归水量 23.4 亿 m^3,大体按 1∶1混合进行灌溉,部分采用喷滴灌。根据土壤不同,分别种植谷物、水果、蔬菜、牧草和油料等作物,发展工农业生产,提供就业机会,减少粮食进口,增加水果、蔬菜出口。根据工程规划,将从人口过密的尼罗河谷移民 75 万人到西奈北部发展,建立新村 45 个,每村约 5 万亩(0.33 万 hm^2)耕地,建立中心村 10 个,每个中心村辖 4~6 个新村,划分成 5 个区进行开发。

1.1.2.4　西水东调工程的规划与施工

西水东调工程自尼罗河三角洲地区修建萨拉姆渠,引尼罗河水东调,在东调中加入排水(灌溉回归水)。萨拉姆渠到苏伊士运河段长约 87 km,从苏伊士运河底经隧洞立交穿过,继续东行 175 km 直达阿里什干河谷,连同运西段,西水东调工程主干线全长 262 km。西奈北部输水工程基本位于沙漠地区,建设条件艰苦,但工程设计标准高,施工质量好。输水工程为减少渗漏损失,采取混凝土全断面衬砌,渠道施工引进成套渠道衬砌设备,渠道削坡、混凝土浇筑、振捣、切割分缝等全部采用机械化作业。尼罗河三角洲地势低平,受穿苏伊士运河工程两端水位控制,东水西调工程设有 9 处抽水泵站,其中在输水干线上设有 7 级泵站,逐级提水东调。由于地形复杂,采用压力管道输水,水泵加压 75.5 m,抽水流量 52.6 m^3/s。为预防干旱地区因灌溉产生土壤盐碱化问题,在灌溉工程建设的同时建设了排水系统,以控制开发区的地下水位。

1.1.2.5　穿苏伊士运河工程

这是埃及西水东调工程中的最大单项工程,也是工程技术难度最大的一项工程。苏伊士运河为沟通地中海与红海的齐洋面运河,水位为 0.0 m,现运河底为-19.5 m,设计进行浚深拓宽,河底深至-27 m,输水隧洞顶部设计高程为-39 m,距运河设计河底 12 m。运河西侧有公路、铁路、供水渠道等设施,穿越苏伊士运河全部以隧洞形式与这些设施立交。设计输水隧洞长 770 m,最大输送流量 160 m^3/s,设 4 条圆形隧洞,内径 5.1 m。隧洞由英国豪克公司设计、意大利公司施工,使用德国海伦克奈特公司盾构机开挖衬砌,隧洞外衬用预制 30 cm 厚混凝土拱片,中置 2 mm 厚 PVC 薄膜,内衬混凝土厚 32 cm,隧洞两端进出口设控制建筑物。

1.1.2.6 工程投资与效益

西水东调开发西奈北部沙漠是埃及最大的土地开发项目,建设内容包括两大部分:①基础设施工程,主要有灌溉排水系统、输变电系统、道路工程;②开发区及新村建设,主要有农场内部的灌排水网、住房、公共服务设施、内部供电和交通等。按 1994 年价格,工程总投资约 17.24 亿美元。工程于 20 世纪 90 年代初全面开工建设,至 1995 年苏伊士运河以西萨拉姆渠及土地开发等项目全部完工,1994 年初开始建设穿苏伊士运河输水隧洞工程,工期 3 年,于 1997 年 5 月完工。

1998 年 10 月 26 日,埃及总统穆巴拉克亲临西水东调穿苏伊士运河工程,按动提闸放水的电钮,在埃及历史上开天辟地头一回,通过苏伊士运河底下的输水隧洞将尼罗河水调至干旱缺水的西奈半岛,为工农业生产和人民生活提供了宝贵的水资源。西奈半岛北部开发工程全部完工后,西水东调工程将横贯西奈北部平原,苏伊士运河东西两岸将新增约 380 万亩(25 万 hm^2)耕地,大片沙漠将变为良田沃野,新建 45 座新村和住宅区,为 150 万人口提供生活用水,有效缓解埃及粮食的短缺状况,增加水果、蔬菜出口,促进西奈经济社会的全面发展与繁荣。

1.1.3 中国南水北调中线工程

南水北调中线工程规划分两期实施:一期(2010 年)调水 95 亿 m^3/年;后期(2030 年)调水 130 亿 m^3/年。中线远景从三峡水库坝址或库区大宁河引(提)水,或在荆沙市引长江水自流或提水入引汉总干渠。

南水北调中线一期工程以大坝加高扩建后的丹江口水库为水源,从位于丹江口库区的陶岔渠首枢纽引水,输水总干渠沿唐白河平原北部及黄淮海平原西部布置,经伏牛山南麓山前岗垄与平原相间地带,沿太行山东麓山前平原及京广铁路西侧的条形地带北上,跨越长江、淮河、黄河、海河四大流域,沿线经过河南、河北、北京、天津四省(市)。南水北调中线一期工程总干渠全长 1 432 km,其中陶岔渠首至北京团城湖全长 1 276 km,天津干线从西黑山分水闸至天津外环河全长 156 km;规划多年平均调水量 95 亿 m^3;陶岔渠首设计流量为 350 m^3/s,加大流量为 420 m^3/s。

陶岔渠首至北拒马河段采用明渠输水,北京段采用管涵加压输水与小流量自流相结合的方式输水,天津干渠自河北省徐水县西黑山村北总干渠上分水向东至天津外环河,采用明渠与箱涵相结合的无压接有压自流输水方式。总干渠渠首设计水位 147.38 m,北京段末端的水位为 48.57 m,天然总水头 98.81 m。

南水北调中线工程总干渠为 Ⅰ 等工程,渠道及其交叉建筑物的主要建筑物为 1 级建筑物,次要建筑物为 3 级建筑物。穿越流域面积大于或等于 20 km^2 河道的交叉建筑物的设计洪水标准按 100 年一遇洪水设计,300 年一遇洪水校核;穿越流域面积小于 20 km^2 河道的左岸排水建筑物的设计洪水标准按 50 年一遇洪水设计,200 年一遇洪水校核;总干渠与各河渠交叉、左岸排水建筑物连接渠段的防洪标准与相应的主体建筑物洪水标准一致;穿黄工程设计洪水标准为 300 年一遇,校核洪水标准为 1 000 年一遇。

南水北调中线总干渠包含众多建筑物,其中,中线总干渠共有各类建筑物 2 387 座,包括:输水建筑物 159 座(其中,渡槽 27 座、倒虹吸 102 座、暗渠 17 座、隧洞 12 座、泵站 1 座);穿越总干渠的河渠交叉建筑物 31 座;左岸排水 476 座;渠渠交叉建筑物 128 座;控制建筑物 304 座;铁路交叉建筑物 51 座;公路交叉建筑物 1 238 座。

南水北调中线工程的构思和前期研究工作始于 20 世纪 50 年代初,众多科研设计单位投入了大量人力、物力对方案和重大技术问题进行了多方案分析论证。2002 年 12 月,国务院批准了《南水北调工程总体规划》。其后,《南水北调中线一期工程项目建议书》通过了水利部水利水电规划设计总院的审查和中国国际咨询工程公司的评估。2003 年 12 月,京石段应急供水工程开工建设,标志着南水北调中线工程正式开工;2008 年 9 月,京石段应急供水工程建成通水;2011 年 4 月,黄河以南段开工建设,标志中线干线主体工程全部开工。2013 年 6 月,天津干线主体工程全线贯通;2013 年 12 月,中线干线主体工程完工。

南水北调中线干线工程在全线正式通水之前,京石段工程作为南水北调中线干线工程建设前期完工的单项工程,运行已近 6 年,在 2008 年 9 月至 2014 年 4 月期间,先后 4 次利用河北省水库向北京应急供水,中线全线于 2014 年 12 月 12 日正式通水运行。截至 2021 年 7 月 19 日,南水北调中线一期工程已平稳运行 6 年多,累计调水 384 亿 m^3,其中河南省累计分水量 135 亿 m^3、河北省累计分水量 116 亿 m^3、天津市累计分水量 65 亿 m^3、北京市累计分水量 68 亿 m^3。中线工程通水以来,已惠及沿线 20 多个大中城市及 131 个县,直接受益人口达 7 900 万。工程总体运行安全平稳,水质稳定达标,Ⅰ类水占比超过 80%。2007 年以来,中线工程向沿线 48 条河流累计补水 59 亿 m^3,华北地下水位下降趋势得到有效遏制,部分地区止跌回升。

1.2　调水建筑物的主要特点

调水工程主要是由输水渠道、输水管道、渡槽、倒虹吸、隧洞和各类控制建筑物,以及其他附属建筑物等组成的复杂输水系统。下面介绍几种典型的输水建筑物及其主要特点。

1.2.1　渡槽

渡槽,又称过水桥,是为了输送渠道水流以明渠方式修建的跨越山川河流、洼地、山地、道路等障碍的架空输水构筑物,是渠系建筑物中应用最广泛的立体交叉建筑物之一。渡槽可用于输送渠水进行农田灌溉、城市生活用水和工业用水的跨流域调度,也可用于泄洪和导流。随着我国水利基础设施的建设和发展,渡槽得到了广泛的应用。例如,南水北调中线一期工程总干渠修建建筑物 2 387 座,其中渡槽 27 座,可见渡槽在水利工程建设中的重要作用。

渡槽一般由进出口段、槽身段、支承结构和基础等部分组成。

(1)进出口段。包括进出口渐变段,以及与两岸渠道连接的槽台、挡土墙等。其作用是使槽内水流与渠道水流平顺衔接,减小水头损失并防止冲刷。

(2)槽身段。主要起输水作用,对于梁式、拱上结构为排架式的拱式渡槽,槽身还起纵向梁的作用。槽身横断面形式有矩形、梯形、U 形、半椭圆形和抛物线形等,常用矩形与 U 形,如图 1-1 所示。横断面的形式与尺寸主要根据水力计算、材料、施工方法及支承结构形式等条件选定。有的渡槽则将槽身与支承结构结合为一体。

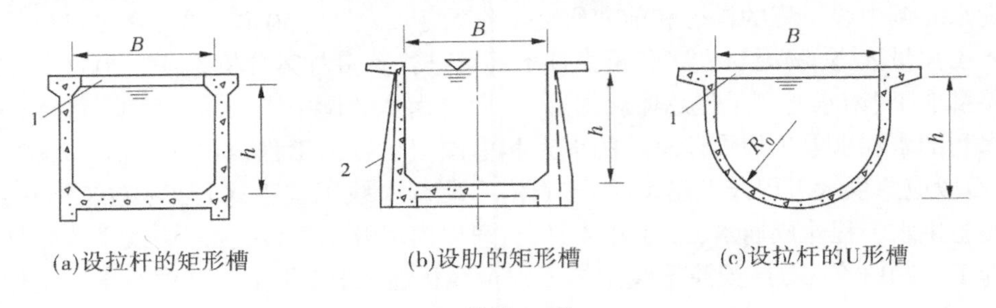

(a)设拉杆的矩形槽 (b)设肋的矩形槽 (c)设拉杆的U形槽

1—拉杆;2—肋

图 1-1 矩形及 U 形槽身横断面

(3)支承结构。其作用是将支承结构以上的荷载通过它传给基础,再传至地基。按支承结构形式的不同,可将渡槽分为梁式渡槽和拱式渡槽两大类,如图 1-2 所示。梁式渡槽的支承结构有重力式槽墩、钢筋混凝土排架及桩柱式排架等。拱式渡槽的支承结构由墩台、主拱圈及拱上结构组成。槽墩及槽架如图 1-3 所示。

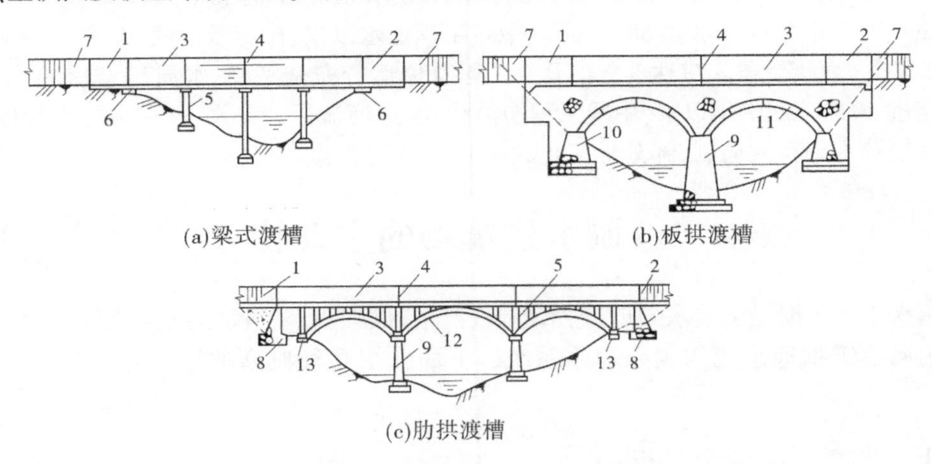

(a)梁式渡槽 (b)板拱渡槽

(c)肋拱渡槽

1—进口段;2—出口段;3—槽身;4—伸缩缝;5—排架;6—支墩;7—渠道;
8—重力式槽台;9—槽墩;10—边墩;11—砌石板拱;12—肋拱;13—拱座

图 1-2 各式渡槽

(4)基础。为渡槽下部结构,其作用是将渡槽全部重量传给地基。

1.2.2 倒虹吸

倒虹吸是渠道穿越山谷、河流、道路时连接渠道的压力管道,形状类似倒置的虹吸管。

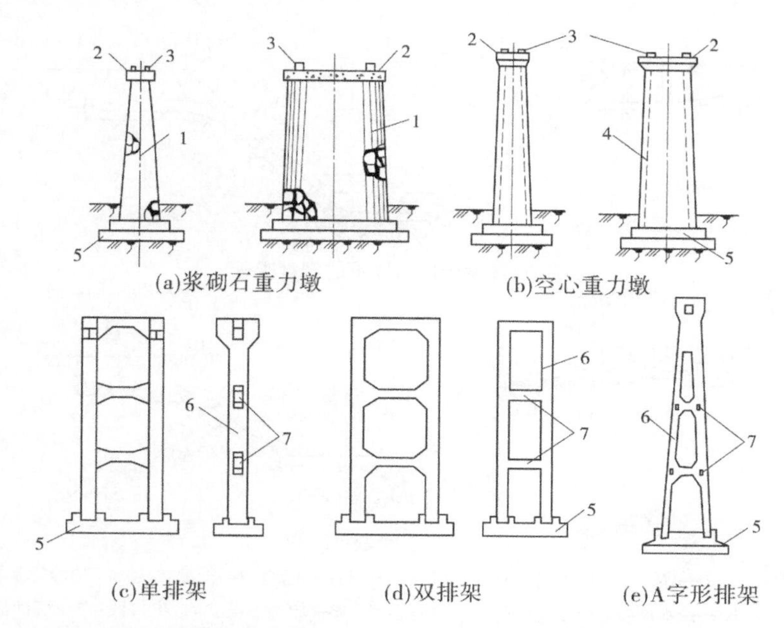

1—浆砌石;2—混凝土墩帽;3—支座钢板;4—预制块砌空心墩身;5—基础;6—排架柱;7—横梁

图 1-3　槽墩及槽架

渠道与山谷、河流等相交,既可用渡槽,也可用倒虹吸。当穿越的山谷又深又宽时,采用渡槽不经济,或交叉高度不大,或高差虽大,但允许有较大的水头损失时,一般采用倒虹吸。倒虹吸的优点是工程量少,造价低,施工方便;缺点是水头损失大,维护管理不如渡槽方便。

倒虹吸可做如下布置:对高差不大的倒虹吸,常用斜管式或竖井式;对高差较大的倒虹吸,当跨越山沟时,管道一般沿地面敷设,当穿过深河谷时,可在深槽部分建桥,如图 1-4 所示。

倒虹吸一般由进口段、出口段和管身段等部分组成。

(1)进口段。包括渐变段、闸室段(设拦污栅、闸门),有的工程还设有沉沙池。进口段与渠道平顺衔接,以减小水头损失。渐变段可以做成扭曲面或八字墙等形式。闸门用于管内清淤和检修,双管或多管倒虹吸的进口必须设置闸门,当通过小流量时,可利用部分管道过水,以增大管内流速,防止和减少泥沙在管内淤积。拦污栅用于拦污和防止人畜落入渠内被吸进倒虹吸管。

(2)出口段。出口段的布置形式与进口段基本相同。单管可不设闸门;若为多管,可在出口段预留检修门槽。出口渐变段一般较进口渐变段稍长,渐变段的主要作用在于调整出口水流的流速分布,使水流均匀平顺地流入下游渠道。

(3)管身段。管身断面可为圆形或矩形。圆形管因水力条件和受力条件较好,大中型工程多采用这种形式。矩形管仅用于水头较低的中小型工程。根据流量大小和运用要求,倒虹吸管可以设计成单管、双管或多管。管身所用材料可根据水头、管径及材料供应情况选定,常用浆砌石、混凝土、钢筋混凝土及预应力钢筋混凝土等,其中后两种应用较广。

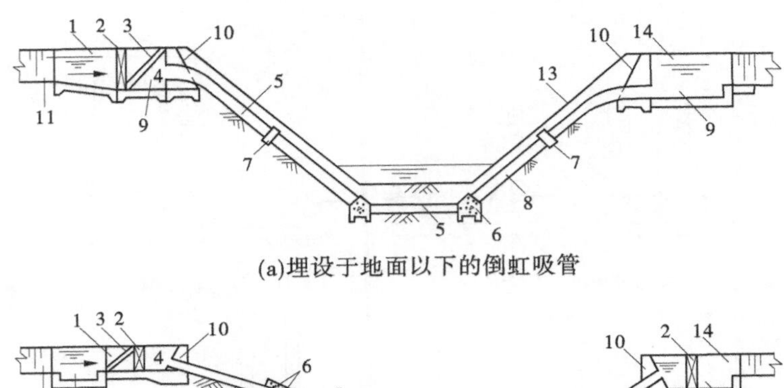

(a)埋设于地面以下的倒虹吸管

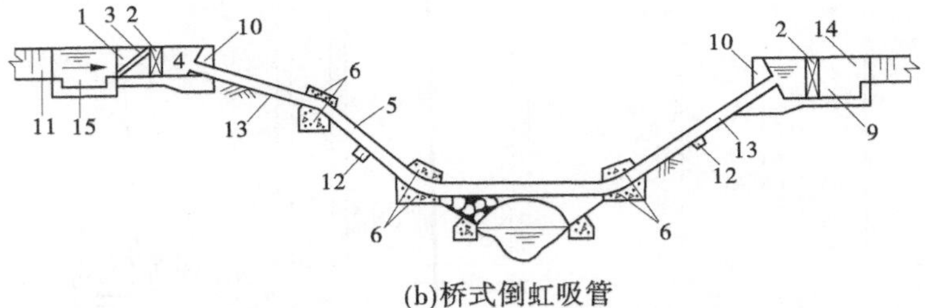

(b)桥式倒虹吸管

1—进口渐变段;2—闸门;3—拦污栅;4—进水口;5—管身;6—镇墩;7—伸缩接头;8—冲沙放水孔;
9—消力池;10—挡水墙;11—进水渠道;12—中间支墩;13—原地面线;14—出口段;15—沉沙池

图 1-4 倒虹吸管的布置

1.2.3 预应力钢筒混凝土管(PCCP)

预应力钢筒混凝土管由钢丝、钢筒、砂浆几种材料组合而成,属于一种新型复合管材,英文名称为 Prestressed Concrete Cylinder Pipe,简称 PCCP。PCCP 的组成方式是在带有钢筒且内壁光滑的混凝土管芯外表面,以一定的拉应力环向缠绕一层或多层钢丝,且多层钢丝之间需喷射一定厚度的砂浆,然后在钢丝最外层表面辊射密实而耐久的砂浆,焊接在钢筒两端的承插口的凹槽能与胶圈相结合形成滑动柔性接头。PCCP 管道结构示意图见图 1-5。

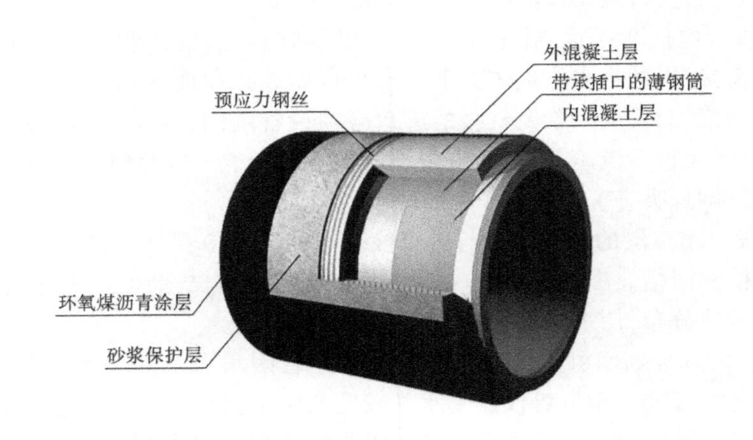

图 1-5 PCCP 管道结构示意图

PCCP 可分为两种形式,即内衬式预应力钢筒混凝土管(PCCPL)和埋置式预应力钢筒混凝土(PCCPE),这两种形式管道的不同在于钢筒和管芯的位置。PCCPL 的钢筒位于混凝土管芯外侧,预应力钢丝缠绕在钢筒外表面,一般采用离心工艺成型,管径为 410~1 520 mm,见图 1-6(a)。PCCPE 的钢筒一般嵌埋在混凝土管芯内靠近管芯内壁的 1/3 处,预应力钢丝缠绕在管芯最外层,一般采用立式振动法成型,管径在 1 220 mm 以上,见图 1-6(b)。

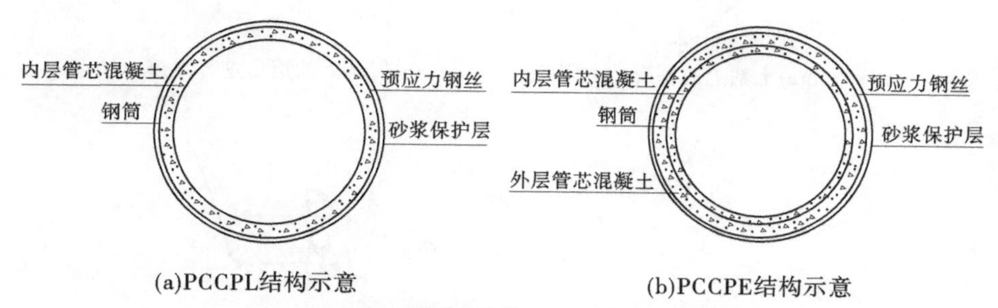

图 1-6　两种形式的 PCCP 结构示意图

PCCP 因其独特的结构而具备了各种复合材料的优点,如钢筒的抗拉性和抗渗性、混凝土的抗压性和耐磨性,使管道承受较大的内外压力载荷。正是因为管道具有一系列优良的经济技术特性,才使得它在出现几十年后能够在世界范围内被广泛推广应用,成为现在输水管道的主流。总的来说,PCCP 有以下特点:

(1)设计方法先进、安全。PCCP 采用综合分析法设计,综合考虑了各种组合工况。目前,一般参照美国标准 ANSI/AWWA C304。该设计方法考虑了管壁的弹塑性变形和弯矩重分布,采用多项设计准则将材料应力控制在规定的安全值内。

(2)承压能力高。PCCP 通过在管身上缠绕高强度预应力钢丝来保持混凝土受压。当管道承受较大的内外压力时,管道所受到的张拉力首先被预压应力抵消,当内外压力继续增大时,预应力钢丝也承受了大部分拉应力,保证了混凝土不受拉,充分利用了混凝土的抗压强度,从而增加了结构的强度储备,使 PCCP 承受的荷载远远大于普通管道。

(3)良好的抗渗性、防腐蚀性和耐久性。PCCP 管芯中的钢筒具有良好的抗渗性,混凝土和砂浆为钢筒和预应力钢丝提供了良好的保护,使其在高碱性环境下不易腐蚀。此外,PCCP 还采取阴极保护技术等其他防腐措施,进一步提高了管道的防腐性和耐久性。

(4)通水性能好。通过水力摩阻试验可以看出,离心成型的 PCCPL 糙率为 0.012,而立式振动成型的 PCCPE 糙率仅为 0.010 7,可见 PCCP 管对水流的摩阻作用较小,保证了管道在运行和使用过程中能保证较高的通水能力。

(5)接头密封性能好。PCCP 接头接口尺寸精确,采用滑动 O 形胶圈密封,插口带有密封橡胶圈填充的槽,安装后的橡胶圈受双向挤压,密封性能良好。当使用限制接口时,可以在管道转弯处省去支墩,安装更加方便。

1.2.4　渠道

渠道按用途可分为灌溉渠道、动力渠道(引水发电用)、供水渠道、通航渠道和排水渠道等。在实际工程中,经常是一渠多用,如发电与通航、供水结合,灌溉与发电结合等。

渠道断面形状，在土基上多采用梯形，两侧边坡根据土质情况和开挖深度或填筑高度确定，一般采用 1∶1～1∶2，在岩基上接近矩形，如图 1-7 所示。

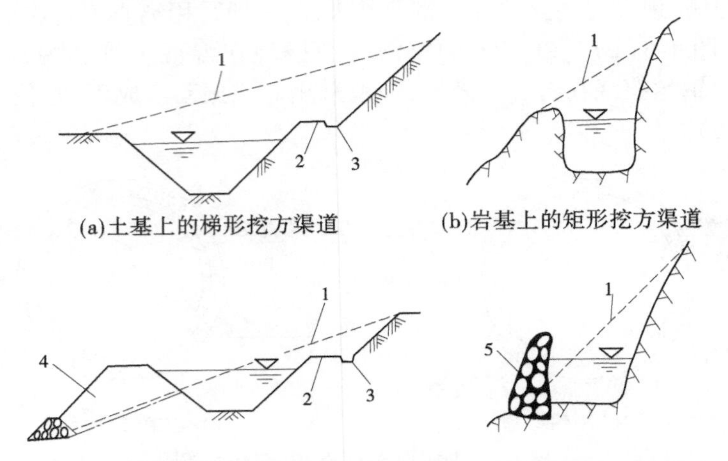

(a)土基上的梯形挖方渠道　　(b)岩基上的矩形挖方渠道

(c)土基上的梯形半挖半填渠道　　(d)岩基上的矩形半挖半填渠道

1—原地面线；2—马道；3—截水沟；4—渠堤；5—渠墙

图 1-7　渠道的断面形状

1.3　调水建筑物运行期安全性

调水工程是优化水资源时空分布的一项重要举措，是解决部分地区水资源严重短缺的可行措施，同时能够缓解因水资源短缺而造成的生态问题和环境问题。对缺水地区的宏观经济和社会发展起着至关重要的作用。

调水工程在缓解水资源分布不均衡的同时也带来了诸多问题。调水工程一般为跨区域、地形地质条件复杂的线性工程，沿线穿越城镇等居民区，涉及范围广，运行期面临的隐患复杂，且难以治理。同时，由于调水工程涉及不同流域和地区，因此存在管理关系复杂、工程失事影响大等问题。从宏观几何形态上看，调水工程是一个典型的串联系统，系统中任何一个建筑物的失效都会影响工程的运行安全。调水工程的建设完工和投入使用，可给沿线地区带来各方面的效益，促进当地经济和社会的发展，与此同时，受水区对调水工程的依赖也大大增加，许多地区已经把调水工程的水源作为主要水源。调水工程一旦因运行过程中的隐患影响无法正常运行时，将对水源依赖性较高的受水区造成巨大影响，造成严重的社会问题。因此，积极开展对调水工程运行安全影响因素的识别和分析，提出有效对策，控制隐患事件，对工程的安全运行具有重要意义。

调水工程的安全评价是在原有工程自动化监测系统的基础上，整合运行管理因素和环境量监测系统而形成的一个多层次综合评价体系。与其他行业的安全评价相比，调水工程的安全评价不仅具有很强的水利行业特点，而且需要融入先进的运行管理理念，具有以下特点：

(1)评价内容多。首先，构成输水工程的输水建筑物和输水设施种类繁多，如渡槽、倒虹吸、PCCP、压力箱涵、高填方和深挖方渠道、隧洞等。其次，每种建筑物和设施都涉及诸多评价内容。

(2)评价指标难以量化。运行管理系统中存在各种评价指标，造成安全隐患的原因非常复杂，如建筑物和设施的正常损耗，外力造成的破坏，人为操作失误造成的危害等。在评价过程中，大多数指标难以定量计算和衡量。因此，定性分析在安全评价中起着非常重要的作用，如何通过定性指标的定量分析给出定量判断，是获取输水工程安全评价结果可信度过程中最关键的一环。

(3)多目标多层次分析。对于具有多种输水建筑物和设施的复杂输水系统的安全运行和管理问题，由于系统本身的复杂性和相关性，输水工程不仅要对某种建筑物和设施进行安全监测和评价，还要建立各基层管理单位和整个输水工程全线的安全监测和评价。在评价过程中，不仅要考虑输水建筑物和设施的完整性，还要评价整个输水线路的畅通性。在输水过程中，不仅要保证数量，还要保证质量。因此，只能运用系统工程的理论和方法，建立一个多目标、多层次的分析体系来处理这样一个庞大而复杂系统的安全运行评价。

第2章　调水建筑物运行期安全评价方法

2.1　安全评价现状

安全评价技术起源于20世纪30年代,其目的是查找、分析和预测工程、系统中存在的危险、有害因素及危害程度,提出合理可行的安全对策措施,指导危险源监控和事故预防,以达到最低事故率、最少损失和最优的安全投资效益。安全评价与日常安全管理和安全监督监察工作不同,安全评价是从技术带来的负效应出发,分析、论证和评估由此产生的损失和伤害的可能性、影响范围、严重程度及应采取的对策措施等。安全评价近年来发展迅速,早期安全评价主要以定性为主,之后逐渐向定量化计算过渡,计算的方法也从简单的概率计算逐渐向模型化计算转化。

经济金融安全评价领域发展最早。Altman早在1941年就开始使用判别分析法,并建立了Z-Score模型,1977年在此基础上又建立了ZETA模型。其他常用的安全评价方法还包括数学规划法、Logistic回归法、非参数方法、递归分割算法以及神经网络法等。在其他方面,Müller使用地质累计指数法评价沉积物对河道水生态环境造成的隐患;贾振邦采用回归过量分析法对重金属污染隐患进行评价;Mar在系统工程会议上提出使用Monte-Carlo(MC)法进行工程全寿命周期隐患评价;荣靖将GIS技术应用于安全分析,对我国林业健康存在的隐患进行分析;吴振翔基于Copula-GARCH方法,对单个资产收益率和多资产联合分布的收益率及风险进行研究;曹宏杰运用系统论、博弈论、模型分析法和群体案例分析法等对担保公司的隐患预警管理展开深入的研究;美国政府采用Courtney方法对信息系统隐患进行评价;Amuundson基于Bayesian方法对工程隐患进行分析。

Lennart sjöberg提出安全评价的方法,包括所采用的技术方法以及认知的程度。Tim Bedford介绍安全分析的方法以及不确定性在安全分析中的重要性。朱元甡分析各种致灾因子的不同组合的可能性,以此来分析上海防洪安全的隐患程度。唐川将GIS(地理信息系统)、RS(遥感)以及GPS(全球定位系统)技术运用到安全评价上,划分出不同区域泥石流危害等级和可能造成的灾害损失程度,从而对不同地区泥石流灾害隐患进行评价。COSO(Committee of Sponsoring Organization of the Treadway Commission)研究全面安全管理的概念与过程,开创安全管理的新时代。P. Slovic提出理性的决策在安全分析中必不可少。A. Chiu Weihsueh等提出药物代谢动力学(PBPK)模型分析体内药物代谢的隐患。David Vose从安全评价方法、安全决策制定的角度对安全分析做了详尽的阐述。刘恒等将南水北调工程运行隐患分为工程、水文、环境、经济和社会五大隐患源,揭示南水北调工程运行安全隐患的空间结构演变的过程及耦合作用,在预测南水北调东线、中线工程运行隐患基础上,提出工程隐患控制与隐患管理措施。Takehiko利用Bayesian方法进行生态安全评价。屠新曙建立时变隐患度量模型,利用能量的概念和非线性与踪微分器方法提出度量证券随时间变化风险的新方法，该方法既能反映通常情况下的风险，又能反映突发事件的影响。金菊良利用旱灾风险图法进行干旱隐患评价。Varouchakis 基于 Bayesian 法和成本效益分析法进行水资源管理决策风险分析。Kong 基于因子分析和模糊随机方法提出模糊随机价值法（FTSPF），并研究不确定性参数对水资源的影响及相应的安全管理策略。

从以上对20世纪中叶以来金融、经济、社会、工程管理、计算机、医学、水利等各行各业安全评价方法的部分概述，可以看出评估方法由定性分析向定量化转变。同时，由于各学科的互相融合发展，安全评估方法也逐渐趋于复杂化，更加有利于耦合不同需求下的影响因子。

输水工程包含有多种类型建筑物，如输水渠道、输水渡槽、输水隧洞、输水管道等。根据收集检索到的输水工程安全评估研究情况，选取渡槽和倒虹吸等典型工程开展安全评价综述分析。

2.1.1 渡槽工程隐患研究

从文献查询结果来看，对渡槽工程隐患的研究主要集中在三个方面：渡槽抗震隐患、渡槽结构隐患、渡槽防洪隐患。

2.1.1.1 渡槽抗震隐患

现有研究认为，以易损性曲线为表达形式的地震易损性分析是隐患评估的一条有效途径，并在一定程度上揭示了渡槽的破坏概率与地面运动参数之间的关系。张士博等对地震易损性分析中的两个重要指标——地震强度指标和损伤指标的确定进行了探讨，确定以峰值地面加速度作为地震强度，并在查阅文献基础上确定了槽墩在不同破坏形式下的损伤指标的计算方法；以渡槽的简化模型为研究主体，对渡槽在地震荷载作用下最易损伤的构件——槽墩在横向输入下的易损性进行研究，提出了基于数值模拟的一种建立地震易损性曲线的分析方法，给出了表示地震加速度峰值的地震易损性曲线。

2.1.1.2 渡槽结构隐患

贾超等以南水北调中线工程漕河段梁式渡槽为例，分析阐述了渡槽结构的破坏失效隐患；按渡槽下部摩擦桩与土体之间，上部槽身各部位，如侧板、底板、底梁等，逐一进行了其可能的破坏模式分析，建立了相应的功能函数，在考虑相同部位各破坏模式之间具有相关性的条件下，计算出各部位的可靠指标；把上部槽身作为整体，运用三维随机有限元进行三种工况下槽身的可靠性分析。结果表明：可靠指标在两个方向上具有较好的对称性。在纵向，远离支座各点的可靠指标逐渐变小，至中线中间部位降至最低；在横向，虽然可靠指标波动较纵向更大，但同样具有一定的规律。通过计算发现，随着槽内水位的抬升，支座附近的可靠指标变化不大，但底板中部区域的可靠指标变化较大，应该引起注意。侧板的可靠指标总体来说较底板更大，危险部位出现在侧板与底板及侧板与拉杆的交接部位。因此，在进行渡槽的设计、校核、隐患分析时，应对渡槽槽身的底板及底板与侧板的连接部位进行细致的分析研究，确保结构在这些部位达到安全可靠。

2.1.1.3 渡槽防洪隐患

王仲珏等以可靠度理论为基础，根据渠道所穿越的各条河流的水文、气象、地质、工程结构的随机特征,给出了引水工程交叉建筑物的综合防洪隐患计算方法,并以南水北调中线工程河北段的漕河、放水河、水北沟 3 条河流上的跨河渡槽为例进行了验证。研究结果表明:对交叉建筑物的可靠性起决定作用的主要是结构基础面摩擦系数的大小,提高结构基础面的摩擦系数,可以最经济有效地提高结构的防洪安全性;隐患评估的精度很大程度上依赖于系统变量的统计精确程度,包括随机变量的分布形式、统计参数。同时,根据时变可靠度原理,充分利用已有年内所有的洪水信息,建立了水工建筑物在不同使用期、遭遇不同标准洪水下的防洪隐患估算模型。结合南水北调中线总干渠的滏阳河渡槽进行了实际应用,给出了其在不同使用期内、不同设计标准下水工建筑物的防洪隐患概率。结果表明:水工建筑物的防洪隐患与使用期和设计标准有着密切的关系。使用期越长,采用设计标准越低的水工建筑物的防洪隐患越大;相反,使用期越短,采用设计标准越高的水工建筑物的防洪隐患越小。

2.1.2　倒虹吸工程隐患研究

在整个供水系统中,倒虹吸结构是调水工程的重要组成部分。地震破坏机制与抗震可靠度的研究是进行倒虹吸工程安全隐患研究的基础。

2.1.2.1　埋地管道的抗震性研究

1971 年圣费尔南多地震严重破坏了加利福尼亚地区的地下管道,自此人们才开始考虑埋地管道的抗震问题;在此之前,埋地管道设计不需考虑抗震要求。历经几十年的发展,国内外的主要研究成果如下:

1967 年,Newmark 基于两个假定研究了地震行波作用下的地下管线,这两个假定是忽略惯性力和管土共同作用的。据此,管线的抗震设计一般基于最大的轴向应变控制。此种方法虽然比较保守,但是目前包括美国和中国在内的许多国家的相关规范都基于该假定。1979 年,L. R. L. Wang 提出了拟静力分析方法,略去管-土相互作用以及阻尼和惯性力的影响,得到土体刚度的大小影响管-土间的相对位移,该方法研究了管线的轴向反应。1980 年,Hindy 和 Novak 在进行管线动力分析时引入了随机震动理论,结果表明,随机地震激励能使管道产生过高的应力,而应力的大小取决于地震激励的频率含量和空间相关程度。1987 年,谢旭、何玉敖用弹性地基梁模拟管-土相互作用,建立了较为简化的方法,对不同场地地基中管道的地震响应进行分析。1988 年,王海波等采用边界元方法求解了半无限弹性介质中土与管线的动力相互作用,研究表明:管线埋设越浅相互作用越明显;甘文水和侯忠良则使用有限元法对埋地管线在地震行波作用下的反应进行了计算,探讨了土弹簧刚度、管-土间的滑移、波速等多种因素对反应的影响,得出了波速对埋管的应变影响很大。1995 年,黄忠邦等用一维有限元法分析计算了均匀和非均匀土介质条件下埋地管线的地震反应,研究表明:非均匀土介质中管线的轴向应变比均匀土介质中的大了 50%左右。1999 年,F. C. Owens 采用集中质量模型,使用时程分析方法得到了不同支撑条件下管道的应力,而管道接头处有较大位移。2000 年,赵林、冯启民等把管线视为薄壳结构,土介质则简化为弹塑性弹簧,采用有限元法建立管-土相互作用模型,分析了断层大位移错动下管线的反应,得出以下结论:在断层大位移运动作用下,地下管线存在明显的非线性效应,断层类型、管线埋深对管线有明显的影响。李鹏程、刘惠珊则应用三维弹塑模型,采用有限元法分析了地震地面大位移作用下埋地管线的反应,并讨论提出影响地下管线位移和内力的主要因素。2005 年,艾晓秋、李杰应用非线性的上体本构模型,把管线周围的土体视为固液二相介质,采用有效应力分析法计算了管线的地震反应和抗震可靠度,该模型和方法考虑了土体动力特性。相比于地面露天管道,埋地管线工作状态更为复杂,究其原因是埋地管道所处环境更为复杂,管道自身结构与周围土体间存在力的相互作用和变形约束。

纵观历史,埋地管道的抗震分析发展历程可以总结为:研究模型方面由简单线弹性模型到非线性有限元板壳模型,荷载由简谐波、地震行波到随机震动,方法从半理论、半经验分析方法到理论、试验及数值模拟相结合的方法。总之,随着时间的推移研究更加深入,结论更加精确。

2.1.2.2　渠道倒虹吸结构的抗震研究

徐平、唐献富等依托南水北调中线干线沁河渠道倒虹吸的建设,基于土体的等效黏弹性模型,略去管道中水的影响,并使用人工透射边界模拟无限地基辐射阻尼的影响,采用时域积分和迭代的有限元时程方法,计算了双向地震波作用下的倒虹吸管道、土层地震反应,并重点对比研究了三种不同的地震波作用下结构的抗拉强度,而贾少燕只计算了人工合成波作用下倒虹吸结构的动力反应。冯光伟、胡晓等同样以南水北调中线沁河渠道倒虹吸工程为例,基于土体的等效黏弹性模型,使用附加质量方式考虑管道中水的影响,并使用人工透射边界模拟无限地基辐射阻尼的影响,建立管身水平段二维及三维有限元模型,采用有限元时程方法计算倒虹吸管身的动力反应、结构与上体位移以及管身接缝处最大纵向相对位移。二维模型分析重点对比研究了四种不同的地震波作用下结构的应力反应以及结构的双向位移;三维模型分析则分别加载两种不同的水平向地震波,研究了结构的三向位移。王占依据某倒虹吸资料,建立了单位长度的三维有限元模型,采用附加质量法考虑水体与管道动力相互作用,不考虑管道周围土体的影响,利用子空间法分别计算了管道中空管和有水两种工况下结构的自振频率。王慧、李晓克等以南水北调中线总干渠南沙河倒虹吸工程为背景,采用附加质量法考虑水体与管道动力相互作用,采用德鲁克-普拉格模型考虑土体弹塑性,但不考虑管-土间的动力相互作用,边界条件为固定边界,利用一节管身水平段的三维有限元模型重点研究了不同地质条件及管道不同过水情况对倒虹吸结构的动力响应的影响。另外,王慧、赵洋等同样用上述方法对管-土体系的动力特性进行了研究。孙青、宫必宁等结合南水北调中线某箱形倒虹吸结构,基于 Mohr-Coulomb 本构模型考虑管道周围土体材料的非线性特性,忽略管道内水的影响,边界条件采用固定边界,建立二维的有限元模型,对箱形倒虹吸结构的动力计算边界做初步的研究。

总结前人的研究成果可知,渠道倒虹吸结构的抗震研究现状可概括为:对于倒虹吸结构周围土体的特性大多考虑其非线性,如土体等效黏弹性、Mohr-Coulomb 本构土体模型等,但不考虑土体的孔隙压力及土体液化的影响;对于土体结构间的非线性作用力基本不考虑;对于倒虹吸管道内的水体基本不考虑或以简单的附加质量法计算,没有使用计算效果更好的强耦合法考虑水体的作用;计算模型方面,大多以倒虹吸水平管段横截面二维模型为主,少量的水平管身段三维计算模型,对进(出)口渐变段尚未研究;边界条件方面,人工边界和简单边界条件都有使用;加载地震方面,尚未使用不同频谱特性地震动;计算结果研究方面,对倒虹吸管道的应力分布研究较少,且相邻管段接口的横向相对位移尚未研究。

2.2 安全评价方法

近 20 年来,安全评价的理论研究与实践活动均有了很大的发展。安全评价方法先是从最初的评分评价、组合指标评价、综合指标评价、功能系数法发展到多元统计评价法、模糊综合评价法、灰色系统评价法、层次分析法(AHP),然后又发展到数据包络分析法(DEA)、人工神经网络法(ANN)等,发展方向日趋复杂化、数学化、多学科化。综合评价系统分析法有:模糊数学评价法(FS)、灰色系统评价法(GS)、人工神经网络法(ANN)、数据包络分析法(DEA)、层次分析法(AHP)、德尔菲法(DM)等。

2.2.1 模糊数学评价法

1965 年,美国加州大学自动控制专家 L. A. Zadeh 发表了关于“模糊集”(Fuzzy Sets)的论文,标志着模糊数学的诞生。模糊数学从 20 世纪 60 年代中期到目前为止,其在计算方法、理论依据以及实际应用中都取得了较大的进步。主要表现在模糊拓扑、模糊代数、模糊分析、模糊测度与积分、模糊图论、模糊规划、模糊神经网络等方面,已经取得了比较突出的成果。研究内容归纳为以下两个方面:一方面专注于研究模糊集,对其理论进行深入研究并进一步扩展,形成自己特有的体系;另一方面是将以往的数学模型模糊化,在现实应用中将模糊集这种研究方法渗入到其他研究领域。

模糊数学用隶属函数来刻画元素对集合隶属程度的连续过渡性。将经典集合的二值逻辑“非此即彼”扩展为[0,1]区间内的连续值逻辑,更加符合人们对模糊性问题的认知规律,为描述和反映各种模糊事物及现象提供了有效手段。在处理问题时,考虑到事物的中间过渡性质,浮动选取阈值,可充分定量地考虑模糊评价因素,对于备选方案的评价更加符合客观实际,从而可得到优化合理的结果。基于以上特点,模糊数学理论在众多工程评价领域内已得到广泛的实践应用。

2.2.1.1 基本概念

1. 模糊集

符合某个特定概念的全体对象,叫作此概念的外延,其不具有具体的边界及外延的思想,称它为模糊概念。对于模糊性的处理有两种截然不同的方法:一种是使用以往的方法对其进行划分,使每个对象都有其明确的边界;另一种是正确认识事物所固有的模糊性质,使用元素来对这些事物进行模糊刻画。模糊集的基本思想就是把普通集合中的绝对隶属关系灵活化处理,使元素对“集合”的隶属度从只能取 0 或 1 的两个值扩充为可以取闭区间[0,1]中的任一个数。这样就承认存在既非绝对属于,又非绝对不属于集合的元素,使得绝对属于概念变为相对属于概念。

定义 2.1 设 U 是论域,称映射:

$$\mu_{\underset{\sim}{A}}: U \to [0,1]$$

$$u \to \mu_{\tilde{A}}(u) \in [0,1]$$

假设$\tilde{A}$为U上的一个模糊集,那么$\mu_{\tilde{A}}$被叫作$\tilde{A}$的隶属的函数,$\mu_{\tilde{A}}(u)$则被称为u对$\tilde{A}$的隶属的程度。U中一切模糊的子集构成的一个集合被叫作U中的模糊集,为$F(U)$。

定义 2.2　设$\tilde{A} \in F(U)$:

(1)集合$A_\lambda = \{u \mid u \in U, \mu_{\tilde{A}}(u) \geqslant \lambda\}$($\lambda \in [0,1]$)称为$\tilde{A}$的$\lambda$截集,$\lambda$称为阈值或置信水平。

(2)$\mathrm{Supp}\,\tilde{A} = \{u \mid u \in U, \mu_{\tilde{A}}(u) \geqslant 0\}$ 称为$\tilde{A}$的支集。

(3)若存在u使得$\mu_{\tilde{A}}(u) = 1$,则称$\tilde{A}$为正规模糊集。

2. 模糊关系

定义 2.3　设论域为U,V,设$U \times V$的一个模糊子集$\tilde{R} \in F(U \times V)$为从$U$到$V$的模糊关系,记为$U \to V$,其隶属函数为映射:

$$\mu_{\tilde{R}}: U \times V \to [0,1]$$

$$(u,v) \to \mu_{\tilde{R}}(u,v)$$

隶属度$\mu_{\tilde{R}}(u,v)$表示了u与v具有关系$\tilde{R}$的程度。设$U=V$,$\tilde{R} \in F(U \times U)$,称$\tilde{R}$是$U$上的模糊关系。

定义 2.4　设矩阵$\boldsymbol{R} = (r_{ij})_{m \times n}$,且$r_{ij} \in [0,1]$,$(i=1,2,\cdots,m; j=1,2,\cdots,n)$,则称$\boldsymbol{R}$为模糊矩阵。

通常情况下,一个有限论域$U=\{u_1,u_2,\cdots,u_m\}$,$V=\{v_1,v_2,\cdots,v_n\}$,从U到V模糊的关系$\tilde{R}$均能通过矩阵$\boldsymbol{R}=(r_{ij})_{m \times n}$表示,有$r_{ij} = \mu_{\tilde{R}}(u,v)$,相反,任一模糊的矩阵$\boldsymbol{R}=(r_{ij})_{m \times n}$,均能理解成两个有限的论域$U$(其中包含$m$个元素)和$V$(其中包含$n$个元素)间模糊的关系。$U$中的模糊关系能够利用$n$阶方阵来展示,而且任一$n$阶方阵均可以被认为是含有$n$元素的有限集中的模糊关系。

3. 分解定理与扩张定理

定义 2.5　设$\lambda \in [0,1]$,$\tilde{A} \in F(U)$,规定$\lambda\tilde{A} \in F(U)$,则其隶属函数定义为$\lambda\tilde{A}(u) = \lambda \wedge \tilde{A}(u)$,称$\lambda\tilde{A}$为$\lambda$与模糊集$\tilde{A}$的数积。

分解定理:对任意$\tilde{A} \in F(U)$,都有$\tilde{A} = \cup_{\lambda \in [0,1]} \lambda A_\lambda$,此定理说明,对于任一模糊集$\tilde{A}$,假设知晓其$\lambda$截集,那么可以说是知晓了$\tilde{A}$本身。

扩张定理:设$*$是U上某个二元运算(如U=实数域$\boldsymbol{R}$,$*$可以是$+,-,\times,\div$等运算之一),任取$\tilde{A},\tilde{B} \in F(U)$,若对任意$z \in U$,都有

$$\mu_{\tilde{C}}(z)=\begin{cases}\bigvee_{x+y=z}[\mu_{\tilde{A}}(x)\ \wedge\mu_{\tilde{B}}(y)]\ \exists x,y\in U\\ 0,\text{其他}\end{cases} \tag{2-1}$$

则记 $\tilde{C}=\tilde{A}*\tilde{B}$

扩展定理表明,U 里的元素间的计算可以变为 U 模糊子集间的计算。

4. 三角模糊数与梯形模糊数

定义 2.6　设 $\boldsymbol{R}$ 是实数域, $\tilde{A}\in F(\boldsymbol{R})$, 若对任意 $x,y,z\in\boldsymbol{R}$, 且 $x\leqslant z\leqslant y$, 都有 $\min\{\mu_A(x),\mu_B(x)\}\leqslant\mu_A(z)$, 则$\tilde{A}$ 称为 $\boldsymbol{R}$ 上的凸模糊集。

定义 2.7　假设 $\tilde{A}\in F(\boldsymbol{R})$,且 $\tilde{A}$ 为凸模糊集,那么 $\tilde{A}$ 被称为 $\boldsymbol{R}$ 上的模糊数。

定义 2.8　若实数域 $\boldsymbol{R}$ 上的模糊数 $\tilde{M}$ 具有隶属函数:

$$\mu_{\tilde{M}}(x)=\begin{cases}\dfrac{x-l}{m-l}, & l\leqslant x\leqslant m\\ \dfrac{u-x}{u-m}, & m\leqslant x\leqslant u\end{cases} \tag{2-2}$$

则 $\tilde{M}$ 被叫作三角模糊数。其中 $l\leqslant m\leqslant u$,l 和 u 被称为 $\tilde{M}$ 的下界值与上界值,m 被叫作 $\tilde{M}$ 的中值。$\tilde{M}$ 通常情况下记作 $\tilde{M}=(l,m,u)$,具体函数图像如图 2-1 所示,在 $l=m=u$ 时该函数变为普通的实数。

定义 2.9　若实数域 $\boldsymbol{R}$ 上的模糊数 $\tilde{N}$ 具有隶属度函数:

$$\mu_{\tilde{N}}(x)=\begin{cases}\dfrac{x-a}{b-a}, & a\leqslant x\leqslant b\\ 1, & b\leqslant x\leqslant c\\ \dfrac{x-d}{c-d}, & c\leqslant x\leqslant d\\ 0, & \text{其他}\end{cases} \tag{2-3}$$

则称 $\tilde{N}$ 为梯形的模糊数, $\tilde{N}=(a,b,c,d)$,其中 $a\leqslant b\leqslant c\leqslant d$,a 与 d 叫作 $\tilde{N}$ 的上界与下界。区间$[b,c]$叫作 $\tilde{N}$ 的中值,其隶属函数如图 2-2 所示。

当 $a=b$ 或 $b=c$ 或 $c=d$ 时,$\tilde{N}$ 的隶属函数相应的直线关系将不存在。特别是在 $a<b=c<d$ 时,$\tilde{N}$ 变化就转化为三角形的模糊数,在 $a=b=c=d$ 时,$\tilde{N}$ 变为普通实数。

当元素绝对属于集合时隶属度为 1,当元素绝对不属于集合时隶属度为 0,而将其余元素对集合的隶属度用介于 0 和 1 之间的实数来表示,较大值表示有较高的隶属度,较小值表示有较低的隶属度。这样,利用隶属度就给出了模糊集合的一种数量化描述。换句话说,隶属度刻画了模糊集合的概念。

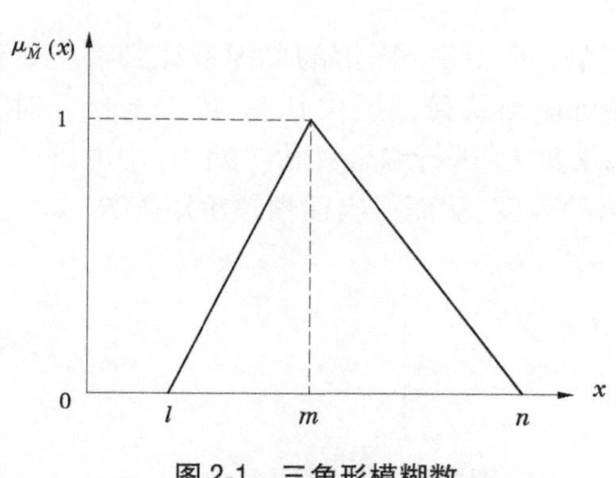

图 2-1　三角形模糊数

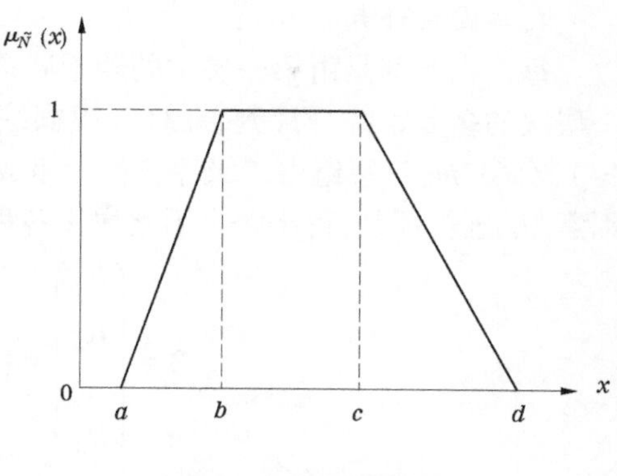

图 2-2　梯形模糊数

2.2.1.2　模糊评价的基本步骤

1. 建立备择集

确定评语集为

$$V = \{v_1, v_2, \cdots, v_p\}$$

其中，$v_k(k = 1,2,\cdots,p)$ 为第 k 个可能的结果。

2. 建立因素集

设因素集为

$$U = \{U_1, U_2, \cdots, U_m\}$$

其中，$U_i = (i=1,2,\cdots,m)$ 为第一层次（也即最高层次）中的第 i 个因素，它又由第二层次的 n 个因素决定，即

$$U_i = \{u_{i1}, u_{i2}, \cdots, u_{in}\} \quad (i=1,2,\cdots,m)$$

而第二层次的因素 $u_{ij}(i=1,2,\cdots,m;j=1,2,\cdots,n)$ 还可由第三层次的因素决定。显然，考虑每一层次的因素各有不同，决定其下一层次因素的数目也不一定相等。

因素层次是根据具体问题的性质和需要来确定的。不同性质的问题，有不同的因素层次；同一性质的问题，一般来说，层次化分得越多，评判越准确，但工作量也会越大，并不是层次划分得越多越好。

3. 建立权重集

因素类权重集记为

$$W = \{w_1, w_2, \cdots, w_m\}$$

其中，$w_i \geqslant 0(i=1,2,\cdots,m)$ 表示一级评价指标的权重，$\sum_{i=1}^{m} w_i = 1$。

因素权重集记为

$$W_i = \{w_{i1}, w_{i2}, \cdots, w_{in}\}$$

其中，$w_{ij} \geqslant 0(j=1,2,\cdots,n)$，表示 U_{ij} 在 U_i 中的权重，$\sum_{j=1}^{n} w_{ij} = 1$。

若还有更低层次的因素，则还应有相应的权数和权数集。

4. 单因素评判

每一因素都是由第一层次的若干因素决定的，所以每一因素的单因素评判都应是低一层次的多因素综合评判。因此，模糊综合评价应当从最低层次开始，依次上推。对于 $i=1,2,\cdots,m$，对每组由二级评价指标组成的因素集 U_i 进行综合评价。对 U_i 中的每一个因素 U_{ij} 进行评判，得出每个因素属于各种评语的程度，从而得出模糊评价矩阵 $\boldsymbol{R}_i$ 如下：

$$\boldsymbol{R}=\begin{pmatrix} R_1 \\ R_2 \\ \vdots \\ R_m \end{pmatrix}=\begin{pmatrix} r_{11} & r_{12} & \cdots & r_{1n} \\ r_{21} & r_{22} & \cdots & r_{2n} \\ \vdots & & & \vdots \\ r_{m1} & r_{m2} & \cdots & r_{mn} \end{pmatrix} \tag{2-4}$$

矩阵 $\boldsymbol{R}_i$ 表示因素集 U 与备择集 V 之间的一种模糊关系，r_{ij} 可理解为 u_i 与 v_j 之间的隶属关系程度，即按 u_i 评判时，评判对象 v_j 的合理程度。

5. 一级模糊综合评判

利用模糊矩阵的合成运算，计算一级评判准则的评价结果矩阵 $\boldsymbol{Y}_i$：

$$\boldsymbol{Y}_i=\boldsymbol{W}_i\circ\boldsymbol{R}_i \tag{2-5}$$

其中“ ○ ”表示 $\boldsymbol{W}_i$ 与 $\boldsymbol{R}_i$ 的一种合成方式。

6. 多级模糊综合评判

一级评判仅是对每一类的各个因素进行综合，还需要在类之间进行综合评判，即再进行多次评判，得到二级评判准则的评价结果矩阵级 $\boldsymbol{Y}_{i,2级}$。

同理，可推出二级以上的多级模糊综合评判的评价结果向量。

综合以上评价步骤，模糊综合评价法逻辑框图如图 2-3 所示。

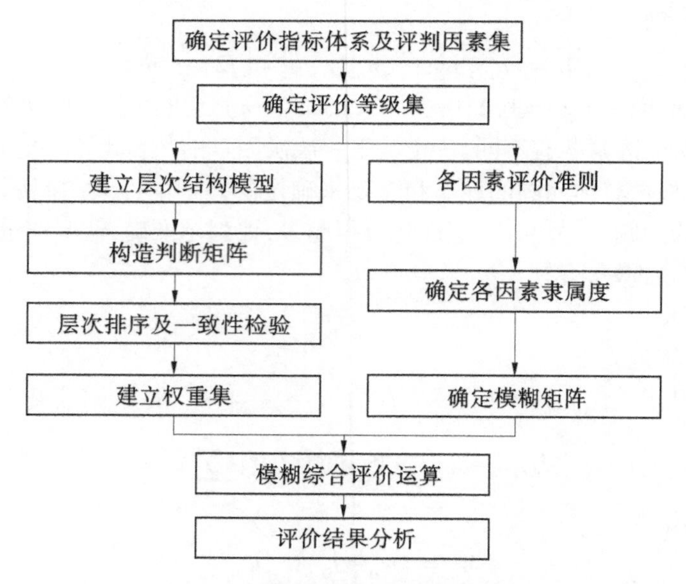

图 2-3 模糊综合评价法逻辑框图

2.2.1.3 模糊数学评价法的特点

模糊数学评价法是应用模糊变换原理对其考虑的事物做出的综合评价，是模糊数学理论的一个重要分支。模糊综合评价的基本步骤为:确定评语集、建立因素集、建立权重集、单因素模糊评价、模糊的综合评价。

模糊数学综合评价遵循以下四个原则:

第一,系统性。评价体系必须能够全面地反映目标模型目前的状态,包括未来发展前景等各方面的指标。

第二,科学性。评价体系的大小范围必须适宜,应避免体系过大、层次过多,不能将评价者的注意力吸引到细小的问题上;也不能体系过小、层次过少,这样不利于充分反映目标模型的可持续发展能力。

第三,可操作性。评价体系应便于应用于实际工作,具有可行性。

第四,可比性。所选的指标应规范,符合统计原则。

2.2.1.4 模糊数学评价法的优点及不足

模糊数学评价法是应用模糊关系合成的原理,从多个因素对被评判对象所隶属等级状况进行综合性评判的一种方法。模糊综合测评的引入不仅是对强制打分方法的“革命”,也是对常规多指标综合评价法的改进。模糊数学评价具有其他综合评价方法所不具备的优点,这主要表现在以下几方面:

(1)结果以向量的形式呈现,提供的评判信息比其他方法丰富。

(2)从层次性角度分析复杂事物。一方面,有利于最大限度地客观描述被评判对象;另一方面,有利于尽可能准确地确定权数。

(3)适用性较强,既可用于主观指标的综合评判,又可用于客观指标的综合评判。

(4)模糊综合评判中的权数属于估价权数,因而是可调整的,根据评判者的着眼点不同,可以改变评价指标的权数。

模糊数学评价法也有不足之处。首先,模糊数学评价评判过程本身不能解决评价指标造成的相关评价信息重复问题;其次,在模糊数学评价评判中,指标权数不是在评判过程中伴随生成的(这一点与主分量分析类似)。因此,人为定权虽具有较大的灵活性,注重了指标本身的重要程度,但其主观性作用较大,能否充分反映客观实际,需要很好的把握。

2.2.2 灰色系统评价法

2.2.2.1 基本思想和原理

20世纪80年代,灰色系统理论由邓聚龙在论文《灰色控制系统》中首次提出,开启了灰色系统理论研究的新篇章。经过40多年的发展,灰色系统理论研究已较为成熟,应用领域涵盖工业、农业、经济、能源、铁路等多个科学领域,成功解决了众多实际难题。自邓聚龙的《灰色系统理论》提出并加以应用以来,研究人员根据积累已知的数据信息,通过科学描述和认识,建立未来信息数据。基于控制论的基本原理,使用颜色深浅的过渡来描述信息从多到少的完整程度,由于任何事物的发展都不可能单纯的只具有一种属性,信息中包含的内容也可能是从黑到白夹杂在一起,这样的数据集合就可以理解成黑与白的混合色灰色的状态。灰色系统理论体系最大的特点就是对样本容量、数据的分布和分类也没有严格的要求。灰色系统评价法建立在灰色关联度分析的基本理论上,通过数据累积,构成若干统计数列或者数集,以数列和数集描述几何曲线形状与目标体系的接近程度。

几何曲线形状的接近程度与反应关联度正相关，越接近说明关联度越大，用此方法得到的评价结果越趋于理想状态。通过基础数据的计算，建立数列与最佳指标组成的理想关联系统矩阵得到关联度，通过关联度的分析获得结果。由此可见，灰色关联度分析的主要工作是计算关联度，比较序列与参考值态势相符合程度与关联度变化趋势相同，关联度越大越相符，关联度越小说明与评价结果相悖。因此灰色关联度是具有重要意义的计算工具。

目前，灰色系统理论的应用范围已从工业、农业逐渐地发展到社会、经济、统计等众多科学领域，成功地解决了生产、生活和科学研究中的大量实际问题。作为一种独具特色的新理论，国内外学术界高度认可灰色系统理论的积极作用。在灰色系统理论的带动下，相继产生了灰色水文学、灰色地质学等一批新兴的复合型学科。对现实中广泛存在的灰色系统，要深刻研究系统内部的运动规律，揭示系统内各因素间的联系，把握系统的变化发展趋势，对系统进行预测和控制，一个重要的基础工作是建立系统的数学模型。通过建立系统的数学模型，可以获取系统结构、功能和行为的有关信息，为对灰色系统进一步实行预测、控制和决策提供科学的理论依据。由于灰色系统在数据上呈现为小样本、贫信息、不确定性的特点，应用建立统计模型方法和常规的系统辨识方法所建立的数学模型，其精度难以达到要求，而且具有不确定性，甚至评价结果也会受到影响。因此，现有的灰色系统理论虽有很大进展，已解决了许多实际问题，但仍存在不少问题，需要完善。完善后的灰色系统理论的研究成果可广泛应用于复杂系统建模和系统分析，为预测、预警和系统控制、优化与管理及其综合集成自动化工作提供科学的依据。因此，研究灰色系统理论是一项更需要发散思维的系统工程。

采用灰色关联度模型建立评价体系可以设置独立的评价标准，也可以从被评价指标中选取最优值作为评价的标准，这就体现了该模型的灵活性。评价本身是反映评价指标对象与最优值的差距，是排除数据灰色成分的重要指标，而标准不同的样本也要设置或选取不同的最优值。构造理想评价有多种方法，规定的指标值或者评价对象中的最优值，都是通过计算求出的评价对象关联度与应用的最优指标值相对应的差距。简而言之，即灵活地利用参考数列各项元素与各技术经济标准数据的关联度。

灰色系统评价法是定性和定量分析有效结合的一种现代综合评价方法。这种方法可以较好地解决评价指标难以准确量化带来的客观影响，同时排除人为因素的影响。灰色系统评价的计算过程简便并易于操作，通俗易懂，容易掌握，且评价的基础数据不必进行归一化处理。可用原始数据直接计算，可靠性强；评价指标可根据具体情况增减，只需有代表性的少量样本。该方法指标体系和权重分配是关键问题，选择恰当与否直接影响评价结果。

随着信息全球化的飞速发展，信息化、数据化已经成为社会化发展的新动力，大数据应运而生，当然随着发展需求的多元化，作为反映实物的数据本身也在不断地发生变化。反映一项活动的数据载体在数量上和种类上都有了巨大的差异，可能在某一项技术层级的数据量较少。因此，面对基础数据较少的现状，如何描述、解析、处理周围日益增多而又存在不确定性的信息，就成为各行各业发展道路上的主要难题之一。而灰色系统恰好解释了现实世界的理论体系，介于不是清清楚楚的白色系统和一无所知的黑色系统之间。基于当今社会发展的客观事实，灰色系统理论主要研究的问题也正符合样本容量小、信息内容贫瘠、数据不确定性的特点。

灰色理论的诞生为上述问题的解决开辟了新的路径，摒弃了单纯的找概率分布，统计这一新的数据序列，既体现了原信息数据序列的变化趋势，又消除了其游离性，同时可以较好地解决一些参数数据已知而一些参数数据未知的系统问题。尽管灰色系统理论可以利用的数据样本小，但在使用过程中保持了系统的特定功能和数据有序性，存在某些显性或隐性的规律。对于随机、无序、杂乱的数据序列，基于灰色系统理论可寻找随机、无序、杂乱数据的规律性并加以利用。

灰色系统理论并不存在绝对的随机变量，而是通过给随机变量规定一定范围内变化的规律来处理现有数据，使得数据由灰色数变为生成数，具有较强规律性的生成函数就是从生成数中获得的。生成函数的获取避免了在原始数据中寻找规律，也就是说，原始数据不作为灰色系统理论的量化基础，而是选择生成数作为量化基础；以此排除传统经验性的统计规律，以现实性的数据为基础生成规律。灰色系统理论将生成数作为信息库，在某种程度上突破了概率论的局限性。在描述动态关联的特征与程度方面，基于动态关联度概念的理论支撑及被量化的关系式，合理规避了数理统计回归分析的缺点。为了充分利用样本信息量较小的白色数据，以建模的理念建立灰色模型，在灰色关联分析和生成数的基础上处理信息不完全、离散的数据，将其转换为相对完全、连续的动态方程。

2.2.2.2　灰色系统评价法的数学模型

灰色系统评价的模型为：$\boldsymbol{R}=\boldsymbol{E}\times\boldsymbol{W}$，其中 $\boldsymbol{R}=[r_1,r_2,\cdots,r_m]^{\mathrm{T}}$ 代表 m 个评价对象的综合评价结果；$\boldsymbol{W}=[w_1,w_2,\cdots,w_m]^{\mathrm{T}}$，$w_j(j=1,2,\cdots,m)$ 代表指标分配的权重，且 $\sum_{j=1}^{m} w_j=1$；$\boldsymbol{E}$ 为最后得到的评判矩阵：

$$\boldsymbol{E}=\begin{bmatrix} \xi_1(1) & \xi_1(2) & \cdots & \xi_1(n) \\ \xi_2(1) & \xi_2(2) & \cdots & \xi_2(n) \\ \vdots & \vdots & & \vdots \\ \xi_m(1) & \xi_m(2) & \cdots & \xi_m(n) \end{bmatrix} \tag{2-6}$$

$\xi_i(k)$ 代表第 i 个评价对象的第 k 个指标与其所对应的最优指标的关联系数。从上面的分析看，整个模型的核心是计算各个指标的关联系数，得到关联系数后才可以进行最终评价结果的计算。

2.2.2.3　灰色系统评价法的步骤

灰色系统评价法主要有以下五个步骤：

(1)确定样本对象，列出原始数据矩阵。

设样本中含有 m 个样本对象，每个观测对象有 n 项指标，原始矩阵如下：

$$\boldsymbol{E}=\begin{bmatrix} x_1^1 & x_2^1 & \cdots & x_n^1 \\ x_1^2 & x_2^2 & \cdots & x_n^2 \\ \vdots & \vdots & & \vdots \\ x_1^m & x_2^m & \cdots & x_n^m \end{bmatrix} \tag{2-7}$$

其中，$x_j^i\ (i=1,2,\cdots,m;j=1,2,\cdots,n)$ 代表每个具体指标的取值。

(2)确定最优指标集 $\boldsymbol{X}^*$ 作为参考数列。

$$\boldsymbol{X}^* = [x_1^*, x_2^*, \cdots, x_n^*] \tag{2-8}$$

x_j^* $(j=1,2,\cdots,n)$代表每类指标的最优值,有两种主要的选取途径:①当样本指标有相关规范或标准时,以规范值或标准值作为最优值;②当样本指标缺少相关规范或标准时,通过对比分析选取最优值,如当指标有正逆之分时,正指标数据集中的最大值为最优值,逆指标则以最小值作为最优值。整合矩阵 $\boldsymbol{X}$ 和 $\boldsymbol{X}^*$,得到含有最优集的原始矩阵 $\boldsymbol{D}$:

$$\boldsymbol{D} = \begin{bmatrix} x_1^* & x_2^* & \cdots & x_n^* \\ x_1^1 & x_2^1 & \cdots & x_n^1 \\ \vdots & \vdots & & \vdots \\ x_1^m & x_2^m & \cdots & x_n^m \end{bmatrix} \tag{2-9}$$

(3)对原始数据进行规范化处理。

评判指标通常具有不同的量纲或数量级,会影响关联系数的值,所以要先对原始数据进行规范化处理。规范化处理一般有以下三种方式:

方式 1:初值化法,即所有的数据都除以第一个数据。

方式 2:均值化法,即所有的数据都除以序列平均值。

方式 3:最大最小值法,设第 k 个指标的取值范围为$[x_{k1}, x_{k2}]$,x_{k1} 为序列最小值,x_{k2} 为序列最大值,标准化值为 C_k^i $(0,1)$。

$$C_k^i = \frac{x_k^i - x_{k1}}{x_{k2} - x_k^i} \quad (i = 1,2,\cdots,m; k = 1,2,\cdots,n) \tag{2-10}$$

经过标准化处理后就可以把 $\boldsymbol{D}$ 矩阵转换为 $\boldsymbol{C}$ 矩阵:

$$\boldsymbol{C} = \begin{bmatrix} C_1^* & C_2^* & \cdots & C_n^* \\ C_1^1 & C_2^1 & \cdots & C_n^1 \\ \vdots & \vdots & & \vdots \\ C_1^m & C_2^m & \cdots & C_n^m \end{bmatrix} \tag{2-11}$$

(4)计算指标数据的关联系数。

关联系数的计算公式如下:

$$\xi_i(k) = \frac{\min\limits_i \min\limits_k |C_k^* - C_k^i| + \rho\max\limits_i \max\limits_k | C_k^* - C_k^i|}{| C_k^* - C_k^i| + \rho\max\limits_i \max\limits_k | C_k^* - C_k^i|} \tag{2-12}$$

其中,$\min\limits_i \min\limits_k |C_k^* - C_k^i|$ 为最小绝对差值,$\max\limits_i \max\limits_k |C_k^* - C_k^i|$ 为最大绝对差值,为分辨系数,它可以减少极值对计算的影响,一般计算时取 $\rho = 0.5$ 就可以实现较好的分辨率。

(5)计算综合评判结果。

把 $\xi_i(k)$ 代入 $\boldsymbol{R}=\boldsymbol{E}\times\boldsymbol{W}$,即可以得到最后的综合评判结果:

$$r_i = \sum_{k=1}^{n} W(k) \times \xi_i(k) \tag{2-13}$$

一般情况下，r_i 越大，表明 $\{C^i\}$ 越接近最优值 $\{C^*\}$，该样本对象的测评结果越好。

2.2.2.4　灰色系统理论的特点

无论是在思想上还是方法或使用上，灰色系统理论的研究都使得系统控制理论有了前所未有的发展，灰色系统理论具有以下的特点。

1. 系统性

灰色系统既包含已知信息又包含未知信息，这些信息相互影响、相互约束，而且相互之间也存在着有机联系，系统的全部特征都在灰色系统中得以充分体现。作为一个信息系统而存在的灰色系统，其研究方法的实质是遵循整体性、有序性、相关性和动态性原则，并合理地研究和处理有关事物的整体联系。与系统方法的研究过程一致，灰色系统的一般研究程序是先进行灰色统计、聚类，规律性数据的生成处理，然后对各因素进行灰色关联分析，建立动态模型并做出预测，进而做出决策，最后达到对系统的控制。

2. 联系性

对于一个由多个因素组成的复杂系统而言，各因素之间都有着有机联系。灰色系统理论研究系统中各因素之间的相互关系，主要是通过灰色关联分析计算关联度与排关联序的方法。作为灰色系统理论思想的重要内容之一，也是该理论的特色之一，灰色关联分析几乎渗透到了灰色理论的全部技术方法中。无论是灰色预测还是灰色控制或是层次决策，都是在灰色关联分析的基础上进行的。总而言之，灰色理论是以相互关联的信息为研究对象，是通过分析已知信息来了解未知信息的，这就充分揭示了灰色理论对系统内涵联系性的本质。

3. 动态性

灰色系统具有动态性，是指系统是一个动态变化的过程，它会随时间的变化而变化。灰色理论采用离散系统与连续系统动态分析的手段，来对系统的动态特征加以反应，进而动态控制系统，它是通过表示时间序列的连续性微分方程来建立动态模型的，不但能够很好地展示系统运行的全过程，而且能预先对事物的运动规律逼近真实地进行描述和反映，从而为系统控制的研究和实施创造条件。

2.2.3　人工神经网络法

2.2.3.1　人工神经网络的思想和原理

为了解决线性或数学模型由于有较强的条件限制而导致的最佳方案与现实问题间较大的误差，非线性模型工作重复且不能充分利用以前的经验性知识的问题，人们提出了模拟人脑的神经网络工作原理，建立能够“学习”的模型，并能将经验性知识积累和充分利用，从而使求出的最佳解与实际值之间的误差最小化。通常把这种解决问题的方法称为人工神经网络。

人工神经网络的工作原理是大致模拟人脑的工作原理，即首先要以一定的学习准则进行学习，然后才能进行判断评价等工作。它主要根据所提供的数据，通过学习和训练，找出输入与输出之间的内在联系，从而求取问题的解。人工神经网络反映了人脑功能的基本特性，但并不是生物神经系统的逼真描述，只是一定层次和程度上的模仿和简化，强调大量神经元之间的协同作用和通过学习的方法解决问题，是人工神经网络的重要特征。

人工神经网络是模仿生物神经网络功能的一种经验模型,输入和输出之间的变换关系一般是非线性的。首先根据输入的信息建立神经元,通过学习规则或自组织等过程建立相应的非线性数学模型,并不断地进行修正,使输出结果与实际值之间的差距不断缩小。人工神经网络通过样本的“学习和培训”,可记忆客观事物在空间、时间方面比较复杂的关系。由于人工神经网络本身具有非线性的特点,并在应用中只需对神经网络进行专门问题的样本训练,它能够把问题的特征反映在神经元之间相互联系的权值中,所以把实际问题特征参数输入后,神经网络输出端就能给出解决问题的结果。

2.2.3.2　人工神经网络的模型

处理单元,或称为神经元,是神经网络的最基本的组成部分。一个神经网络系统中有许多处理单元,每个处理单元的具体操作都是从其相邻的其他单元中接收输入,然后产生输出,送到与其相邻的单元中去。神经网络的处理单元可以分为三种类型:输入单元、输出单元和隐含单元。输入单元是从外界环境接收信息,输出单元则给出神经网络系统对外界环境的作用,这两种处理单元与外界都有直接的联系。隐含单元则处于神经网络之中,它不与外界产生直接的联系,它从网络内部接收输入信息,所产生的输出则只作用于神经网络系统中的其他单元。隐含单元在神经网络中起着极为重要的作用。

神经网络的工作过程具有循环特征。在每个循环中又分为两个阶段,即工作期与学习期。在工作期,各神经元之间的连接权值不变,但计算单元的状态发生变化。此阶段的特点是进行速度快,故又称为快过程,此期间的神经元处于短期记忆。在学习期,各计算单元的状态不变,但连接权值做修改。此阶段速度要慢得多,故又称为慢过程,此期间的神经元处于长期记忆。

1985 年,Rumelhart 等领导的并行分布式处理小组提出了误差反向传递学习算法(BP 算法),很好地实现了多层神经网络的设想。选择 BP 网络为研究对象,不仅因为它是目前应用最广泛的网络之一,也因为它的映射能力和学习算法的研究相对进行得较深入、彻底。

如图 2-4 所示,BP 网络是一种具有三层或三层以上的层次结构网络,相邻上下层之间各神经元实现全连接,即下层的每个神经元与上层的每个神经元都实现全连接,而每层各神经元之间无连接。换个角度看,BP 网络算法不仅有输入层节点、输出层节点,还可以有 1 个或多个隐含层节点。对于输入信号,要先向前传播到隐含层节点,经作用函数后,再把隐含层节点的输出信号传播到输出节点,最后给出输出结果。

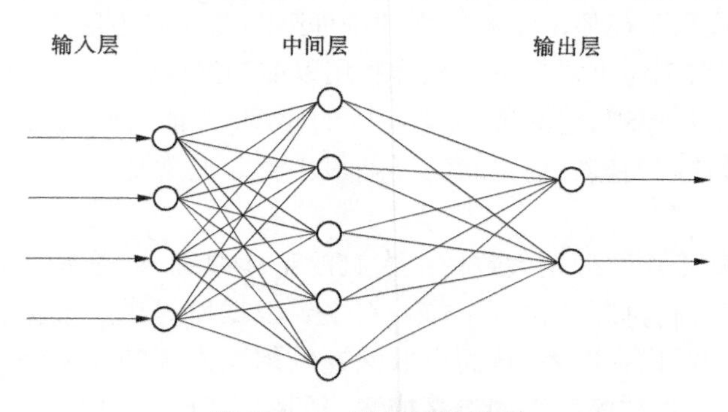

图 2-4　BP 神经网络模型

2.2.3.3　BP 网络的学习算法和步骤

BP 网络算法的学习过程由正向传播和反向传播组成。在正向传播过程中,输入信息从输入层经隐含层逐层处理,并传向输出层。每一层神经元的状态只影响下一层神经元的状态。如果输出层得不到期望的输出,则转入反向传播,将误差信号沿原来的连接通道返回,通过修改各层神经元的权值,使得误差信号最小。

对多层网络进行训练时,首先要提供一组训练样本,其中的每个样本由输入样本和理想输出对组成。样本的试验输出作为期望输出(目标输出),计算得到的网络输出为模型输出(实际输出)。当网络的所有实际输出与理想目标输出一致时,表明训练结束。所以,BP 网络是一种有"教师"的学习算法。将输入和对应的"教师"给定网络,网络则根据输出与"教师"的误差来调整权值。

在 BP 网络算法中,节点的作用激励函数通常选取 S 型函数。对于 BP 网络模型的输入层神经元,其输入与输出相同。中间隐含层和输出层的神经元的操作规则如下:

$$Y_{kj} = f\left(\sum_{i=1}^{n} W_{(k-1)i,kj} Y_{(k-1)i} \right) \tag{2-14}$$

式中　Y_{kj}——第 k 层第 j 个神经元的输出,也是第 $k+1$ 层神经元的输出;

f——Sigmoid 函数,$f(u)=1/(1+e-u)$;

$Y_{(k-1)i}$——第 $k-1$ 层第 i 个神经元的输出,也是第 k 层神经元的输入;

$W_{(k-1)i,kj}$——第 $k-1$ 层第 i 个神经元与 k 层第 j 个神经元的连接权值;

n——第 $k-1$ 层的神经元数目。

可见,BP 网络的基本处理单元(输入层除外)为非线性的输入-输出关系。处理单元的输入、输出值可连续变化。

假设 BP 网络每层有个处理单元,训练集包括 M 个样本模式对。

对第 p 个学习样本($p=1,2,\cdots,M$),节点 j 的输入总和记为 net_{pj},输出记为 O_{pj},则

$$net_{pj} = \sum_{i=1}^{N} W_{ji} O_{pi} O_{pi} = f(net_{pj}) \tag{2-15}$$

如果任意设置网络初始权值,那么对每个输入样本 p,网络输出与期望输出(d_{ij})间的误差为

$$E = \sum_{p} E = \left[\sum_{j} (d_{pi} - O_{pj})^2 \right] /2 \tag{2-16}$$

式中　d_{pi}——对第 p 个输入样本输出单元 j 的期望输出。

在 BP 网络学习过程中,输出层单元与隐含层单元的误差计算是不同的。BP 网络的权值修正公式为

$$W_{ji} = W_{ji}(t) + \eta \delta_{pj} O_{pj} \tag{2-17}$$

$$\delta_{pj} = \begin{cases} f'(net_{pj})(d_{pi} - O_{pj}), & \text{对于输出层节点} \\ f'(net_{pj}) \sum_{k} \delta_{pk} W_{kj}, & \text{对于隐含层节点} \end{cases} \tag{2-18}$$

式(2-17)中,引入学习速率 η,是为了加快网络的收敛速度,但有时可能产生振荡。通常权值修正公式中还需加入一个惯性系数 a,从而有

$$W_{ji}(t+1) = W_{ji}(t) + \eta \delta_{pj} O_{pj} + a[W_{ji}(t) - W_{ji}(t-1)] \tag{2-19}$$

式(2-19)中,a 为一常数项,称为势态因子,它决定上一次的权值对本次权值更新的影响程度。

权值修正是在误差反向传播过程中逐层完成的。由输出层误差修正各输出层单元的连接权值,再计算相连隐含层单元的误差量,并修正隐含层单元连接权值。如此继续,整个网络权值更新一次后,网络即经过一个学习周期。要使实际输出模式达到输出期望模式的要求,往往需要经过多个学习周期的迭代。对于给定的一组训练模式,不断用一个训练模式训练网络,重复此过程,当各个训练模式都满足要求时,我们说 BP 网络已学习好了。

一般地,BP 网络的学习算法步骤描述如下:

(1)初始化网络及学习参数,如设置网络初始权矩阵,学习因子 η,势态因子 a 等。

(2)提供训练模式,训练网络,直到满足学习要求。

(3)前向传播过程对给定训练模式输入,计算网络的输出模式,并与期望模式比较,若有误差,则执行步骤(4),否则,返回步骤(2)。

(4)反向传播过程计算同一层单元的误差,修正权值和阈值($i=0$ 时连接权值),返回步骤(2)。

2.2.3.4　基于 BP 网络的综合评价神经网络模型设计

BP 网络的结构包括网络层数、输入、输出节点和隐含层节点的个数、连接方式。根据映射定理可构造一个包括输入层、隐含层和输出层的三层 BP 网络,其中输入层节点数,即评价指标的个数;输出层节点数 n 为 1,即评价结果;隐含层节点数没有统一的规律,一般为 $L=(m\times n)/2$,也多根据具体对象而定。隐含层的输出函数为变换函数,输入层和输出层函数为线性函数。

具体地说,将用于多指标综合评价的评价指标属性值进行归一化处理后作为 BP 网络模型的输入,将评价结果作为 BP 网络模型的输出,用足够多的样本训练这个网络,使其获取评价专家的经验、知识、主观判断及对指标重要性的倾向。或者说,利用样本对 BP 网络的连接权系数进行学习和调整,以使该网络实现给定的输入输出关系。这样 BP 网络模型所具有的那组权系数值便是网络经过自适应学习所得到的正确知识内部表示。训练好的 BP 网络模型根据待评价对象各指标的属性值,就可以得到对评价对象的评价结果,再现评价专家的经验、知识、主观判断及对指标重要性的倾向,实现定性与定量的有效结合,保证评价的客观性和一致性。

由以上可见,基于人工神经网络的综合评价方法的步骤可概括如下:

(1)确定评价指标集,指标个数为 BP 网络中输入节点的个数。

(2)确定 BP 网络的层数,一般采用具有一个输入层、一个隐含层和一个输出层的三层网络模型结构。

(3)明确评价结果,输出层的节点数为 1。

(4)对指标标准化处理。

(5)初始化网络节点的权值与网络阈值。

(6)通过 BP 网络学习过程进行网络训练。

(7)学习训练得到最终网络权重,评价模型建立,便可以用于正式的评价。

2.2.3.5　人工神经网络法总结

基于人工神经网络的综合评价方法通过神经网络的自学习、自适应能力和强容错性，建立更加接近人类思维模式的定性和定量相结合的综合评价模型。训练好的神经网络把专家的评价思想以连接权的方式赋予网络上，这样该网络不仅可以模拟专家进行定量评价，而且避免了评价过程中的人为失误。由于模型的权值是通过实例学习得到的，这就避免了人为计取权重和相关系数的主观影响及不确定性。

神经网络的非线性处理能力突破了基于线性处理的现有评价方法的局限，一般的评价方法在信息含糊、不完整、存在矛盾等复杂环境中往往难以应用，而神经网络技术则能跨越这一障碍，网络所具有的自学习能力使得知识获取工作转换为网络的变结构调节过程，网络通过学习，可以从典型事例中提取其所包含的一般原则，学会处理具体问题。可见，引用神经网络技术将是多指标综合评价的一条有效途径。实际应用表明，该方法能较好地模拟专家评价的全过程，有机地结合了知识获取、专家系统和模糊推理能力，因而具有广阔的应用前景。

需要注意的是，人工神经网络法在应用中遇到的最大问题是不能提供解析表达式，权值不能解释为一种回归系数，也不能用来分析因果关系，目前还不能从理论上或从实际出发来解释人工神经网络法权值的意义。另外，学习过程需要大量的训练样本，网络收敛速度慢也极大地影响着评价工作的效率。为了提高人工神经网络法模型用于多指标综合评价的可靠性，应合理地选择网络参数，通过适当地设置隐含层神经元数目、学习步长、动量项，避免迭代过程的震荡、网络陷入局部极小点和过拟合等问题。

2.2.4　数据包络分析法

2.2.4.1　数据包络分析法的一些概念

数据包络分析法（DEA）的基本思想是，对一组包含输入输出数据的决策单元（DMU），通过建立的数学线性规划模型，分析比较各决策单元的输入输出数据，进而得到每一个决策单元的相对效率值，确定相对有效的决策单元，并通过投影分析，对无效决策单元进一步分析。

基本概念说明如下：

（1）决策单元。数据包络分析法测的是相对效率，效率值是决策单元之间比较的结果，决策单元是对其研究对象的称谓。决策单元必须具有同质性，即必须有同样的任务与目标、同样的外部环境和完全相同的且可比的输入输出指标。

（2）输入、输出指标。每一个决策单元涵盖两种类型的指标，前者越小越好，后者越大越好。针对某一具体生产过程，也可以称为投入、产出指标。

2.2.4.2　DEA 方法的基本原理

数据包络分析是一种非参数形式的效率评价方法，由美国运筹学家 A. Charnes 和 W. W. Cooper 最早提出。它采用数学线性规划的方法构建观测数据的非参数“生产前沿面”，并依据这个前沿面来比较决策单元之间的相对效率。传统上人们一直使用单项投入与单项产出的方法来进行工程效率测算，DEA 将单项产出与单项投入推广到多项投入与多项产出，并用其来比较决策单元的相对有效性。在处理多指标输入与多指标输出方面，它直接将多种投入和多种产出转化为效率比率的分子和分母，而不需要转换为统一的度量单位。

1957 年，英国经济学家 Farrell 最早提出了分段线性凸包的前沿估计效率评价方法，这种评价方法以设定“the best practice frontier”即最佳生产前沿来判断决策单元的有效性。Farrell 效率评价理论主要基于三个基本假设：第一，生产前沿面由相对有效率的决策单元构成，而相对无效率的决策单元全部位于生产前沿面内；第二，可比性决策单元的规模报酬为固定规模报酬；第三，生产前沿全部凸向原点，且各点斜率都不为正。Farrell 效率评价理论有以下两个特点：①仅限于单一产出的生产单元，无法运算多个产出的生产单元；②不必事先设定函数，不受函数形式的限制，同时不需要预先估计函数的参数。

1978 年，A. Charnes 和 W. W. Cooper 在 Farrell 非参数评价效率方法的基础上，首次提出了数据包络分析法，即 DEA。这一方法不仅延续了 Farrell 生产前沿理论不必预先设定参数的优点，还突破了生产主体单一产出的限制，应用范围延伸至具有多项投入、多项产出的同类决策单元的相对有效性评价。之后，数据包络分析法在理论模型研究与方法应用等方面都有了飞快的发展。先后有 CCR 模型、BCC 模型、FG 模型、ST 模型等多个数据包络分析法模型得到深入研究与广泛应用。可以看出，数据包络分析法不需要预先估计参数的特点，大大减少了人为主观因素对计算结果的影响，方便了运算，使研究结果更具有科学性。

2.2.4.3　基于 DEA 的效率研究模型

自从第一个 DEA 模型产生以来，数据包络分析法理论获得了长足的发展，非参数方法也逐渐成为研究生产函数理论的重要方法。为了适应多种领域和条件的需要，又产生了许多新的模型，主要包括以下几种：

（1）适应规模报酬变动需求的 DEA 模型。1978 年，A. Charnes 和 W. W. Cooper 最早提出了假设规模报酬不变的 CCR 模型。1984 年在模型的基础上，他们又提出了规模报酬可变的模型，紧接着又有人提出满足规模报酬非递增的 BCC 模型与满足规模报酬非递减的 ST 模型。

（2）适应对权重改进需求的 DEA 模型。反映决策者偏好的 C2WH 模型。这一模型通过调整锥比率的方式来满足反映决策者偏好的目标，使决策可以更好地反映出决策者的意愿。

（3）适应对无限决策单元改进需求的 DEA 模型。半无限规划的 C2W 模型解决了无限多个决策单元的效率评价问题。

（4）适应多种需求的综合 DEA 模型。随着 DEA 研究理论的深入，产生了很多新的综合 DEA 模型，也使 DEA 的应用空间更加广阔。

在以上这些 DEA 评价模型中，最具代表性的主要有 CCR 模型、BCC 模型、FG 模型和 ST 模型。CCR 模型是在规模报酬不变模式下评估综合技术效率，即生产单位运用现有技术条件达到最大产出能力的程度；BCC 模型是可变规模报酬模式下评估纯技术效率，同时测度了规模效率，对于由于配置不合理和规模不合理引起的决策单元无效，它都能很好地测度。

1. 规模报酬不变的 DEA 模型——CCR 模型

假设有 n 个决策单元（DMU），第 j 个决策单元为 DMU（$j=1,2,\cdots,n$），设每个决策单

元都有 m 种类型输入和 s 种类型输出,输入–输出矩阵如下:

输入指标 1	x_{11}	…	x_{1j}	…	x_{1n}
输入指标 2	x_{21}	…	x_{2j}	…	x_{2n}
⋮	⋮		⋮		⋮
输入指标 i	x_{i1}	…	x_{ij}	…	x_{in}
⋮	⋮		⋮		⋮
输入指标 m	x_{m1}	…	x_{mj}	…	x_{mn}
输出指标 1	y_{11}	…	y_{1j}	…	y_{1n}
输出指标 2	y_{21}	…	y_{2j}	…	y_{2n}
⋮	⋮		⋮		⋮
输出指标 r	y_{r1}	…	y_{rj}	…	y_{rn}
⋮	⋮		⋮		⋮
输出指标 s	y_{s1}	…	y_{sj}	…	y_{sn}

将上述矩阵记为向量形式:

$$\boldsymbol{x}_j = (x_{1j}, x_{2j}, x_{mj})^{\mathrm{T}}, \quad (j = 1,2,\cdots,n)$$

$$\boldsymbol{y}_j = (y_{1j}, y_{2j}, y_{sj})^{\mathrm{T}}, \quad (j = 1,2,\cdots,n)$$

每个输入、输出指标对决策单元投入产出效率的贡献不同,所以权重也不同。设:$v_i(i=1,2,\cdots,m)$,是第 i 个输入指标的权重,$u_r(r=1,2,\cdots,s)$ 是第 r 个输入指标的权重,由:

$$\boldsymbol{v} = (v_1, v_2, \cdots, v_m)^{\mathrm{T}}, \quad (j = 1,2,\cdots,m)$$

$$\boldsymbol{u} = (u_1, u_2, \cdots, u_s)^{\mathrm{T}}, \quad (j = 1,2,\cdots,s)$$

借助工程科学领域效率评价的基本思想,输出指标与输入指标赋予一定权重后加权得到总输出与总输入,二者之比记为效率评价指数 h_j:

$$h_j = \frac{\boldsymbol{y}_j^{\mathrm{T}}\boldsymbol{u}}{\boldsymbol{x}_j^{\mathrm{T}}\boldsymbol{v}} = \frac{\sum_{r=1}^{s} u_r y_r}{\sum_{i=1}^{m} v_i x_{ij}}, \quad (i = 1,2,\cdots,m; j = 1,2,\cdots,n; r = 1,2,\cdots,s) \tag{2-20}$$

h_j 为第 j 个决策单元 DMU_j 的效率评价指数,它的意义是,在权系数 u 和 v 下,总产出 $\boldsymbol{y}_j^{\mathrm{T}}\boldsymbol{u}$ 和总投入 $\boldsymbol{x}_j^{\mathrm{T}}\boldsymbol{v}$ 之比,我们总可以选取适当的权系数,使 $h_j \leqslant 1(j=1,2,\cdots,n)$。

求取第 j_0 个决策单元 DMU_{j0} 的效率评价指数,以最大化它的效率评价指数为目标,以每个决策单元的效率评价指数小于或等于 1 为约束条件,以权系数为变量,便可得到如下算式:

$$\begin{cases} \max \dfrac{\boldsymbol{u}^{\mathrm{T}} y_{j0}}{\boldsymbol{v}^{\mathrm{T}} x_{j0}} \\ \text{s. t.} \dfrac{\boldsymbol{u}^{\mathrm{T}} y_j}{\boldsymbol{v}^{\mathrm{T}} x_j} \leqslant 1, \quad (j = 1,2,\cdots,n) \\ \boldsymbol{v} \geqslant 0 \\ \boldsymbol{u} \leqslant 0 \end{cases} \tag{2-21}$$

这是一个分式规划问题,计算不方便,利用 Charn-Cooper 变换,转换成如下算式:

$$\begin{cases} \max \boldsymbol{u}^{\mathrm{T}} y_{j0} \\ \text{s. t. } \boldsymbol{w}^{\mathrm{T}} x_j - \boldsymbol{u}^{\mathrm{T}} y_j \geqslant 0, \quad (j = 1,2,\cdots,n) \\ \boldsymbol{v} \geqslant 0, \boldsymbol{w} \geqslant 0 \\ \boldsymbol{w}^{\mathrm{T}} x_{j0} = 1 \end{cases} \tag{2-22}$$

其中令 $t = \dfrac{1}{\boldsymbol{v}^{\mathrm{T}} x_{j0}}$, $w = \dfrac{1}{\boldsymbol{v}^{\mathrm{T}} x_{j0}} \cdot \Delta v = t \cdot v$, $\mu = \dfrac{1}{\boldsymbol{v}^{\mathrm{T}} x_{j0}} \cdot u = t \cdot u$,式(2-22)是与式(2-21)等价的线性规划问题。

(1)式(2-22)若存在解 v_0,u_0,使 $h_{j0}=1$,则称第 j_0 个决策单元 DMU_{j0} 弱有效。

(2)式(2-22)若存在解 v_0,u_0,使 $h_{j0}=1$,且 $v_0>0$,$u_0>0$,则称第 j_0 个决策单元 DMU_{j0} 为 DEA 有效。

线性规划式(2-22)的对偶规划为

$$\begin{cases} \min \theta \\ \text{s. t. } \sum\limits_{j=1}^{n} x_j \lambda_j \leqslant \theta x_{j0}, \\ \sum\limits_{j=1}^{n} y_j \lambda_j \geqslant y_{j0} \\ \lambda_j \geqslant 0, \quad (j = 1,2,\cdots,n) \end{cases} \tag{2-23}$$

(3)引入松弛变量 s^+ 和 s^-,线性规划式(2-23)变形为

$$\begin{cases} \min \theta \\ \text{s. t. } \sum\limits_{j=1}^{n} x_j \lambda_j + s^- \leqslant \theta x_{j0}, \\ \sum\limits_{j=1}^{n} y_j \lambda_j - s^+ \geqslant y_{j0} \\ \lambda_j \geqslant 0, \quad (j = 1,2,\cdots,n) \\ s^- \geqslant 0, s^+ \geqslant 0 \end{cases} \tag{2-24}$$

为了计算方便,减少要解变量的个数,进一步引入非阿基米德无穷小变量,线性规划式(2-24)等价变形为

$$\begin{cases} \min \theta - \varepsilon (e \cdot s^+ + \hat{e} \cdot s^-) \\ \text{s. t. } \sum\limits_{j=1}^{n} x_j \lambda_j + s^- \leqslant \theta x_{j0}, \\ \sum\limits_{j=1}^{n} y_j \lambda_j - s^+ \geqslant y_{j0} \\ \lambda_j \geqslant 0, \quad (j = 1,2,\cdots,n) \\ s^- \geqslant 0, s^+ \geqslant 0 \end{cases} \tag{2-25}$$

其中，$\hat{e}=(1,1,\cdots,1)_{s^-}$，$e=(1,1,\cdots,1)_{s^+}$ 为非阿基米德无穷小量。

根据线性规划的对偶理论知：

(1)线性规划式(2-24)，若存在 $\theta^0=1$，则有第 j_0 个决策单元 DMU_{j0} 为 DEA 弱有效。

(2)线性规划式(2-24)，若存在 $\theta^0=1$，且 $s^{+0}=0$，$s^{-0}=0$，则有第 j_0 个决策单元 DMU_{j0} 为 DEA 有效。

值得注意的是，式(2-22)及其对偶规划是在保持输入指标不变的前提下，尽量缩小输出指标，即投入导向的 DEA 模型。

CCR 模型测度的效率值是综合技术效率(TE)，前提条件是假设规模收益不变：

(1)当 $\theta^0=1$ 时，且 $s^{+0}=0$，$s^{-0}=0$，则称决策单元为 DEA 有效。此时，该决策单元同时达到规模有效和技术有效，也就是说在这 n 个决策单元里，该决策单元的生产要素组合达到了相对最佳。

(2)当 $\theta^0=1$ 时，并且 $s^{+0}\neq 0$，$s^{-0}\neq 0$ 时，则称决策单元为弱 DEA 有效。此时，该决策单元要么规模无效，要么技术无效，但 CCR 模型无法判断出是规模无效还是技术无效。

(3)当 $\theta^0<1$ 时，称决策单元为非 DEA 有效。此时，该决策单元既是规模无效，又是技术无效。

2. 规模报酬可变的 DEA 模型——BCC 模型

CCR 模型有一个最基本的假设前提：规模报酬不变。当 CCR 模型 DEA 有效时，既是技术有效，又是规模有效。当其为非 DEA 有效时，则无法判断是规模效率还是技术效率引起的这一结果。通过添加假设 $\sum_{j=1}^{n}\lambda_j=1$ 这一条件，BCC 模型很好地解决了这一问题。

将线性规划增加 $\sum_{j=1}^{n}\lambda_j^0=1$ 这一条件变为

$$
\begin{cases}
\min\theta-\varepsilon(e\cdot s^{+}+\hat{e}\cdot s^{-}) \\
\text{s.t.}\ \sum_{j=1}^{n}x_j\lambda_j+s^{-}\leqslant\theta x_{j0}, \\
\qquad \sum_{j=1}^{n}y_j\lambda_j-s^{+}\geqslant y_{j0} \\
\lambda_j\geqslant 0,\quad (j=1,2,\cdots,n) \\
\qquad s^{-}\geqslant 0,s^{+}\geqslant 0 \\
\qquad \sum_{j=1}^{n}\lambda_j=1
\end{cases}
\tag{2-26}
$$

存在线性规划式(2-26)的最优解为 θ^0，λ^0，s^{-0}，s^{+0}。

同理，BCC 模型下决策单元 DMU_{j0} 为 DEA 有效的充分必要条件是 $\theta^0=1$，所有最优解满足且 $s^{-0}=0$，$s^{+0}=0$。

从经济学意义来看，模型所求的为纯技术效率(PTE)，并可求出规模效率，它很好地解决了 CCR 模型无法判断是规模无效还是技术无效的问题：

若 $\sum_{j=1}^{n} \lambda_j^0 = 1$，则规模报酬不变；

若 $\sum_{j=1}^{n} \lambda_j^0 < 1$，则规模报酬递增；

若 $\sum_{j=1}^{n} \lambda_j^0 < 1$，则规模报酬递减。

利用最优解还可对非 DEA 有效的程度进行投影分析，(x'_{j0}, y'_{j0}) 是 DMU_{j0} 在生产前沿面上的投影，也就是投入产出的目标值，其 DEA 是有效的：

$$\left.\begin{aligned} x'_{j0} &= \theta x_{j0} - s^{-0} = \sum_{j=1}^{n} x_j \lambda_j \\ y'_{j0} &= y_{j0} + s^{+0} = \sum_{j=1}^{n} y_j \lambda_j \end{aligned}\right\} \tag{2-27}$$

可得其投入的减少值和产出的增加值公式为

$$\left.\begin{aligned} \Delta x_{j0} &= x_{j0} - x'_{j0} \\ \Delta y_{j0} &= y'_{j0} - y_{j0} \end{aligned}\right\} \tag{2-28}$$

2.2.4.4　数据包络分析法(DEA)的主要步骤

数据包络分析法(DEA)是一种十分简洁的方法，其主要计算步骤如下：

(1)选择适当的投入产出指标，建立评价指标体系。围绕评价目标对评价对象进行分析，包括辨识主目标、子目标以及影响目标的因素，保证指标的科学性和可行性。

(2)确定同类型的决策单元。

(3)选择评估模型。随着 DEA 理论的发展，各种各样的 DEA 模型不断地涌现，但常用的基本模型还是 CCR 模型和 BCC 模型。

(4)对每一个决策单元进行求解。通过选用的模型，利用线性规划软件得到各个决策单元的效率值，其中 CCR 模型可以计算出综合效率值，BCC 模型可将 CCR 模型计算的综合效率值分解为纯技术效率和规模效率。

(5)结论分析。在得到各个决策单元的相对效率之后，可以对不同决策单元的效率进行对比，进而辅助决策者决策。

2.2.5　德尔菲法

2.2.5.1　德尔菲法概述

德尔菲法是根据对研究对象调查得到的基本资料，结合专家的知识和经验，直接或经过简单的推算，对研究对象进行综合分析，寻求其特性和发展规律，并进行预测的一种方法。由于采用德尔菲法进行隐患识别很大程度上依赖于专家的个人判断，因此又称作专家调查法。该方法是在 20 世纪 40 年代由 O. Hearlm 和 N. Dalke 首创，后经过 T. J. Golden 和 Land 公司进一步发展而成的。该方法能够有效避免集体讨论中存在的屈从于权威或盲目服从多数的缺陷，在政策制定、经营管理、风险管理、方案评估等诸多领域都有着广泛的应用。

德尔菲法通过专家个人判断和专家会议来调查了解研究对象和有关事物的历史与现状以及它们之间的相互关系，一般能够做出比较准确的分析和判断，进而很直观地进行预测和识别。因此，在客观资料或数据缺乏的情况下，采用德尔菲法对研究对象的未知或未来的状态做出有效的预测是一个不错的选择。实践证明，采用德尔菲法进行信息分析与预测，可以较好地揭示出研究对象本身所固有的规律，并可据此对研究对象的未来发展做出概率估计。

德尔菲法的不足之处在于，仅仅依靠专家个人的分析和判断进行预测，容易受到专家个人的经历、知识面、时间和所占有资料的限制，因此有些情况下的预测结果会存在较大片面性或误差较大。专家会议调查法在某种程度上弥补了专家个人判断的不足，但仍存在一些缺陷，如参加会议的专家缺乏代表性，专家发表个人意见时易受心理因素的影响（如屈服于权威、受会议气氛和潮流的影响），由于自尊心的影响而不愿公开修正已发表的意见，缺乏足够的时间和资料来考虑和佐证自己的发言，等等。在实践中，德尔菲法针对这些缺陷逐步进行了改进，形成了一套按规定程序向专家进行调查的程序，能够比较准确地反映出专家的主观判断能力。根据实际需求的不断发展，德尔菲法逐步演变出经典型德尔菲法、策略型德尔菲法和决策型德尔菲法三种主要类型。

2.2.5.2　德尔菲法的特点

（1）采用匿名方法征询专家意见，避免专家受社会关系影响，建议更加客观公正。在一般的专家会议调查法中，专家的建议或观点容易受其他人、会议气氛或人际关系等外部因素的影响，导致结论不能客观反映真实状况。为了避免和消除这一缺陷，德尔菲法采取发函匿名征询不同专家对被调查事务的意见与建议，由于受邀参加预测的专家之间互不见面和联系，可以不受任何干扰、独立地对调查表所提问题发表自己的意见和看法，或者参考前一轮的预测结果修改自己的意见，不必担心自己给出的调查意见或建议会招致不必要的麻烦，也不会损害自己的威望，从而最大限度地保证了调查结果的客观公正性。

（2）通过多轮意见征询，并将每一轮的意见与专家进行反馈交流，便于达成共识。由于该方法采用匿名的方式，因此在第一轮调查汇总后，会发现专家的意见和建议往往比较分散，并不能达到或满足本次调查的目标与要求。由于专家之间没有交流，因此缺乏讨论启发、共同提高、统一达成共识的环节。为了克服这一缺陷，经典的德尔菲法一般需要进行四轮的专家意见征询。组织者对每一轮的专家意见（包括有关专家提供的论证、依据和资料）进行汇总整理和统计分析，并在下一轮征询中将这些材料匿名反馈给每一位受邀专家，以便专家们在提意见和建议时参考。由于除第一轮外，专家们都能在后续的意见征询过程中了解到上一轮征询的汇总情况、其他专家的意见以及对自身建议的反馈信息，因此通过反馈可以进行比较分析，相互启迪，使调查分析结果更加准确，对问题的诊断以及应对措施更具有针对性。

（3）基于统计学方法对各方面专家结果进行统计分析，结论更具有科学性。德尔菲法在调查的准备阶段、专家意见征询阶段以及最后结果的汇总过程中，采用了多种统计学方法，对调查意见及相关信息数据进行分类统计分析。例如，在调查开始前，采用表格化、符号化、数字化的设计方法制作调查意见表，这样做的好处除便于统计分析外，更重要的是基于一定的调查需求或理论指导进行设计的,更具有科学性和说服力;在调查过程的反馈阶段或者最后结果汇总分析阶段,都会对收集到的专家意见进行适当的数学处理,以图表或概率的形式出现,既能反映出专家意见的集中程度,还能够表述专家意见的离散情况,更加易于决策者从中寻找出特征或规律。另外,随着信息交流渠道的多样化,除采取传统信息调查渠道外,还可以通过函询的方式向专家征询意见,这样就能够有效主动控制调查的覆盖面,保障其全面性,同时可以给专家留下充分的时间进行分析思考,保障专家意见的充分可靠。

2.2.5.3　德尔菲法的适用条件

在数据缺乏、新技术评估以及非技术因素起主导作用的情况下,德尔菲法具有其他隐患识别方法所不具备的优势,可以充分有效地利用专家的知识和经验准确抓住问题的关键,这也往往是在此类情景下唯一可选用的调查方法。但是,德尔菲法并非万能,在具备一定的数据信息条件,或者需要通过定量评估等情况下,还有其他更多适宜的隐患识别方法可供选择。

(1)缺乏足够的数据信息。数据信息是进行隐患识别定量化研究的基础。然而,在研究或应用实践过程中,缺乏第一手数据资料,或者数据信息不足,或者数据不能反映真实情况,或者采集数据的时间过长,或者获取数据所需付出的代价过大等多种因素经常出现,从而给研究工作带来困难。如何在这些情况下科学挖掘数据信息,针对研究的问题开展定量化分析工作,是很多领域面临的一项难题。而德尔菲法正好提供了一套相对完整和科学的信息获取与加工渠道,在无法直接获取研究对象信息的情况下,充分利用专家的经验知识,并将专家经验合理转化为定量化数据信息,从而有效打破困局,实现研究目标。

(2)新技术评估。随着科学技术的不断发展,各种崭新的科学技术与方法会大量涌现,在这些技术方法运用的初期阶段,由于没有形成翔实有效的数据资料,对于这些技术的发展前景及可能存在的问题在一定条件下很难进行评判。此时,专家经验的判断往往是唯一的评价根据,德尔菲法自然是一个不错的选择。

(3)非技术因素起主导作用。在管理决策实践中,问题涉及的范畴往往不仅仅局限于技术和经济范围,还可能包括政治、社会公众舆论、生态环境、文化、地方风俗等诸多非技术因素,而且这些因素还很有可能成为影响决策的关键要素。在这种情况下,非技术因素的重要性往往超过技术本身的发展因素,成为管理者首先考虑的问题,相比之下原有的数据资料信息及技术信息则处于次要地位,必须对这些非技术因素和技术因素进行全面考虑,给出一个综合的评判结果。此时,只有依靠管理者或专家的经验知识,尽可能地发掘专家经验信息才能做出合理的判断。

此外,在一些管理决策行为中,可能涉及技术、经济、环境、文化等多维信息,信息量大,信息处理工作极为繁杂,经济成本费用较高,此时,可根据决策目标的要求采用德尔菲法进行处理。

2.2.5.4　德尔菲法应用的难点

德尔菲法在应用过程中也有其自身的难点,如专家组的形成问题、确定调查轮次、信息反馈技术的控制、专家意见调查的组织形式等。这些问题能否科学、有效地予以解决,是调查结果成功与否的关键。

(1)专家组的形成。价值评估是人主观判断的过程及结果,选择较强代表性的专家组是德尔菲法在综合评价中成功应用的首要前提,这涉及专家组的选择、专家意见的公正性判断等问题。通常,我们将一些对某一特殊领域十分熟悉和精通的人物称为专家,但需要指出的是,这种精通不代表对该领域的任何事物都精通,多数专家都只是在该领域的某些环节或某些具体技术方面较为精通。例如,有的比较善于理论分析,有的侧重方法应用,有的擅长宏观趋势预测,有的熟谙各类现象的描述与总结。因此,在选择专家时必须充分考虑每个专家的特长,结合采用德尔菲法调查分析的对象及目标,综合选取专家组成员。当调查目标是针对某一项具体技术环节时,优先选取在该环节较为精通的专家,即选择"精深型"专家;当调查目标是面向一系列技术任务的总体时,就必须考虑选择对该领域总体宏观把握能力较强的专家,即"广泛型"专家,保障目标任务的总体方向不出偏差。

另外,对于专门从事某一项评估的工作还可以建立相应的专家库。通过收集汇总专家的基本信息(姓名、年龄、学历、学位、研究方向、特长、从事工作等)和特殊信息(代表性研究成果、承担课题情况、获奖情况等),建立能够实现查询、归并、检索等功能的专家数据库,以便在需要遴选专家时可以根据不同的检索要求灵活做出反应,输出库中所有满足检索要求的专家。例如,我们对专家库的基本信息部分进行第一次检索,输入检索词"特长"后,输出的结果就是以各种特长为分类依据的专家组,这样我们就可在各类别的专家组中进行挑选组合。

(2)调查轮次的确定。确定合理的调查轮次是德尔菲法在综合评价中有效应用的关键,这涉及专家意见一致性的识别、调查指标阈值的事先有效确定等问题。

(3)信息反馈技术的控制。使用正确的意见反馈技术是德尔菲法在综合评价应用中准确应用的条件,这涉及离群意见的识别和表达、反馈意见表达形式的选择等问题。

(4)专家意见调查的组织形式。选取科学的专家意见调查形式是德尔菲法在综合评价中成功应用的保障,这涉及调查结果反馈的具体化形式选择、各种信息交流机制的优劣识别等问题。

2.2.5.5　德尔菲法具体实施步骤

采用德尔菲法的具体步骤包括建立调查分析小组、明确调查任务与目标、筛选参加调查的专家组成员、设计各轮次专家调查分析表、调查分析与实施过程、编写和提交调查分析报告等,如图 2-5 所示。

1. 建立调查分析小组

调查分析小组的主要职责是负责本次调查任务的具体实施,包括确定调查任务目标、明晰调查任务细节、选择参加调查任务的专家、设计制作各轮次调查分析表、各轮次调查意见反馈、汇总整理专家意见、统计分析与预测、编写和提交调查报告。小组的成员一般主要由信息分析与预测人员构成。

2. 明确调查任务与目标

针对一些关注热点但认识还不够清晰、思想还不统一或存在较大分歧的问题,由调查分析小组召开内部讨论会,明确本次调查任务的总体目标、分阶段目标和实现这些目标所需要完成的具体任务及相关细节问题。

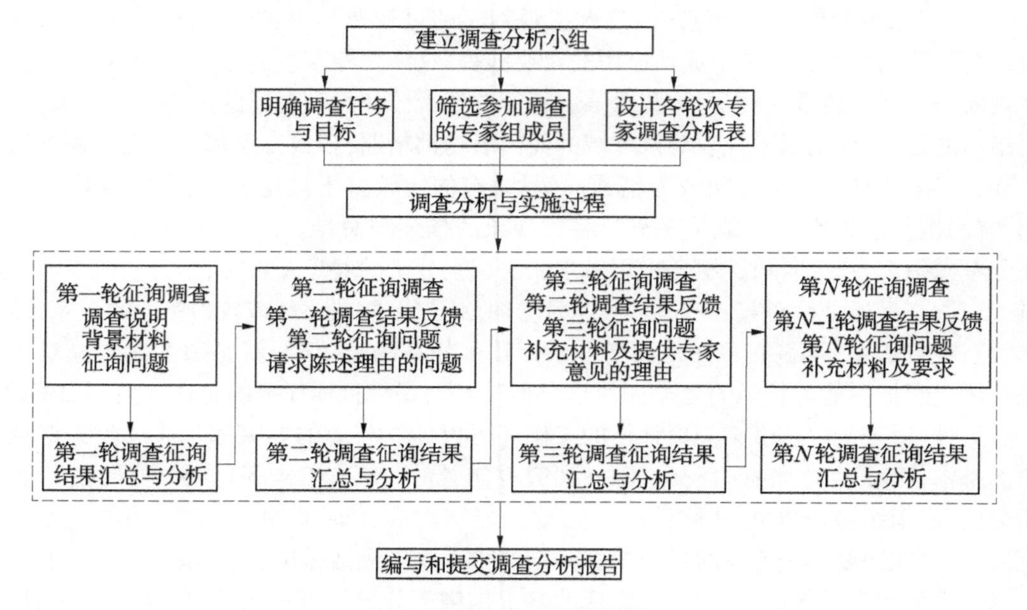

图 2-5　德尔菲法实施步骤

3. 筛选参加调查的专家组成员

专家的任务就是针对调查问题，根据自己的专业知识和经验给出客观的意见或判断。但是，在现实中每个专家所擅长的领域是不同的，如何结合调查目标确定合适的专家名单就直接关系到调查分析任务的成败。前面也提到，专家筛选是应用德尔菲法的关键一环，专家的选取既可以由熟悉的专家进行推荐，也可以由上级部门介绍和推荐，还可以查询专家档案数据库等进行筛选。通常，在筛选专家名单时遵循以下基本原则：

第一，选取的专家必须熟知调查目标所涉及的领域，有独到的见解，在业内具有一定的知名度和权威性。

第二，选取的专家应当有足够的时间和耐心按照调查要求配合完成调查问题的回答。因为德尔菲法并不是一次调查就完成的，经典的德尔菲法需要进行四轮的征询调查，其中包括对上一轮次调查结果的信息反馈，这就要求专家必须有足够的时间和精力来配合完成调查任务，否则就会使调查结果的客观公正性和准确度受到影响。

第三，根据调查任务的性质来确定专家名单。在具体的调查任务中，有些调查是专门针对某一具体技术问题的调查分析，有些调查则是针对一系列的技术问题及宏观方向的调查分析。对于前者，在选取专家时就要针对具体任务选取熟悉该领域技术业务的专家作为调查咨询的对象，即前面所提到的“精深型”专家；对于后者，除要针对专门技术问题选取对应的专家外，还必须选取一定数量的调查涉及的理论研究、系统设计、生产组织、管理决策等诸多领域总体发展状况，且具有宏观把握能力的专家进行调查咨询，即前面提到的“广泛型”专家，这一点对于调查结果十分重要。

第四，调查专家涉及的范围及人数需要适当控制。在范围上，需要根据征询问题的重要性和机密性选取专家，如果问题涉及机密，就需要首先在保密范围内选择专家进行调查咨询；如果不涉及保密问题，则可以面向社会，从机构内外综合选取调查咨询的专家。在专家的人数上，一般控制在15~50人，人数太少代表性不够，则无法充分考虑多方面的意见，起不到集思广益的作用；调查咨询专家的人数也不是越多越好，人数太多容易出现专家意见比较分散、难以统一集中、调查组织难度较大的问题，这样并不利于完成调查任务。如果调查的任务涉及范围广、难度大，还可以考虑将调查任务进行分解，针对分解后的子任务设置多个调查咨询专家小组，每个小组的专家人数仍然控制在15~50人。

第五，注意所选专家在回答调查咨询问题时的独立性。针对该问题，可与专家事先约定不要向他人或外部透露调查的具体细节问题，避免外界对专家意见带来不必要的影响。

4. 设计各轮次专家调查分析表

调查表是调查小组与专家之间传达信息的桥梁，是进行信息分析和判断的基本工具，调查表设计得合理与否，直接关系到调查任务的完成情况以及调查目标能否顺利实现。在设计调查表之前，首先需要对调查目标、调查任务、专家情况等相关背景信息进行详细的讨论分析，抓住调查任务中的关键环节，明确调查问题及咨询形式，必要时可事先邀请专家就调查表设计合理性和专业性进行咨询反馈，保证调查表的针对性和有效性，最后确定调查咨询表的内容与形式。

一般比较常见的调查表形式有目标与手段调查表、专家简要回答调查表、专家详细回答调查表等。

目标与手段调查表是设计者通过分析研究已掌握的资料信息，确定调查对象的目标（含总目标及其分解而成的若干子目标），并提出达到这些目标所可能采取的各种措施和方案。将目标列入调查表的横栏、措施和方案列入纵栏，就构成了目标与手段调查表。专家对这种表的回答很简单，只需在相应的目标和手段重合处打“√”，或者对所提出的手段对于实现目标的有效性与合理性进行打分（一般采用百分制）。

专家简要回答调查表是由调查表设计者根据预测目标提出一些问题，然后由专家进行简要的书面回答，如某一事件完成的时间、技术参数值、实现条件、各种因素间的相互影响、原因分析、对策措施、实施效果等，这类调查表回答相对于目标与手段调查表更加复杂，需要专家付出更多的时间和耐心。

专家详细回答调查表设计相对容易，这类调查表一般问题很少、形式简单，但却要求专家对提问做出充分的论证、详细的说明或提出充足的依据，回答的难度更大，一般不如前两种调查表更容易让人接受。

5. 调查分析与实施过程

调查分析与实施过程即根据指定的调查表和选取的专家，进行多轮次的反馈调查和专家意见的汇总整理、统计分析与预测，调查轮次根据实际情况确定。经典的德尔菲法在该过程中一般包含以下四轮的征询调查，除第一轮外，其他各轮次在调查过程中都会包含上一轮次调查结果统计分析情况的反馈。

第一轮征询调查，相对来说，调查范围较为广泛，回答形式也比较自由，调查表的限制条件较少，重点是通过专家将调查咨询问题更加明确，指出关键问题以及对调查问题的判断，专家也可以提出调查表中没有给出的其他意见或建议。调查小组对该轮次的调查表进行回收汇总，按照统一的专业术语或规则归并雷同的意见或建议，剔除次要的、分散的意见，对专家提出的特别建议要进行分析讨论，明确其重要性。同时设计调整第二轮征询调查分析表,并将第一轮征询调查分析结果作为调查表附件反馈给专家。

第二轮征询调查,在上一轮调查的基础上,缩小和明确调查范围和调查问题,并请专家对第一轮提出的重要问题再次提出自己的建议或判断(如对相关事件的时间、空间、规模大小、影响、原因等),并说明建议及判断的具体理由。调查小组回收调查分析表,对专家意见再次汇总分析,对有关问题的专家意见统计分析其概率分布结果。同时设计调整第三轮征询调查分析表,并将前两轮的调查分析结果作为调查表附件反馈给专家。

第三轮征询调查,请专家参考前两轮的统计结果,填写回答第三轮征询调查分析表,对调查对象进行再次分析判断,并充分陈述判断理由。调查小组回收征询调查分析表,对专家意见再次汇总分析,对有关问题的专家意见统计分析其概率分布结果。同时重点针对专家意见还存在分歧的问题,设计调整下一轮征询调查分析表,并将前几轮的调查分析结果作为调查表附件反馈给专家。

第四轮征询调查,请专家参考前几轮的统计结果,填写回答第四轮征询调查分析表,对调查对象进行再次分析判断,并在必要时做出详细、充分的论证。调查小组回收调查分析表,对专家意见再次汇总分析,对有关问题的专家意见统计分析其概率分布结果,寻找收敛度较高的专家意见。

综上所述,四轮征询调查并不是简单的重复,而是一种螺旋上升的过程。每循环和反馈一次,专家都吸收了新的信息,并对预测对象有了更深刻、更全面的认识,预测结果的准确性也逐轮提高。一般来说,德尔菲法经过四轮征询调查就可以较好地使专家意见收敛。例如,美国 Land 公司曾就科学的突破、人口的增长、自动化技术、航天技术、战争的可能与防止、新的武器系统等六大问题共 49 个事件进行了长达 50 年的预测。经过四轮征询调查后发现,有 31 个事件很好地收敛了。如果有必要,还可以进一步增加调查轮次。

6. 编写和提交调查分析报告

调查征询结束后,调查小组应将各轮次的统计分析结果进行统一的分析加工,针对调查目标和任务,分析调查任务的完成情况以及目标的实现情况,给出最终的调查分析结果和调查意见,形成正式的调查报告。

2.2.6　故障树分析法

2.2.6.1　概述

1. 故障树分析中常用的术语和符号

故障树分析法(FTA):是一种逻辑演绎法,以一种树状的图形出现,由一些基本的图形元素(包括逻辑门符号、中间事件及底事件符号等)依据一定的逻辑关系组合,形成整个故障树图形。故障树图形反映了各个故障树事件之间的因果逻辑关系。

故障树分析法常用的基本符号和术语介绍如下:

(1)故障树:是一种特殊树状(一般为倒立树状)的逻辑图形。图形中由规定的事件符号、逻辑门符号以及其他一些符号等图形元素组合而成,利用图形元素表达系统中各个事件间的因果逻辑关系,其中输入逻辑门事件是输出逻辑门事件的“因”,而输出逻辑门事件是输入逻辑门事件的“果”,所以故障树是因果关系图。

(2)底事件:一般处在故障树底层,以故障树的某个逻辑门的输入事件形式出现,但底事件可进一步划分为“基本事件”和“非基本事件”两种类型事件。

(3)基本事件:已查明或未查明但必须探究清楚其缘由的底事件。例如,作为一个机械系统,其基本零部件的故障事件便可作为基本事件。基本事件用圆形表示。

(4)非基本事件:没有必要探究清楚其缘由的底事件称为非基本事件。例如,那些对系统影响微乎其微的次要事件。非基本事件用菱形表示。

(5)结果事件:是故障树中另外的事件或多个事件的组合引起的事件,一般以逻辑门输出事件的形式出现。结果事件用矩形表示。

(6)顶事件:针对所研究的系统,将系统中最不希望发生的事件作为顶事件,它一般处在故障树顶端,可以将顶事件视为故障树的树根。顶事件用矩形表示。

(7)中间事件:作为独立事件,介于顶事件和底事件之间,既可以作为逻辑门输入事件,也可以作为逻辑门的输出事件。中间事件用矩形表示。

(8)与门:表示逻辑与门结构内的所有输入事件都发生时,才会导致逻辑与门的输出事件发生。逻辑与门的表示符号见表2-1。

(9)或门:表示逻辑或门结构内的全部输入事件中至少一个发生时,就会导致逻辑或门的输出事件发生。逻辑或门的表示符号见表2-1。

(10)异或门:表示异或门的输入事件不全发生且也非都不发生时,则输出事件发生。逻辑异或门的表示符号见表2-1。

(11)优先与门:表示仅当逻辑门的输入事件依据规定由左向右顺序发生时,逻辑优先与门的输出事件才会发生。逻辑优先与门的表示符号见表2-1。

表2-1　故障树分析法的主要符号及其意义

事件及其符号		逻辑门及其符号	
顶事件或中间事件	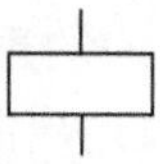	与门	
基本事件		或门	
非基本事件	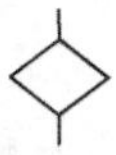	异或门	
条件事件	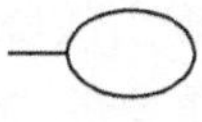	优先与门	

2. 故障树分析法的特征

(1)故障树分析法为图形演绎法,形象直观。故障树分析图由事件符号、逻辑门符号组成,由图便可清晰地看出对象系统内在的逻辑联系,同时反映了基本单元和系统之间产生故障的逻辑关系,所以通过分析图便可清楚地了解系统的失效机制和状态,以此判断系统的薄弱环节有哪些、分别在哪里,从而指导故障诊断分析。

(2)故障树分析法应用范围广。对于系统的故障分析而言,需要考虑很多影响因素,而故障树分析都能全面考虑,应用范围广泛,它不仅可以应用于基本单元对系统的故障分析,也可以应用于基本单元产生故障的原因因素(包括软件因素、环境因素和人为因素等)分析。

故障树分析法通过系统的故障状态和系统内各个基本单元的故障状态的逻辑关系,经故障分析可查找出系统潜在的、可能的失效状态,即系统故障树所有的最小割集。

(3)故障树分析法易于保存和使用。将系统的故障树建立后,不仅可以作为图形化的资料保存,而且可以对学习人员、管理人员和维修人员进行直观的教学,更便于维修。

(4)故障树分析法不仅可以进行定性分析,而且可以进行定量分析,通过定量分析可以得到复杂系统的故障发生概率及其他相关参数,为评估系统的可靠性和改进系统提供了具体数据。

(5)故障树分析法软件应用前景好。伴随着计算机技术的发展,目前已开发出了一些分析应用软件,将故障分析定性化、定量化和图形化、微机化。

(6)故障树分析法定量分析中存在不足。由于故障分析受统计数据的影响大,如果统计基础数据时存在不确定性,那么故障树的定量分析就存在较大的困难,所以当前很多学者除故障树定性分析的研究外,更多的精力用在了故障树分析的定量分析上,主要是重要度分析与灵敏度分析方面。

3. 故障树分析法的思路

(1)合理选择顶事件是故障树分析的关键。顶事件作为故障树分析的基础和源头,不同的顶事件,故障树也大不相同。对系统进行故障分析时,一般选择对系统影响显著的那些因素列为故障树的顶事件。

(2)正确地建立故障树是故障树分析的核心。正确地建立系统(研究对象)的故障树,首先需要建树人员熟悉和掌握系统的机制与影响因素,所以建树人员一般需要设计人员、技术人员和维修人员共同参与;其次利用故障树法的理论知识,将定义事件与逻辑门符号按一定的逻辑关系组合成故障树,从而清晰地表达出故障事件间的逻辑关系。

(3)故障树的简化与分解。对研究对象的系统建立故障树时,根据系统的复杂情况,酌情对其进行逻辑简化和模块分解,尽量使故障树层次分明、关系清晰。

(4)故障树定性分析的内容。当故障树建立后,需要对故障树进行定性分析,目前大多采用上行法或下行法分析,从而求解出故障树所有的最小割集。

(5)故障树定量分析的内容。进行故障树的定性分析后,便可进行定量分析。通过现场调研获得的故障树底事件的发生概率,便可计算出故障树顶事件的概率以及底事件的重要度,在底事件重要度的计算分析中包括结构重要度、概率重要度、关键重要度。

(6)系统的故障分析与建议。通过故障树的定性分析与定量分析,可以得出影响系统的故障事件组合、顶事件的概率与底事件的重要度等结果,从而能够清晰地知道顶事件的发生概率是多少,哪些底事件是系统的薄弱,根据计算结果提出相应的规避故障发生或改进系统的系列建议。

2.2.6.2 建立故障树

正确地建立故障树是整个故障树分析的核心,故障树的建立是否层次分明、是否完善,都将直接影响着故障树的定性分析与定量分析的准确性和精确性。所以,建立故障树以前,必须熟悉掌握所研究系统的结构和功能,详细分析基本单元之间的相关关系,以及各种指标在各个基本单元之间的传递关系。

建树人员通过故障树的建立,可以查明系统潜在的故障因素,然后通过改进运营方案对系统进行改进和完善。在实际建树工作中,建议建树人员由系统设计人员、使用人员和可靠性领域的专家共同参与完成,然后对故障树不断深入分析,逐步改进完善。

1. 建立故障树的原则和方法

1) 建立故障树的原则

故障树分析技术已经历了几十年的实践,通过持续改进和完善,该技术已比较成熟。建立故障树时需考虑以下规则:

(1) 必须熟悉了解系统的运行机制和故障因素,将系统最不希望发生的事件作为系统故障树的顶事件。

(2) 准确定义故障的事件和状态。在故障树里,需要准确地定义什么是故障事件,什么条件下发生故障事件,即系统的工作状态和系统基本单元的故障状态的逻辑联系。

(3) 考虑故障树假设条件,合理确定边界条件。在建立故障树的过程中,需要对系统进行必要的合理假设,如假设影响因素底事件彼此独立等。同时为了避免出现遗漏或不应有的重复,将复杂系统的故障树中那些对顶事件影响微乎其微的部分忽略掉,以简化系统。

(4) 依据自上向下建立故障树。对于复杂系统的故障树,枝节相当庞大,中间事件可能会很多,而每一个中间事件很有可能是一个复杂的子树,这样输入事件和输出事件相当多,而采用自上而下的原则进行故障树的建造,有利于梳理故障树的思路,使之层次分明、逻辑关系清晰,也避免了遗漏和重复。

2) 建立故障树的方法

建立故障树的方法有人工建树和计算机辅助建树。

(1) 人工建树。根据系统的故障机制,依据演绎逻辑关系,从系统的顶事件自上而下逐级推导顶事件的直接原因,一般按照顶事件—逻辑门—中间事件—逻辑门—底事件的顺序,直到所有的底事件整理清楚为止。人工建树方法虽然简单,但操作起来非常繁杂,不过人工建树的优势在于能够便捷地查明全部的故障模式和原因,因此目前采用人工建树仍然非常普遍。

(2) 计算机辅助建树。目前,关于计算机辅助建树方面,应用较普遍的主要有合成法、决策表法和节点关系图法三种。因为计算机辅助建树的过程中缺乏智能判断,尤其是很难区分哪些故障事件属于薄弱环节、重要工程判断和专家的“故障诊断”等很难用计算机来描述和判断,所以国内计算机辅助建树的研究还在继续探索。利用计算机辅助合成法建立故障树的原理,主要是将系统的基本单元的失效函数进行编程汇总,然后依据一定的边界条件,从系统的顶事件开始,分别采用编制程序对一些故障子树按规定的要求自动生成系统的故障树。

2. 故障树的构建步骤

在故障树分析中,构建故障树的关键是要掌握分析问题要素间的系统功能逻辑关系、故障模式及影响程度,建树完善与否直接影响定性分析和定量计算结果的精确度。因此,构建故障树首先要分析系统各个组件的功能、结构、原理、故障状态、故障因素及其影响等,根据研究的对象确定顶事件,然后由此开始,依次找出各级事件全部可能的直接原因,并用故障树的相应符号表示各类事件及其逻辑关系,直至分析到各类底事件。一般按如下步骤进行建树:

(1)熟悉系统。收集有关系统的技术资料信息,对系统的组成要素、结构功能、运行原理、故障状态、故障因素及其影响等进行详细全面的了解,初步掌握可能发生故障的关键节点及其影响因素,这是建树的前提与基础。

(2)确定顶事件。顶事件是指系统不希望发生的故障事件。一个系统可能有多个不希望发生的事件,但一个故障树只能从一个不希望事件开始。因此,需要选择、设计、分析与目标最相关的事件作为建树的起始事件,即顶事件。

(3)构造故障树。从顶事件出发,依次找出各级事件全部可能的直接原因,并用故障树的符号表示各类事件及其逻辑关系,直至分析到底事件。建树的方法一般分为人工建树和计算机辅助建树两类,前者采用演绎法对系统的各级故障事件进行逻辑推理,后者则主要是通过各种数学算法来定性和定量描述各级事件之间的逻辑关系,并借助计算机来完成这一复杂的运算过程。

(4)简化故障树。初步构成的故障树往往十分繁杂,给分析工作带来困难,不利于找出关键性故障因素。因此,当故障树构成后,还需要从故障树的最下级开始,逐级写出上级事件与下级事件的逻辑关系式,直至顶事件。然后结合逻辑运算算法对所列关系式进行分析计算,并根据计算结果将多余事件或影响极小事件进行删减,保留关键故障要素,得到简化的故障树关系图。

(5)定性分析。根据故障树关系图,确定导致顶事件发生的故障树最小割集,即基本事件对顶事件产生影响的组合方式与传递途径,找出故障系统的关键环节与主要要素,并结合要素间的作用关系确定故障发生的主要原因。

(6)定量分析。计算故障树关系图中底事件或中间事件可能造成上一级事件产生系统故障的概率,以及各种底事件造成顶事件产生的概率和影响程度。

2.2.6.3　故障树法相关的结构函数

1. 故障树的结构函数

在对系统进行故障分析时,需要对系统做如下假设:

(1)系统和基本单元的故障状态只取正常和失效两种。

(2)基本单元的故障事件彼此独立。

设 T 为故障树的顶事件,$x_1, x_2, \cdots, x_n$ 为故障树的各独立的底事件,令

$$x_i = \begin{cases} 1, & \text{底事件} x_i \text{ 发生} \\ 0, & \text{底事件} x_i \text{ 不发生} \end{cases} \tag{2-29}$$

$$\Phi = \begin{cases} 1, & \text{顶事件 } T \text{ 发生} \\ 0, & \text{顶事件 } T \text{ 不发生} \end{cases} \tag{2-30}$$

由系统的故障状态可知,故障树底事件的状态决定着顶事件的发生概率,即顶事件的发生概率取决于底事件 x_i 的值,所以:

$$\Phi = \Phi(\bar{x}) = \Phi(x_1, x_2, \cdots, x_n) \tag{2-31}$$

式(2-31)中 $\Phi(\bar{x})$ 的表达式即为故障树结构函数的形式,表达式中 Φ 和 x_i 的值只能是0或1。

2. 系统及逻辑门的结构函数

(1)系统的结构函数。以一个串并联系统的故障分析为例来介绍系统故障树的结构函数,如图2-6所示。

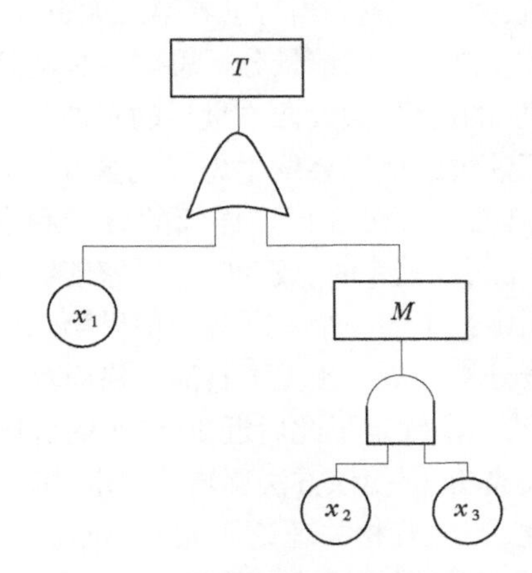

图2-6 串并联系统

根据系统故障树的逻辑关系,图串并联系统的故障树的结构函数表达为

$$\Phi(\bar{x}) = x_1 \cup (x_2 \cap x_3) \tag{2-32}$$

或

$$\Phi(\bar{x}) = 1 - (1 - x_1)(1 - x_2 x_3) \tag{2-33}$$

(2)逻辑与门的结构函数。

$$\Phi(\bar{x}) = \bigcap_{i=1}^{n} x_i \tag{2-34}$$

式中 n——底事件个数。

当底事件 x_i 只取0或1时,则有

$$\Phi(\bar{x}) = \prod_{i=1}^{n} x_i \tag{2-35}$$

如果其中一个底事件不发生(对应的 $x_i = 0$),那么顶事件就不会发生,所以

$$\Phi(\bar{x}) = \prod_{i=1}^{n} x_i = 0 \tag{2-36}$$

(3)逻辑或门的结构函数。

$$\Phi(\bar{x}) = \bigcup_{i=1}^{n} x_i \tag{2-37}$$

当底事件 x_i 只取0或1时,则

$$\Phi(\bar{x}) = 1 - \prod_{i=1}^{n} (1 - x_i) \tag{2-38}$$

如果其中有一个底事件发生故障(即 $x_i = 1$),则 $\Phi(\bar{x}) = 1$,系统则会发生故障。

2.2.7 情景分析法

2.2.7.1 情景分析法概述

情景分析法源于美国Land公司。第二次世界大战后,美国国防部在决策新型武器系统的研制时,面临着科学技术、研发成本、政策等多种不确定性因素的困扰,决策变得十分艰难。此时,在决策制定前,建立面向未来情景的仿真模型进行预测分析就成为管理决策的内在需求,这就使得研究政策制定后可能产生的效果或后果成为可能。这就是早期情景分析法产生的基本背景。Land公司的Herman Kahn成为最早开发和使用情景分析方法的人,并且在1960年出版了《论热核战争》,详细介绍了如何运用情景分析法解决重大战略决策问题,情景分析法也由此为人们所熟知。此后,卡恩又出版了在情景分析历史上具有里程碑意义的著作《公元2000年:思维的框架》,因此被尊称为“情景分析之父”。

最为著名的案例莫过于荷兰壳牌石油公司运用情景分析法成功应对了1973年全球石油危机,并一跃成为当时世界第二大石油公司。1972年,壳牌石油公司主管Pierre Wack在继承和发展卡恩的情景分析思想方法基础上,针对世界石油战略格局,建立了一个名为“能源危机”的情景,假设西方世界的石油公司失去对世界石油供给的控制,将会引发什么后果?世界石油供给格局会发生怎样的变化?作为大型的石油公司应当如何应对这些假定的情景,壳牌石油公司进行了详细的分析和准备,因此在1973~1974年,OPEC(石油输出国组织)宣布石油禁令时,成为唯一一家能够有效应对此次危机的大石油公司,并从世界七大石油公司中最小的一个一跃成为世界第二大石油公司。1986年,壳牌石油公司决策层再次利用情景分析法成功预见了石油价格崩落的可能,提前准备,在价格崩落之后花重金收购了大量油田,一举锁定了此后近20余年的价格优势。也正因为情景分析法在壳牌石油公司取得的巨大成功,促使该方法逐步从军事、国防等领域走向社会、管理、经济等诸多领域。

此后,随着相关理论研究的不断深入,情景分析法在20世纪80年代与复杂性理论相结合,取得了第一次大的飞跃;20世纪90年代,组织学习理论被引入情景分析法中,促使其取得了第二次大的飞跃,应用范围更加广泛。目前,情景分析法已经成为一种普遍的风险分析方法,在洪水风险分析、突发事故风险分析、商业风险分析等方面有着较多的应用与实践。

2.2.7.2 情景分析法的主要功能

随着情景分析法应用的日益广泛,对于情景分析法的解读和认识也随着应用领域的不同而存在各种差异。在风险管理领域,情景是指未来风险事件可能发展态势的典型情况,以及能使风险事件由初始状态向未来状态发展的一系列事实的描述。针对风险问题的情景分析法是一种进行未来风险管理研究的方法,注重未来事物发展及其面临风险的多种可能性、动态性和系统性,促使人们思考具有多种结构的风险预估模型,以探究风险因子与风险结果之间的作用关系与作用过程。综合情景分析法的基本思想和发展应用情况,通过情景分析可以实现以下四方面的功能:

第一,情景分析是一种面向未来的、还没有发生的事情的假设情景,能够通过组织管理将未来不确定性问题转化为可供管理的范畴之内。经济、社会、管理都存在不确定性,正确的处理方法就是选择适当的途径去了解和掌握其变化规律,把握其未来变化趋势,从而预先制定管理策略,应对潜在风险。

第二,对于一个公司、组织、机构等团体或团队来说,采用情景分析法能够加速团队的学习能力,促进团队对环境的理解能力和判断能力,增强团队对研究问题的深入程度及预判,提高管理团队的凝聚力和执行力,从而提升风险应对能力。

第三,情景分析通过开发并预估未来,能有助于识别研究对象未来可能的主要变化和未来需面临的战略问题,从而有助于使用者进行战略评估和策略选择,从而提前预估到各种意外事件并提供风险预警系统以有效地处理这些可能的问题。

第四,情景分析能为所有决策者提供有效并容易判断各种因素和信息的框架。情景分析在一致性基础上提供多种数据的可能性。除定量数据,情景分析也能处理定性数据的输入,综合来自其他预测技术的结果,考虑了“软变量”和“模糊变量”。

2.2.7.3　情景分析法的特点

情景分析法是一种比较灵活的风险分析方法,既可以通过对风险事务描述性的刻画反映其风险程度的大小,即风险的定性识别和评估,此时可以充分利用各种信息资料,发挥分析人员的各种思维能力;也可以通过风险具体指标进行定量的计算分析,即进行风险的定量识别和评估。另外,可以根据实际需要进行定性和定量相结合的综合评估。因此,情景分析法具有以下特点:

(1)多方案性。可以根据研究或实践应用的需求出发,从未来社会、经济、管理、文化、政治等多层次、多渠道逐一分析与预测各种可能路径下的情景。

(2)系统性。除上述单一要素情景的分析与预测,还可以从政治、经济、科学技术、社会结构、文化背景、人口结构等广泛的社会、经济、管理因素的全面分析出发,对事态的发展做出有联系的、有层次的、有组合的描述,综合把握与预测未来风险变化态势。

(3)动态性。世界万事万物都是运动变化的,社会、经济的发展总是要经历漫长的过程,在这个长期发展过程中,各种潜在的风险也往往表现出复杂、波折的动态过程,甚至会在不同风险中转移变化,因而必须利用变化情景密切分析各种动态过程的时变性,包括趋势和异常行为。

(4)智能性。情景分析能够灵活地将定性分析和定量分析紧密结合起来,相辅相成,充分发挥分析人员的想象力、洞察力和分析能力,充分利用各种可以利用的信息与条件,使情景分析融合人们的形象思维和逻辑思维能力,而又不脱离已掌握的资料和条件去幻想,具有智能化效应。

2.2.7.4　情景分析法的实施步骤

针对不同的研究对象和问题,采用情景分析法的具体过程有所差异,但是主要环节基本一致,可以归纳为四个步骤,即明确目标、确定变量、构造情景、分析总结,如图 2-7 所示。

(1)明确情景分析的目标问题,根据研究及实践应用需求进行信息调研,调研范围可以包括自然、社会、政治、经济、环境生态等各方面的相关因素,以此确定情景分析的总体目标及各分项目标。

(2)确定情景分析变量。围绕总体目标及分项目标,对研究对象进行系统分析,包括系统要素、结构特征、发展特征等,探索系统发展的基本规律,探索系统要素之间以及与外界要素之间的联系,结合专家经验知识,将影响研究对象的主要因素按照影响类型或范围划分为不同的类别,分析确定各类影响因子中影响较大的因素或者变量。在类别划分和主要影响因子的确定过程中,需在类别间、变量因子间进行交互影响分析,消除重叠因素和次要因素。除定性分析,还可以根据需要采用适宜的方法进行定量分析,进一步确定情景分析的关键变量。

(3)构造多层次、多目标变化情景。情景构造是情景分析的中心内容。构造情景时,首先应结合研究目标及任务充分调研分析,发挥分析人员的逻辑思维能力和形象思维能力,从当前时刻出发,根据可能变化情况、可能变化的要素、要素的变化趋势,沿其路径向未来延伸。在延伸过程中,要保证各因素的影响作用有理有据,一个因素或事件为什么比

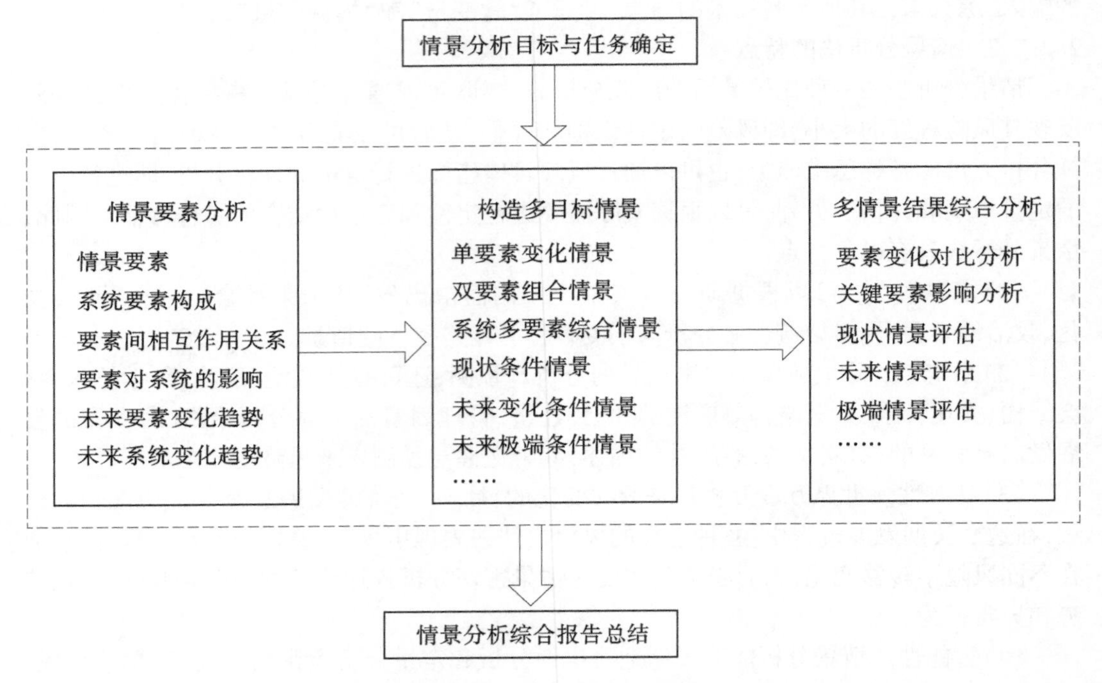

图 2-7　情景分析法实施步骤

另一个的影响大，影响作用是什么，必须有一定的理论或事实依据，而且最好能用量化指标说明，也可以据此设定专门的要素情景进行分析，如单要素变化情景、双要素组合情景、综合要素作用情景等。为了避免情景系统过于庞大、复杂，小概率事件可以概化不予考虑。其次，通过对系统发展历史或相似影响条件下研究主题变化规律的探索，对未来总体发展进行预判，并设定未来发展情景。另外，对于一些典型发展情景或极端情景，也可以在理论分析的基础上设立相应的情景模式，开展定量化分析。最后，综合各因素之间的因果关系设定典型的系统发展可能路径和发展情景，作为重点研究情景，对不同情景的可能性概率进行分析计算，综合评估各情景条件下的预测结果。

(4)总结整理分析成果，编写情景分析报告。主要是对前面多情景分析工作进行系统整理和总结，根据分析结果做出分析结论，撰写情景分析报告。

2.2.8　层次分析法

2.2.8.1　层次分析法概述

1. 层次分析法的产生和发展

层次分析法之前的定量分析法在一定程度上促进了社会的进步和发展，因此受到了特别的重视，尤其是定量分析中的最优化模型，对决策问题产生了很大的影响，得到了广泛的应用。然而，定量分析在应用过程中存在一系列问题，主要体现在以下几个方面：

(1)决策问题存在主观性，难以在最优化模型中体现。

(2)社会问题的复杂性使得难以构建合适的模型。

(3)在决策问题上，既要考虑人类决策的思维规律和思维过程，又要考虑数学分析的准确性,充分实现定量分析和定性分析的结合,层次分析法就是在这种情况下产生的。

层次分析法最早应用于美国国防部的研究课题——按各个工业部门对国家福利的贡献大小进行电力分配。1977年,国际数学建模会议上发表了一篇名为《无结构决策问题的建模——层次分析法》的文章。此后层次分析法的理论不断地发展和深入,并被广泛应用于决策问题领域。

在1982年11月召开的中美能源、资源和环境学术会议上,美国州立大学能源研究所所长H. Cholamnezhad向中国学者们介绍了层次分析法在能源、资源和环境工程中的应用,引起了我国学术界对层次分析法的关注,并就此开始进行深入系统的研究。国内学者许树柏在1982年发表了第一篇介绍层次分析法的文章《层次分析法——决策的一种实用方法》。我国也在1987年9月召开了第一届层次分析法的学术研讨会。层次分析法思路清晰,能够将决策者的经验判断和推理联系起来并量化,提高了决策工作的有效性和可行性,因此在综合评价、战略规划、目标分析、方案筛选等问题中得到了广泛应用。

2. 层次分析法的基本内容

层次分析法是对一些复杂、模糊的问题进行决策的有效方法,尤其适用于那些难以完全定量分析的问题,它体现了人的决策思维的基本特征,易于掌握和应用。该方法充分体现了系统分析和系统综合的思想,在深入分析复杂的决策问题的本质、影响因素及其内在联系的基础上,利用较少的定量信息,将决策的思维过程数学化,从而为多目标、多准则或无结构特征的复杂决策问题提供了一种简单的决策方法。该方法既结合了专家打分法进行定性分析的优点,又采用合适的数学模型进行定量分析,可以计算出各指标或各层次指标在评价指标中的比例,从而弥补了定性分析和定量分析的不足。

层次分析法将待解决的问题分为三个层次:目标层、准则层和功能层。目标层,也称为最高层,在这一层中只有一个元素,一般是分析问题的预定目标或理想结果。准则层包含实现目标所涉及的中间环节,可以由若干个层次组成,包括需要考虑的因素和子要素,所以也称为中间层。功能层,也称为因子层,包括为实现目标可供选择的各种指标、措施和决策方案等。同一层的元素对下一层的某些元素起支配作用,同时被上一层的元素所支配。复杂的问题被分解成由各元素组成的体系,这些元素按照其属性和关系形成若干层次。当人们系统地分析社会、经济和科学管理领域的问题时,往往面临着一个由许多相互关联、相互制约的因素组成的复杂且往往缺少定量数据的系统。层次分析法为这类问题的决策和排序提供了一种新的、简洁而实用的建模方法。该方法将复杂问题分解为目标、准则、功能等若干层次的系统,建立了层次化的评价结构模型;每一层都按照一定的标准对该层的元素进行量化,通过两两比较,构造判断矩阵;进行层次单排序和层次总排序,确定各因子的相对重要性,得到该元素对该准则的权重;然后逐级综合(总排序),最终得到所需问题的解。

层次分析法本质上是一种决策分析方法,它将复杂的问题分解成各种要素,并根据支配关系对这些要素进行分组,形成有序的递阶层次结构。通过对客观现实的主观判断,量化表达各层次的相对重要性,最后用数学方法确定各层次所有因素的相对重要性顺序。

3. 层次分析法的特点

1) 灵活性和实用性

层次分析法可以进行定性分析和定量分析。它充分利用人的经验和决策,采用相对标度对定量与不可定量、有形与无形等因素进行统一测度,能够在决策过程中有效地将定性和定量因素结合起来。此外,层次分析法颠覆了传统的最优化技术只能处理定量问题的观念,广泛应用于资源配置、方案评比、系统分析和规划。

2) 简单和易于理解

运用层次分析法进行决策,输入的信息主要是决策者的选择和判断,决策过程充分体现了决策者对问题的认识;方法和步骤简单,决策过程清晰,使得决策者和决策分析者之间难以沟通的状况得到改善。大多数情况下,决策者直接使用层次分析法进行决策,大大增加了决策的有效性。

3) 系统性

决策方式大体有两种:一种是因果推断方式,在相当多的简单决策中,因果方式基本简单,形成了人们日常生活中判断与选择的思维基础,当决策问题包含不确定因素时,决策过程实际上就成了一种随机过程,人们根据各种影响决策因素出现的概率,结合因果推断方式进行决策;另一种方式的特点是把问题看作一个系统,在研究系统各组成部分相互关系及系统所处环境的基础上进行决策。对于复杂问题,系统方式是一种有效的决策思维方式,相当广泛的一类系统具有递阶层次关系。而层次分析法恰恰反映了这类系统的决策特点,并且可扩展为研究更为复杂的系统。

4. 层次分析法建模的步骤

结合调水工程的特点,层次分析法建模的步骤包括:建立递阶层次的结构模型、构造判断矩阵、层次单排序及一致性检验、层次总排序及一致性检验、计算权重向量。

1) 建立递阶层次的结构模型

应用层次分析法分析决策问题时,首先要把问题层次化,构造出一个有层次的结构模型。在这个模型下,复杂问题被分解为按属性及关系形成若干层次的元素的组成部分。上一层次的元素作为准则对下一层次有关元素起支配作用。这些层次一般分为以下三类:①最高层:层次中只有一个元素。也就是目标指数,是分析问题的预定目标,因此也称为目标层。②中间层:也称为准则层。这一层次中包含了为实现目标所涉及的中间环节,它可以由若干个层次组成,包括所需考虑的准则、子准则。③最底层:也称功能层或方案层。这一层次包括了为实现目标可供选择的各种措施、决策方案等。

对于各调水建筑物,建立目标层、准则层、功能层、指标层等各个结构层次。其中,准则层包括安全性、适用性和耐久性。功能层包括各个主要隐患。层次结构图如图 2-8 所示。

问题的复杂程度及需要分析的详尽程度决定了递阶层次结构模型中的层次数。一般层次数不受限制,每一层次中各元素所支配的元素一般不要超过 9 个。这是因为支配的元素过多会给两两比较判断带来困难。

2) 构造判断矩阵

层次结构反映因素之间的关系,但准则层中的各准则在目标衡量中所占的比例在不同决策者的心目中并不一定相同。

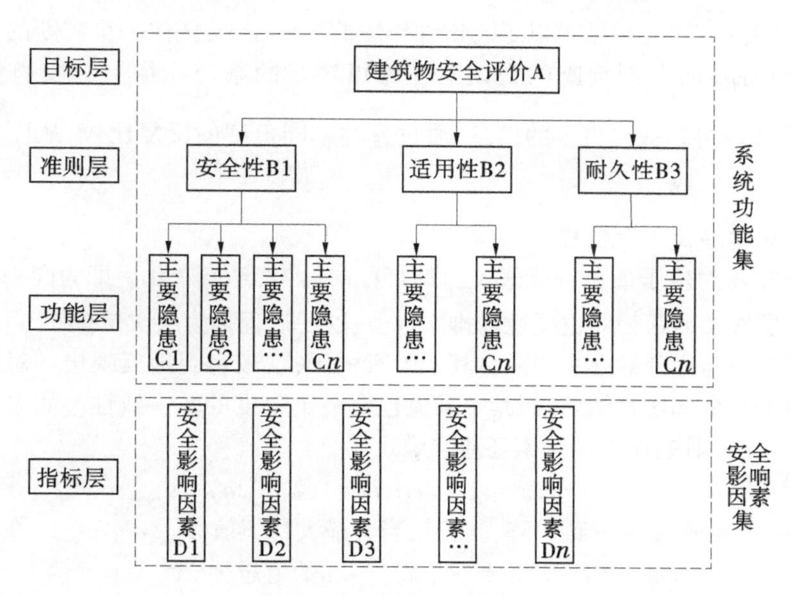

注：n 代表该层级第 n 个指标。

图 2-8　层次结构图

由于某因子在该因素中所占的比例不易量化造成权重不好确定。而当影响某因素的因子较多时，直接考虑各因子对该因素有多大程度的影响时，常常会因考虑不周全、顾此失彼而使决策者提供与他实际认为的重要性程度不相一致甚至隐含矛盾的数据。

设现在要比较 n 个因子 $X=\{x_1,\cdots,x_n\}$ 对某因素 Z 的影响大小，为提供较为可信的数据，可以采取对因子进行两两比较建立成对比较矩阵的办法。每次取两个因子 x_i 和 x_j，以 a_{ij} 表示 x_i 和 x_j 对 Z 的影响大小之比，全部比较结果用矩阵 $\boldsymbol{A}=(a_{ij})_{n\times n}$ 表示，称 $\boldsymbol{A}$ 为 Z—X 之间的判断矩阵。容易看出，若 x_j 与 x_j 对 Z 的影响之比为 a_{ij}，则 x_j 与 x_i 对 Z 的影响之比应为 $a_{ji}=\dfrac{1}{a_{ij}}$。关于如何确定 a_{ij} 的值，引用数字 1~9 及其倒数作为标度。表 2-2 列出了 1~9 标度的含义。

表 2-2　判断矩阵中元素的赋值标准

a_{ij}	定义
1	A_i 和 A_j 同等重要
3	A_i 和 A_j 略微重要
5	A_i 和 A_j 明显重要
7	A_i 和 A_j 十分明显重要
9	A_i 和 A_j 绝对重要
2,4,6,8	介于上述两个相邻判断的中值

从心理学观点来看，分级太多会超越人们的判断能力，既增加了做判断的难度，又容易因此而提供虚假数据。

应该指出，一般做 $\dfrac{n(n-1)}{2}$ 次两两判断是必要的。有人认为把所有元素都和某个元素比较，即只做 n^{-1} 次比较就可以了。这种作法的弊病在于，任何一个判断的失误均可导致不合理的排序，而个别判断的失误对于难以定量的系统往往是难以避免的。进行 $\frac{n(n-1)}{2}$ 次比较可以提供更多的信息，通过各种不同角度的反复比较，从而导出一个合理的排序。

3）层次单排序及一致性检验

判断矩阵 $\boldsymbol{A}$ 对应于最大特征值 λ_{max} 的特征向量 $\boldsymbol{W}$，经归一化后即为同一层次相应因素对于上一层次某因素相对重要性的排序权值，这一过程称为层次单排序。

上述构造判断矩阵的办法能减少其他因素的干扰，较客观地反映出一对因子影响力的差别。但综合全部比较结果时，其中难免包含一定程度的非一致性。如果比较结果是前后完全一致的，则矩阵 $\boldsymbol{A}$ 的元素还应当满足：

$$a_{ij}a_{jk}=a_{ik}\quad(i,j,k=1,2,\cdots,n)\tag{2-39}$$

n 阶正互反矩阵 $\boldsymbol{A}$ 为一致矩阵，当且仅当其最大特征值 $\lambda_{max}=n$；当 $\boldsymbol{A}$ 在一致性上存在误差时必有 $\lambda_{max}>n$，并且，误差越大，$\lambda_{max}-n$ 的值越大。

可以由 λ_{max} 是否等于 n 来检验判断矩阵 $\boldsymbol{A}$ 是否为一致矩阵。由于特征值连续地依赖于 a_{ij}，故 λ_{max} 比 n 大得越多，$\boldsymbol{A}$ 的非一致性程度也就越严重，λ_{max} 对应的标准化特征向量也就越不能真实地反映出 $X=\{x_1,\cdots,x_n\}$ 在对因素 Z 的影响中所占的比例。因此，对决策者提供的判断矩阵有必要做一次一致性检验，以决定是否能接受它。

对判断矩阵的一致性检验的步骤如下：

（1）计算一致性指标 CI。

$$CI=\frac{\lambda_{max}-n}{n-1}\tag{2-40}$$

（2）查找相应的平均随机一致性指标 RI。对 $n=1,2,\cdots,9$，给出了 RI 的值，如表 2-3 所示。

表 2-3　矩阵阶数 n 不同时对应的 RI 值

n	1	2	3	4	5	6	7	8	9	10
RI	0	0	0.58	0.90	1.12	1.24	1.32	1.41	1.45	1.49

用随机方法构造 500 个样本矩阵，随机地从 1~9 及其倒数中抽取数字构造正互反矩阵，求得最大特征值的平均值 λ'_{max}，并定义

$$RI=\frac{\lambda'_{max}-n}{n-1}\tag{2-41}$$

（3）计算一致性比例 CR。

$$CR=\frac{CI}{RI}\tag{2-42}$$

当 $CR<0.10$ 时，认为判断矩阵的一致性是可以接受的，否则应对判断矩阵做适当修正。

4) 层次总排序及一致性检验

由以上几步得到的是一组元素对其上一层中某元素的权重向量。我们最终要得到各元素尤其是最低层中各方案对于目标的排序权重,从而进行方案选择。总排序权重要自上而下地将单准则下的权重进行合成。

设上一层次(A 层)包含 $A_1,\cdots,A_m$ 共 m 个元素,它们的层次总排序权重分别为 $a_1,\cdots,a_m$ 。又设其后的下一层次(B 层)包含 n 个元素 $B_1,\cdots,B_n$,它们关于 A_i 的层次单排序权重分别为 $b_{1j},\cdots,b_{nj}$ (当 B_i 与 A_j 无关联时, $b_{ij}=0$)。现求 B 层中各因素关于总目标的权重,即求 B 层各因素的层次总排序权重 $b_1,\cdots,b_n$,计算按表 2-4 所示方式进行,即 $b_i=\sum_{j=1}^{n} b_{ij}a_j\ (i=1,\cdots,n)$。

表 2-4　权重合成方法

B 层	A 层				B 层次总排序权值
	A_1 a_1	A_2 a_2	…	A_m a_m	
B_1	b_{11}	b_{12}	…	b_{1n}	$\sum_{j=1}^{m} b_{1j}a_j$
B_2	b_{21}	b_{22}	…	b_{2m}	$\sum_{j=1}^{m} b_{2j}a_j$
⋮	⋮	⋮	⋮	⋮	⋮
B_n	b_{n1}	b_{n2}	…	b_{nm}	$\sum_{j=1}^{m} b_{nj}a_j$

对层次总排序也需做一致性检验,检验仍像层次总排序那样由高层到低层逐层进行。这是因为虽然各层次均已经过层次单排序的一致性检验,各判断矩阵都已具有较为满意的一致性,但当综合考察时,各层次的非一致性仍有可能积累起来,引起最终分析结果较严重的非一致性。

设 B 层中与 A_j 相关的因素的成对比较判断矩阵在单排序中经一致性检验,求得单排序一致性指标为 $CI(j),(j=1,\cdots,m)$,相应的平均随机一致性指标为 $RI(j)$, $CI(j)$, $RI(j)$ 已在层次单排序时求得,则 B 层次总排序随机一致性比例为

$$CR=\frac{\sum_{j=1}^{m} CI(j)a_j}{\sum_{j=1}^{m} RI(j)a_j} \tag{2-43}$$

当 $CR<10.0$ 时,认为层次总排序结果具有较满意的一致性并接受该分析结果。

5) 计算权重向量

为了从判断矩阵中提炼出有用信息,达到对事物的规律性的认识,为决策提供出科学依据,就需要计算判断矩阵的权重向量。

定义:判断矩阵,如对……成立,则称满足一致性,并称为一致性矩阵。

一致性矩阵 $\boldsymbol{A}$ 具有下列简单性质：

(1)存在唯一的非零特征值，其对应的特征向量归一化后叫作权重向量。

(2)列向量之和经规范化后的向量，就是权重向量。

(3)任一列向量经规范化后的向量，就是权重向量。

(4)对全部列向量求每一分量的几何平均，再规范化后的向量，就是权重向量。

因此，对于构造出的判断矩阵，就可以求出最大特征值所对应的特征向量，归一化后作为权值。根据上述定理中的性质②和性质④即得到判断矩阵满足一致性的条件下求取权值的方法，分别称为和法和根法。而当判断矩阵不满足一致性时，用和法和根法计算权重向量则很不精确。

可见，层次分析法不仅原理简单，而且具有扎实的理论基础，是定量与定性方法相结合的优秀决策方法，特别是定性因素起主导作用的决策问题。

2.2.8.2　专家打分

1. 专家样本代表性

工程安全影响因素识别及筛选成果，三级单元的主要隐患及其安全影响因素所占重要性、主要隐患的成果集成到三级单元、不同类型的三级单元的隐患成果集成到二级单元，二级单元土建结构、金属结构和机电设备三种类型的隐患成果集成到二级单元综合隐患，均采用了专家打分法，因此打分专家样本的代表性及其合理性至关重要。

通过现场到现场管理单位调研、集中开会调研、信件等多种方式，向水利行业工程专家、风险评估科研单位专家，以及高校、安全评价单位不同标段专家等多方人员对安全影响因素识别、主要隐患及权重、主要隐患权重及专家打分的权重，采用背对背打分和开会讨论等多种方式进行打分调查。

专家打分法流程如下：

(1)根据评估的单元特点，设计专家打分表。

(2)选择专家。

(3)以匿名方式或者开会集中调研等多种方式征询专家意见。

(4)采集专家信息，对专家意见进行汇总、分析。

(5)根据专家权重，形成统一的专家打分结论。

(6)根据专家打分结果，修正评估报告，形成评估报告初稿。

(7)通过咨询会议、评审会议等集中会议形式，对评估报告初稿进行调查和修正。专家样本来自设计、管理、设计评审和验收的水利行业工程专家、水利行业风险评估科研单位、其他行业风险评估单位等不同领域专家，专家专业有地质、土建结构、金属结构和机电设备等评估对象涉及的专业。因此，专家样本从从事领域和专业性等方面来说均较为全面。

2. 样本结果合理性分析

由于调水工程线路长，建筑物多，对设计、施工、通水验收、运行管理等各阶段工程情况全面了解的专家相对较少，对工程自身运行情况和风险评估理论同时熟悉的专家更少，因此专家打分样本结果会出现明显差异性。

调查专家来自设计、运行管理、科研单位、高校等多个单位，参照其他领域安全评价，专家打分之前对调查专家自身信息进行采集,从而对专家打分的样本进行权重性分析。

采集专家信息见表 2-5,采集专家权重系数见表 2-6。

表 2-5　采集专家信息表

项目名称	A(每项 5 分)	B(每项 4 分)	C(每项 3 分)	D(每项 2 分)	E(每项 1 分)
工作部门	风险评估单位	设计单位	运行管理部门	高校或科研单位	施工单位或监理单位
职称	教授或教授级高工	副教授或高工	工程师中级职称	初级职称	其他
年龄	60 岁以上	50~60 岁	40~50 岁	30~40 岁	20~30 岁
对评估段工程设计情况熟悉程度	非常熟悉	比较了解	了解一点	听说过,不太了解	不了解
对评估段施工情况熟悉程度	非常熟悉	比较了解	了解一点	听说过,不太了解	不了解
对评估段现场管理情况熟悉程度	非常熟悉	比较了解	了解一点	听说过,不太了解	不了解
对工程风险理论及方法的熟悉程度	非常熟悉	比较了解	了解一点	听说过,不太了解	不了解

表 2-6　采集专家权重系数

专家信息得分	30~35 分	24~29 分	18~23 分	12~17 分	11 分以下
专家权重系数	1	0.95	0.9	0.85	0.8

对安全影响因素识别、主要隐患及权重、单元风险集成权重的打分均采用选择题,纳入专家权重系数后,得出乘积之和,再除以专家样本数,得出打分选择结果。

对安全影响因素在各主要隐患权重打分,打分构造的判断矩阵必须在满足一致性的情况下方可纳入专家权重系数。

2.3　调水工程安全评价方法的选择

每种安全评价方法都有其适用范围和应用条件,各有利弊。针对不同的评价对象,需要选择合适的方法,才能达到良好的评价效果。安全评价方法的选择应遵循充分性、适应性、系统性、针对性和合理性的原则。在安全评价时,能定量的尽量定量分析,不能定量的可定性分析,还可采用定量与定性相结合的方法进行分析。

层次分析法主要用于处理难以定量分析、结构复杂、决策标准多、难以量化的决策问题。它可以把复杂的问题分解成若干层次,在比原问题简单得多的层次上一步步分析;可以将人的主观判断用数量形式表达和处理;可以提示人们对某类问题的主观判断存在前后矛盾。层次分析法思路简单清晰,易于掌握,易于应用。该方法作为一种定性和定量相结合的工具,已广泛应用于石油价格规划、教育规划、钢铁工业未来规划、效益成本决策、资源配置和冲突分析等领域。层次分析法的主要特点是合理地将定性和定量决策结合,根据思维和心理规律对决策过程进行层次化和数量化。本质上是一种决策思维模式,具有人类思维的分析、判断和综合的特点。

综合调水工程线路长、建筑物种类多,各建筑物的主要隐患和安全影响因素也多等特点,安全影响因素可能性分析主要采用定量和定性相结合的层次分析法,层次分析法中的权重系数主要采用专家打分法获得。

第 3 章　渡槽运行期安全影响因素及安全评价

3.1　渡槽主要隐患

3.1.1　国内渡槽主要隐患

渡槽又称为输水渠、运水桥,是一种输送水流跨越河流、洼地、山谷的架空水槽,也是区别于公路桥、铁路桥、人行桥、管线桥的一种较为特殊的桥梁结构。我国渡槽大部分修建于 20 世纪 60 年代前后,尤以钢筋混凝土形式居多,由于当时经济条件较差、施工技术落后、设计经验不足及管理养护不到位,渡槽经过数十年的运行,部分出现了较为严重的隐患,严重影响结构的安全运行。通过对国内调水工程大型渡槽进行调研,统计分析国内部分渡槽隐患实例见表 3-1。

表 3-1　国内部分渡槽隐患实例

序号	名称	年份	等级	位置	尺寸	形式	气候条件	流量(m^3/s)	主要隐患
1	将军山渡槽	1969	3	安徽省舒城县与金安区交界处	分 16 跨,每跨 52.5 m,共长 840 m,槽身净宽 6 m,槽壁高 2.9 m	钢筋混凝土横墙腹拱式双曲拱结构,U 形槽身	气候温和,四季分明,雨水充沛,季风显著	23	裂缝渗水
2	蟠龙渡槽	1978	5	内江市东兴区团结水库	全长 109 m,坡降 1/1 000,过水断面为 150 cm×80 cm	悬链线型	气候温和,降雨量丰富,光热充足,无霜期长	1.0	裂缝渗水,槽身裂纹
3	横道河灌区渡槽	1978		龙头水库下游一干渠上	进口段、槽身段、出口消能段长度分别为 7.8 m、120 m、13 m	预制钢筋混凝土渡槽	冬夏季风交替显著,温度适中,雨量充沛		混凝土剥落,钢筋锈蚀,槽身裂纹

续表 3-1

序号	名称	年份	等级	位置	尺寸	形式	气候条件	流量(m^3/s)	主要隐患
4	白云山灌区肖家渡槽	1970	4	江西省白云山灌区	全长872.6 m,共77节,其中矩形槽长162.6 m、宽1.7 m、高1.4 m、厚0.2 m	现浇钢筋混凝土结构	冬春阴冷,夏热秋燥,初夏多雨,伏秋干旱	3.3	钢筋锈蚀
5	东方红渡槽	1966	5	河南省济源市	渡槽总高度51 m、总长度400 m	上承式骨架结构	四季分明,气候温和	1.0	混凝土风蚀
6	黑河渠道就峪渡槽	1992	4	西安市黑河引水工程	槽形水箱跨度为15 m,截面高度为3.55 m,箱顶面厚度为200 mm,箱底厚度为250 mm	现浇混凝土结构	冷暖干湿四季分明	13	混凝土剥落,裂缝渗水,钢筋锈蚀
7	沣峪渡槽	1994	4	西安市黑河引水工程长安段	渡槽长度67.48 m板拱主跨40 m,拱圈采用变截面悬链线无铰板拱形式	现浇钢筋混凝土结构	暖温带半湿润大陆性季风气候	15	混凝土剥落,裂缝渗水,钢筋锈蚀,混凝土风蚀
8	洛惠渠曲里渡槽	1950	4	陕西北部北洛河	全长118 m,高24 m	单拱排架结构	春季升温快,冬季受冷气团	15	裂缝渗水
9	排子河渡槽	1974	3	湖北省北部	渡槽全长4 320 m,有槽墩183个,平均墩高24.1 m	渡槽槽身为钢筋混凝土简支矩形槽,侧墙和底板为梁板结构	四季分明,水热同季,寒旱同季	38	槽身裂纹

续表 3-1

序号	名称	年份	等级	位置	尺寸	形式	气候条件	流量 (m^3/s)	主要隐患
10	老林河渡槽	1972		湖北省宜昌市夷陵区鸦鹊岭镇	全长 377 m,槽身为砌体砌筑而成,排架采用钢筋混凝土结构	双曲连拱式渡槽	四季分明,水热同季,寒旱同季		裂缝渗水,钢筋锈蚀,槽身裂纹
11	禹门口引黄灌区渡槽	1992	3	山西禹门口灌区		排架结构	四季分明、雨热同步、光照充足	14.54	混凝土剥落、裂缝渗水、钢筋锈蚀
12	新愚公渡槽	1968	4	蟒河支流五指河中上游	渡槽共有42孔,其中跨度为15.00 m的21孔,跨度为10.00 m的14孔,跨度为8.50 m的1孔,跨度为6.00 m的6孔	石拱结构	日照充足,冬冷夏热、春暖秋凉,四季分明	16.2	裂缝渗水
13	韶山灌区渡槽	1966	3~4	湘中丘陵地区	26 座渡槽,总长 6 243 m	钢筋混凝土结构	四季分明,冬冷夏热,夏热期长,严寒期短	1.4~42.5	混凝土剥落,钢筋锈蚀,槽身裂纹
14	隆昌沱灌石拱渡槽	1985	4	隆昌县沱江石盘滩水轮泵提水灌溉工程	长 16 093 m	钢筋混凝土和石拱结构	气候较温和,四季变化较明显	6	裂缝渗水

续表 3-1

序号	名称	年份	等级	位置	尺寸	形式	气候条件	流量 (m^3/s)	主要隐患
15	桃源渡槽	1980	4	里石门水库灌区北干渠白鹤段	渡槽长度为209.5 m,断面形式为U形,过流断面尺寸为宽2.9 m、深2.2 m	上部钢筋混凝土U形渡槽、下部钢筋混凝土排架	四季分明,降水丰沛,热量充足	6.92	混凝土剥落
16	洛河渡槽	2007	3	陕西省大荔县与蒲城县交界处洛河上	洛河渡槽全长1 275.2 m,设计比降1/1 000	钢筋混凝土矩形断面	冷暖干湿,四季分明	40	混凝土剥落,槽身裂纹
17	南桥渡槽	1972	4	湖北省荆门市东宝区石桥驿镇	渡槽顶部海拔98.9 m,净高19.6 m,渡槽内宽3 m,高2.1 m	钢筋混凝土矩形断面	雨量充沛,阳光充足,无霜期长	18	混凝土剥落,混凝土风蚀
18	白岩沟渡槽	1958	4	秦岭北麓、蓝田县城东南	渡槽全长122 m,主要由排架、槽身和浆砌石护坡等组成	现浇钢筋混凝土结构	暖温带半湿润大陆性气候	8	裂缝渗水,钢筋锈蚀,槽身裂纹
19	丁香渡槽	2001	3	温州市乌岩脚隧洞的进口与桐溪渡槽中	全长350 m,共有12跨	薄壁矩形箱式结构	冬夏季风交替显著,温度适中,雨量充沛	24.70	裂缝渗水
20	董庙渡槽	1976	5	甘肃兴电灌区东干渠桩号10+515.5~10+875.5处	全长360 m,槽底半径0.9 m,槽深1.6 m,口宽1.8 m,槽身高1.88 m、厚3 cm	渡槽支撑为现浇钢筋混凝土单排架和双排架两种	四季分明,日照充足,夏无酷暑,冬无严寒	4.2	排架倾斜,渡槽溢水,混凝土风蚀

续表 3-1

序号	名称	年份	等级	位置	尺寸	形式	气候条件	流量(m^3/s)	主要隐患
21	引滦入唐工程某渡槽	1984	3	引滦入唐工程	渡槽长654 m,其中主槽长560 m,进口连接段5 m,出口弯道69 m	重力墩式钢筋混凝土矩形槽	暖温带半湿润大陆性季风性气候	65	裂缝渗水,槽身裂纹
22	东二干邓家嘴渡槽	1995	4	甘肃省引大入秦工程	U形槽,上口宽3.72 m、高3.5 m,R=1.64 m	钢筋混凝土U形渡槽	气候干燥	18	槽身裂纹
23	冯家屋渡槽	1972		莱芜市杨家横灌区	全长270 m,共设7孔肋拱渡槽	微弯板式结构	四季分明,冬季寒冷干燥,夏季炎热多雨		钢筋锈蚀
24	东路渡槽	1970		锦绣川干渠东路村北	渡槽全长131 m,高36 m	钢筋网水泥砂浆U形薄壳渡槽	降水集中,雨热同季,春秋短暂,冬夏较长		混凝土剥落,裂缝渗水
25	石洞江渡槽	1969	4	湖南省耒阳市洲陂乡境内	纵坡1/500,糙率0.011,设计水深2.11 m	单排架筒支不等跨变截面双悬臂U形槽	阳光丰富,雨量充沛、空气湿润	13.5	混凝土剥落,钢筋锈蚀
26	沙土渡槽	1974	4	海南省松涛灌区福山补水渠上	渡槽长165 m,11跨,排架支承,比降为1:3 500	钢筋混凝土薄壁筒支渠式U形渡槽	日温差大,全年无霜冻	12	槽身裂纹

续表 3-1

序号	名称	年份	等级	位置	尺寸	形式	气候条件	流量（m^3/s）	主要隐患
27	西峧口渡槽	1976		涉县西峧口村北	宽 5 m，长 130 余 m	空腹式圬工拱形结构	夏季炎热多雨，冬季寒冷干燥		混凝土剥落，裂缝渗水
28	张沙布渡槽	1978	2	沈阳市沈抚灌区	渡槽全长 35 m，分 7 跨，每跨 5 m，宽 4.28 m	简支钢丝网薄壳槽身	全年降水量 600~800 mm	30~40	槽身裂纹
29	滚河渡槽	1970	4	湖北省枣阳境内	渡槽跨度为 15 m	双悬臂式排架结构	冬冷夏热，雨量适中	6.5	混凝土风蚀
30	聿津河渡槽	1969	4	石堡川灌区洛雁干渠咽喉段	渡槽长 320 m，渡槽进口底板高程为 856 m，出口底板高程为 854 m，槽身高 5 m，水深 4 m	U 形断面薄壳渡槽	天气寒冷干燥，降水稀少	9	混凝土剥落，裂缝渗水
31	宜昌县宋家嘴渡槽	1971	4	东风渠总干渠 54 km 处的罗家畈境内	共 123 个排架，124 节槽身，每节 16 m，跨越 3 个低谷	矩形截面，简支于排架上，为预制拼装结构	四季分明，水热同季，寒旱同季	18	混凝土剥落
32	工农兵灌区渡槽	1963	4	工农兵灌区干渠与库勒河的交叉工程	槽身横断面为 1.2 m×4 m 矩形槽，灌注桩为双桩，桩柱直径为 0.6 m	结构为 6 跨 6 m 钢筋混凝土灌注桩连续梁渡槽结构	夏季炎热多雨，冬季干冷漫长	5.2	混凝土剥落，裂缝渗水，钢筋锈蚀

续表 3-1

序号	名称	年份	等级	位置	尺寸	形式	气候条件	流量 (m^3/s)	主要隐患
33	固海扬水工程渡槽	1978	3	宁夏		U 形薄壳渡槽	温带大陆性干旱、半干旱气候	28.5	混凝土剥落，裂缝渗水，钢筋锈蚀
34	烟霞村渡槽	1982	5	陕西省石头河水库	全长 300 m	U 形薄壳渡槽	暖温带大陆性季风气候	1.0	混凝土剥落，裂缝渗水
35	合阜渡槽	1971	5	湖北省应城县境内	内半径为 1.3 m，直壁段为 0.8 m；槽壁厚 0.1 m，全渡槽总长 804 m	简支 U 形钢筋混凝土薄壁结构	雨热高峰同季出现，雨水充沛，无霜期	4.5	钢筋锈蚀，槽身裂纹
36	靖会灌区渡槽	1972	4	甘肃省白银市靖远县	长 1 855 m，槽身为 C25 钢筋混凝土，U 形薄壳断面结构	U 形薄壳渡槽	四季分明，夏无酷暑，冬无严寒	12	裂缝渗水
37	九棵松渡槽	1970	5	白莲河水库东干渠上	过水断面 1.6 m×1.6 m，坡降 1∶35		无霜期长，降水充沛，雨热同季	4.5	裂缝渗水
38	官山渡槽	2001	3	惠阳市秋长镇官山	渡槽长 792 m，外尺寸为 4.9 m×5.55 m	矩形钢筋混凝土结构	雨量充沛，气候温和	30	裂缝渗水

对渡槽隐患案例分析总结后，渡槽的主要隐患有混凝土剥落、裂缝渗水、钢筋锈蚀、槽身裂纹、混凝土风蚀等，其主要表现形式如表 3-2 所示。除上述典型隐患外，还有地基不均匀沉降、整体或局部失稳及倒塌、结构内力及变形和挠度过大、各种材料老化等问题。

表 3-2 典型渡槽隐患及表现形式

典型隐患名称	表现形式
裂缝渗水	槽身承载能力偏低,槽身出现多处裂纹,甚至出现贯穿裂缝,漏水渗水严重,影响渡槽的输水能力
混凝土剥落	槽身混凝土表面混凝土碳化严重,混凝土保护层厚度下降,碳化深度甚至超过混凝土保护层厚度
钢筋锈蚀	槽身钢筋裸露,锈蚀严重,导致钢筋有效截面下降
槽身裂纹	预应力管道内部压浆不密实,管内有积水,冰冻膨胀造成槽身竖墙出现空鼓裂纹
混凝土风蚀	渡槽内部混凝土冻融剥蚀,同时水流冲刷表层混凝土磨损和剥落。处于多风、气候干燥地带的渡槽,混凝土风蚀严重

进一步对工程实例中隐患类型进行统计分析后,以 38 例工程实例为样本,出现混凝土剥落的案例有 16 个,出现裂缝渗水的案例有 21 个,出现钢筋锈蚀的案例有 12 个,出现槽身裂纹的案例有 12 个,出现混凝土风蚀的案例有 4 个。具体分布情况如图 3-1 和图 3-2 所示。

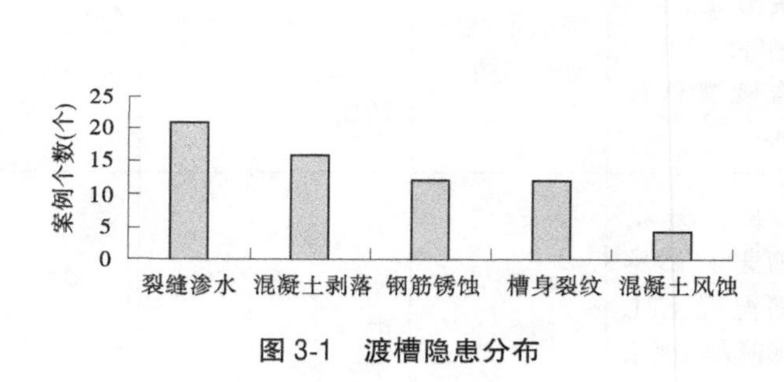

图 3-1 渡槽隐患分布

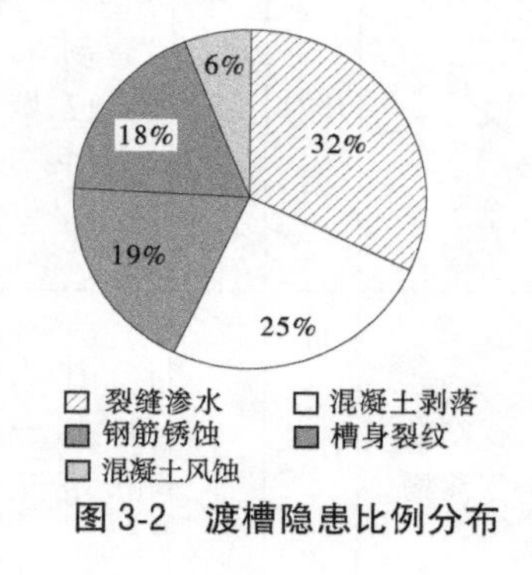

图 3-2 渡槽隐患比例分布

3.1.2 南水北调工程渡槽主要隐患

南水北调工程是我国重要的战略性工程,分东、中、西三条线路,其中,东线一期工程于 2002 年正式开工。由于兴建时间较近,建筑物较新,因此针对南水北调工程出现的隐患情况与其他老旧渡槽有所差别。

对南水北调工程大型渡槽进行调研,总结出南水北调工程渡槽可能出现的主要隐患有槽身失稳、构件承载力破坏、过流断面减小、水头损失加大、材料老化和结构疲劳等。进一步对工程实例中主要隐患进行统计分析后,以大量工程实例为样本,得出南水北调工程渡槽主要隐患比例分布如图 3-3 所示。

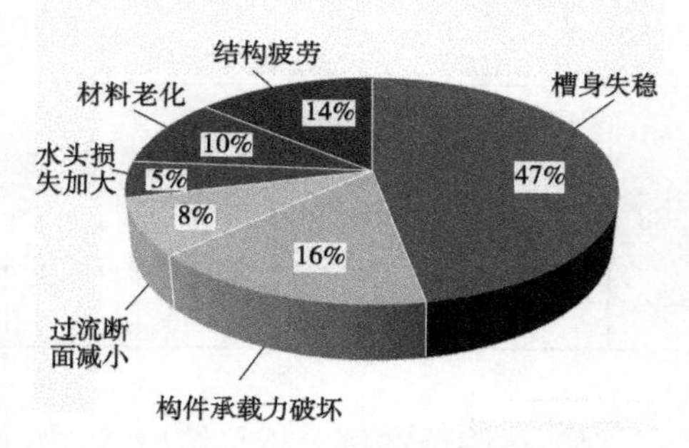

图 3-3 渡槽主要隐患比例分布

3.1.2.1　槽身失稳

渡槽槽身一般由上部槽体和下部槽墩、承台及桩基组成。可能导致渡槽槽身失稳的主要原因有：地震、山体滑坡等造成槽身倒塌，暴雨、产汇流变化（包括产汇流面积变化及下垫面条件变化等）和水位流量关系变化造成的超标准洪水位导致槽身挡水，暴雨洪水、河势变化等引起的承台基础冲刷导致槽身不均匀沉降，以及槽台坐落的岸坡受暴雨冲刷、洪水冲刷以及槽身渗漏等造成的岸坡失稳导致上部槽体倾斜。同时船只、大型漂浮物撞击槽墩也可能直接导致槽身倒塌。

3.1.2.2　构件承载力破坏

构件承载力破坏的主要模式有混凝土压坏、钢筋失效和钢绞线失效三种。造成混凝土压坏的主要原因除混凝土质量外，还与外部荷载如地震、管顶覆土厚度、河道水位、地下水位等设计条件的变化，以及冻胀、混凝土碳化、不均匀沉降和极端温差造成的混凝土有效面积减小有关。钢绞线失效则主要有钢绞线松弛、断丝、滑丝等失效模式，主要原因有钢绞线材料特性和施工质量、外部超标准荷载如地震以及结构疲劳等。造成钢筋失效的主要原因除钢筋自身的材料性能外，还有外部荷载变化、混凝土裂缝引起的钢筋应力集中、钢筋锈蚀等。

3.1.2.3　过流断面减小

导致建筑物过流断面减小的主要原因有冰害、沙尘、漂浮物等造成的建筑物淤积、结构变形等。

3.1.2.4　水头损失加大

引起建筑物水头损失的安全影响因素主要有沿程糙率的增大、进口阻水设施（如防漂拦冰设施）导致局部水头损失加大，同时过流断面减小也会增大水头损失。造成沿程糙率增大的因素主要有混凝土衬砌的浇筑质量、表层混凝土剥蚀、贝类繁殖等。引起渠内贝类繁殖的因素包括光照、水温、水质和水流流速、流量等环境因素和管理因素。造成表层混凝土剥蚀的主要原因有表层混凝土质量差，在大气作用下混凝土产生风化或剥落，表层混凝土碳化，酸性介质侵蚀作用，冻融作用使表层混凝土疏松脱落等。

3.1.2.5　材料老化

混凝土、钢筋、钢绞线、止水、闭孔泡沫板等材料的老化、疲劳和损伤均会影响到工程耐久性。材料老化的影响因素除材料内在原因如材料本身特性和施工质量使其组成、构造、性能发生变化外，还要长期受到使用条件及各种自然因素的作用，这些作用可以概括为以下四个方面：物理作用、化学作用、荷载作用、生物作用。

（1）物理作用包括环境温度、湿度的交替变化，即冷热、干湿、冻融等循环作用。材料在经受这些作用后，将发生膨胀、收缩或产生内应力，长期的反复作用将使材料渐遭破坏。

（2）化学作用包括大气和环境水中的酸、碱、盐等溶液或其他有害物质对材料的侵蚀作用，以及日光、紫外线等对材料的作用。

（3）荷载作用主要指由于设计条件变化引起的荷载变化，导致材料的疲劳、冲击、磨损、磨耗等。

（4）生物作用包括菌类、昆虫等的侵害作用，导致材料发生腐朽、虫蛀等而破坏。

3.1.2.6　结构疲劳

钢筋混凝土结构、钢结构的疲劳破坏，其影响因素除工程自身原因如材料本身特性、加工制造质量、预应力的张拉水平及构件截面突变造成的应力集中外，还要长期受到使用条件及各种自然因素的作用，这些作用主要包括三个方面：物理作用、化学作用、荷载作用。

(1)物理作用包括环境温度、湿度的交替变化，主要为干湿、冻融等循环作用。材料在经受这些作用后，将发生膨胀、收缩或产生内应力，长期的反复作用，将使材料渐遭破坏。

(2)化学作用包括大气和环境水中的酸、碱、盐等溶液或其他有害物质对材料的侵蚀，将加速疲劳裂纹的形成与扩展。

(3)荷载作用主要指动荷载作用，包括地震、车辆荷载及因闸门局部开启引起的建筑物过流消能振动等。

3.2　安全影响因素及分类

渡槽槽身失稳的安全影响因素鱼刺图如图 3-4 所示。从图 3-4 中可见，引起渡槽失稳的安全影响因素有 15 项，经过对上述安全影响因素筛选和梳理，得出渡槽失稳的主要安全影响因素为暴雨洪水、河势变化、水位流量关系变化。

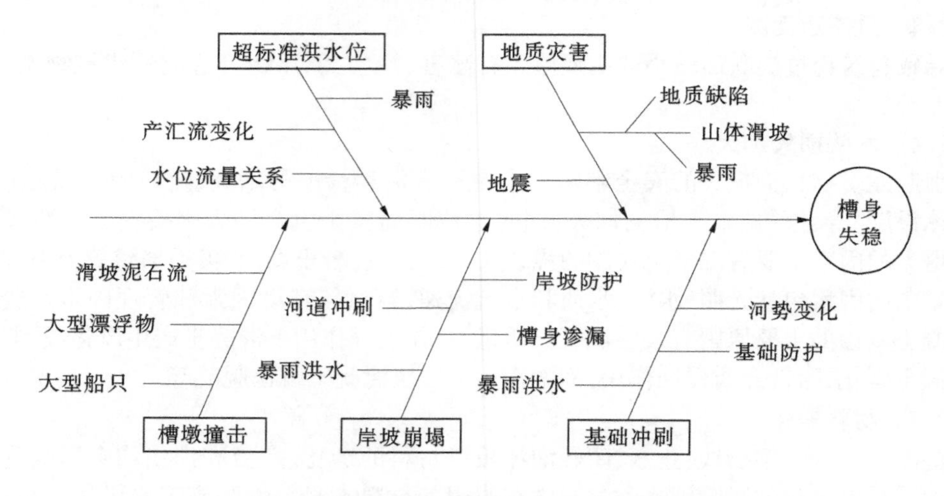

图 3-4　渡槽槽身失稳的安全影响因素鱼刺图

构件承载力破坏的安全影响因素鱼刺图如图 3-5 所示。从图 3-5 中可见，引起构件承载力破坏的安全影响因素有 13 项，经过对上述安全影响因素筛选和梳理，得出构件承载力破坏的主要安全影响因素为设计条件变化和工程质量。

建筑物过流断面减小的安全影响因素鱼刺图如图 3-6 所示。从图 3-6 中可见，引起建筑物过流断面减小的安全影响因素有 12 项，经过对上述安全影响因素筛选和梳理，得出建筑物过流断面减小的主要安全影响因素为闸门、机电设备故障，建筑物淤积，冰害。

建筑物水头损失加大的安全影响因素鱼刺图如图 3-7 所示。从图 3-7 中可见，引起水头损失加大的安全影响因素有 8 项，经过对上述安全影响因素筛选和梳理，得出水头损失加大的主要安全影响因素为贝类繁殖、管身淤积。

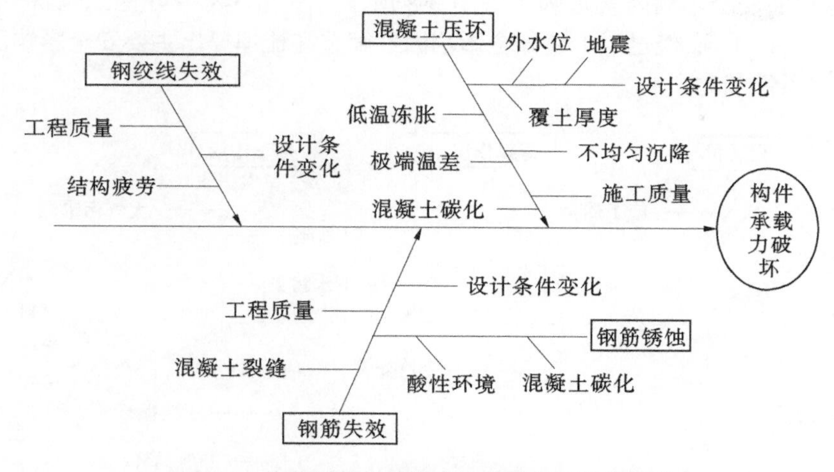

图 3-5　构件承载力破坏的安全影响因素鱼刺图

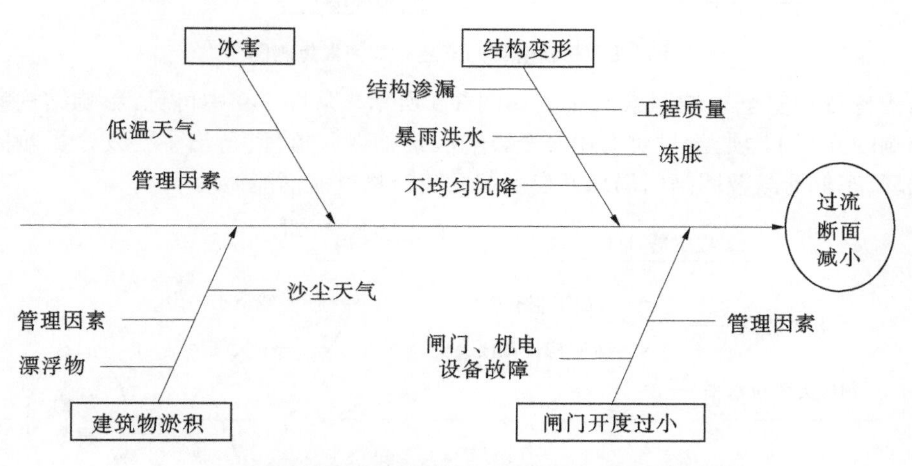

图 3-6　建筑物过流断面减小的安全影响因素鱼刺图

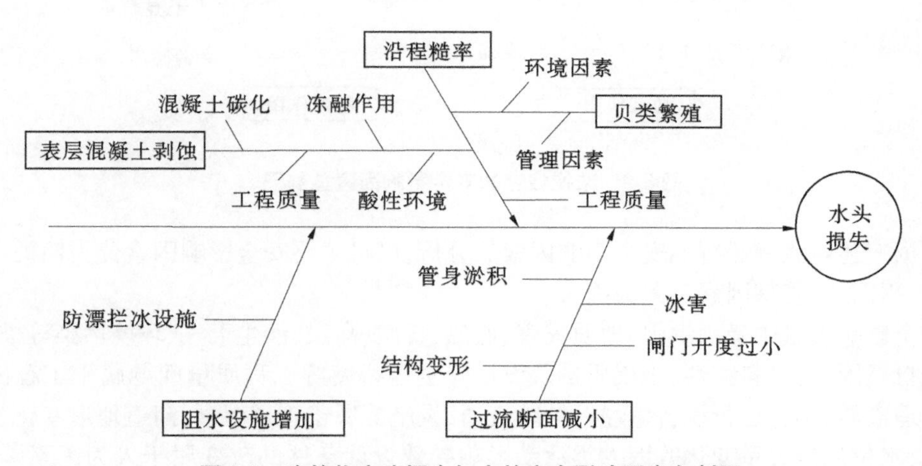

图 3-7　建筑物水头损失加大的安全影响因素鱼刺图

材料老化的安全影响因素鱼刺图如图 3-8 所示。从图 3-8 中可见,影响材料老化的安全影响因素有 11 项,经过对上述安全影响因素筛选和梳理得出主要安全影响因素为冻融循环、设计条件变化。

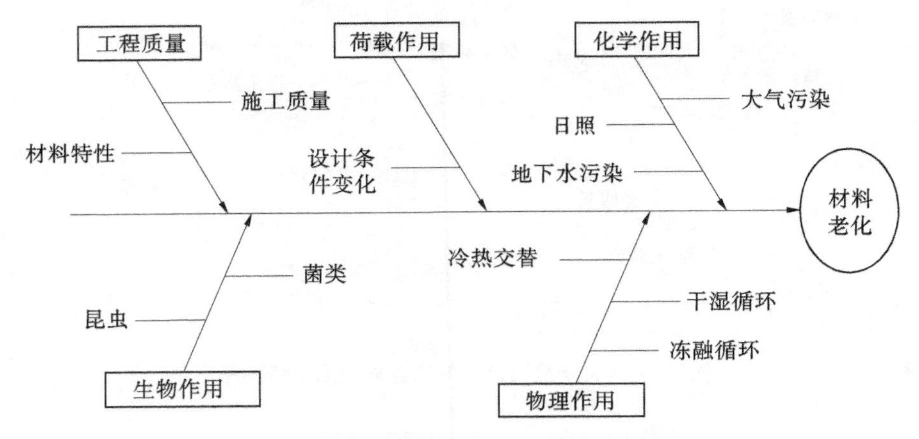

图 3-8　材料老化的安全影响因素鱼刺图

结构疲劳的安全影响因素鱼刺图如图 3-9 所示。从图 3-9 中可见,影响结构疲劳的安全影响因素有 11 项,经过对上述安全影响因素筛选和梳理,得出主要安全影响因素为冻融循环、车辆荷载及因闸门局部开启引起的建筑物过流消能振动。

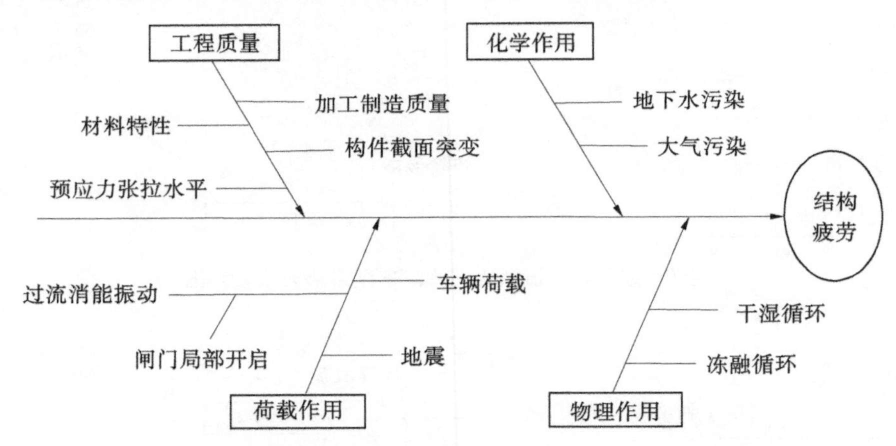

图 3-9　结构疲劳的安全影响因素鱼刺图

根据上述对渡槽运行期安全影响因素的分析,可将主要安全影响因素分为四类:自然因素、工程因素、管理因素及人为因素。

安全影响因素中暴雨洪水、地质灾害、低温、日照、高温、沙尘天气、环境污染等极端气象属于自然因素;材料特性、施工质量及设计安全富裕度等工程质量问题属于工程因素;人员管理素质,调度运行设备、设施,抢险交通、设施等属于管理因素;河道地形变化、产汇流变化、水位流量关系变化等因人类活动影响导致设计条件的改变属于人为因素。渡槽主要隐患事件与安全影响因素见表3-3。在分析总结渡槽主要隐患的安全影响因素的基础上，结合大量工程实例，对渡槽安全影响因素进行统计性分析，统计结果如图3-10所示。

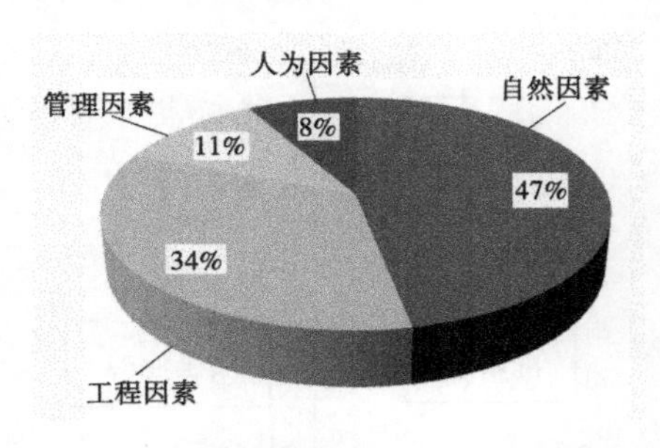

图3-10 渡槽安全影响因素比例分布

在对建筑物进行安全评价时，将河道产汇流条件变化、下垫面条件变化、水位流量关系变化及河道地形变化等可能导致防洪设计条件发生改变的因素，纳入暴雨洪水安全影响因素进行考虑，并按相应的评判标准进行可能性赋值。

河道采砂等引起的建筑物冲淤变化、渠道保护范围内堆土、取土等因人类活动影响带来的设计条件的改变，纳入人类活动安全影响因素，并按相应的评价标准进行可能性赋值。

表3-3 渡槽主要隐患事件与安全影响因素

<table>
<tr><th colspan="2">隐患事件</th><th colspan="4">安全影响因素</th></tr>
<tr><td rowspan="2">安全性</td><td>槽身失稳</td><td>自然因素</td><td>工程因素</td><td>管理因素</td><td>人为因素</td></tr>
<tr><td>构件承载力破坏</td><td rowspan="5">暴雨洪水、地质灾害、极端气象</td><td rowspan="5">设计安全富裕度、施工质量</td><td rowspan="5">人员管理素质，调度运行设备、设施，抢险交通、设施</td><td rowspan="5">人类活动影响</td></tr>
<tr><td rowspan="2">适用性</td><td>过流断面减小</td></tr>
<tr><td>水头损失加大</td></tr>
<tr><td rowspan="2">耐久性</td><td>材料老化</td></tr>
<tr><td>结构疲劳</td></tr>
</table>

3.3 安全评价指标体系及评价方法

3.3.1 层次结构图

渡槽的工程隐患采用层次分析法进行评估，建立层次结构图，确定目标层为三级单元隐患评估，并分别从安全性、适用性和耐久性三个方面考虑，即为层次结构的准则层，准则层下面再构建具体的功能层，安全性包括整体稳定、构件承载力；适用性包括过流能力、水头损失；耐久性包括材料老化、结构疲劳。各安全影响因素则构成指标层，暴雨洪水是指发生超出设计标准的暴雨洪水；地质灾害是指地震、泥石流、山体滑坡等；极端气象是指极端高温和低温冻融；设计安全富裕度是指工程布置合理性、结构富裕度等；施工质量是指混凝土、钢筋、止水、地基处理施工质量等；运行管理包括人员的管理素质，调度运行设备、设施的硬软件条件，抢险交通、设施及能力等；人类活动影响是指河道采砂、地形河势变化、上下游流道堵塞，保护范围内堆土、挖塘、违规施工等。渡槽的层次结构图见图3-11。

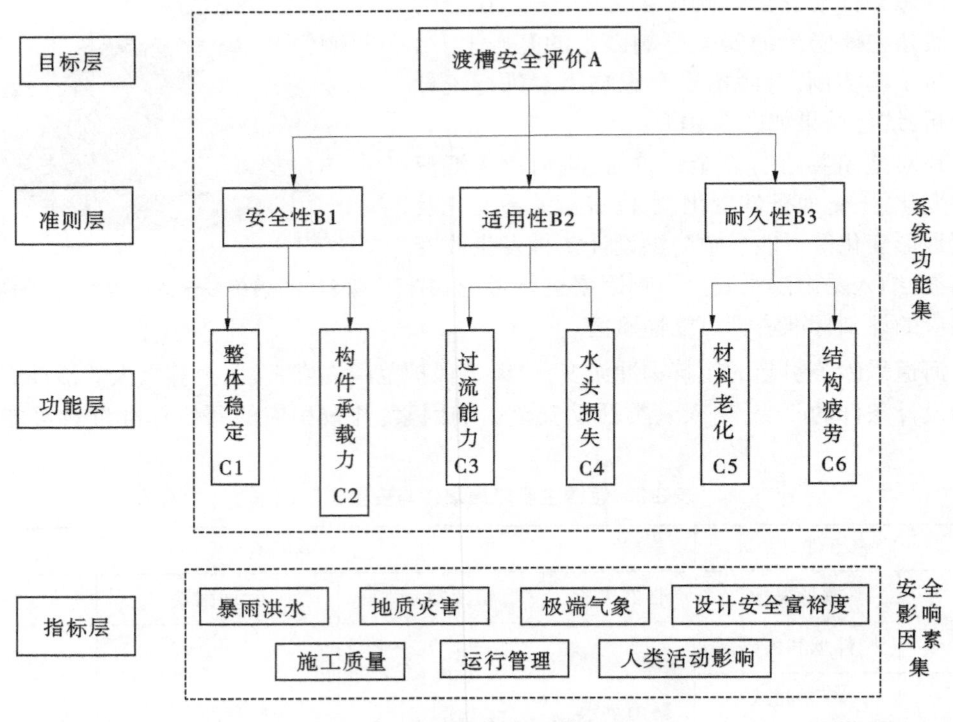

图 3-11 渡槽层次结构图

3.3.2 权重系数确定

准则层、功能层及指标层的权重系数均主要采用专家调查法确定,由专家对所列指标通过重要程度的两两比较,逐层进行判断评分,利用计算判断矩阵的特征向量确定下层指标对上层指标的贡献程度或权重,从而得到最基层指标对总体目标的重要性权重排序。

参与调查的专家由国内从事调水建筑物研究工作的知名专家、高校教授、工程建设管理单位及现场管理专业人员等组成,共约 40 人。

对各专家评分的判断矩阵进行权重计算后,经统计分析,得出渡槽层次结构的权重系数(见表 3-4)。

表 3-4 渡槽层次结构的权重系数

系统功能				安全影响因素						
准则层	准则层权重	功能层	功能层权重	暴雨洪水	地质灾害	极端气象	设计安全富裕度	施工质量	运行管理	人类活动影响
安全性	0.65	整体稳定	0.79	0.28	0.23	0.03	0.14	0.15	0.08	0.09
		构件承载力	0.21	0.19	0.16	0.03	0.23	0.25	0.10	0.04
适用性	0.13	过流能力	0.62	0.17	0.13	0.08	0.22	0.19	0.13	0.09
		水头损失	0.38	0.08	0.12	0.11	0.23	0.28	0.13	0.05

续表 3-4

系统功能				安全影响因素						
准则层	准则层权重	功能层	功能层权重	暴雨洪水	地质灾害	极端气象	设计安全富裕度	施工质量	运行管理	人类活动影响
耐久性	0.22	材料老化	0.43	0.08	0.07	0.16	0.19	0.31	0.16	0.03
		结构疲劳	0.57	0.11	0.09	0.16	0.31	0.19	0.10	0.04
总排序				0.21	0.18	0.07	0.19	0.19	0.10	0.07

3.3.3　安全影响因素发生可能性指数评判标准

为了便于对安全影响因素发生的可能性进行赋值，需针对各安全影响因素分别制定一套评判标准。安全影响因素可能性指数评判标准以现场实地调研为基础，参考各类参考文献，同时结合洪水隐患分析成果、调度运行隐患及突发公共事件隐患分析成果后，综合考虑确定（见表 3-5～表 3-11）。

表 3-5　暴雨洪水可能性指数评判标准

定性描述	可能性指数	判断依据
极高、频繁发生	(4,5]	1. 建筑物或渠段所处汇水区的洪峰流量经复核后增大 50%以上； 2. 交叉断面以上河道稳定性差，有改道、变迁现象； 3. 河道地形变化大，有道路、塘堰坝等阻塞河道的现象，且高度较大，对行洪影响很大； 4. 洪水隐患高
高、可能发生	(3,4]	1. 建筑物或渠段所处汇水区的洪峰流量经复核后增大 30%～50%； 2. 交叉断面以上河道稳定性较差，发生改道、变迁现象的可能性较大； 3. 河道地形变化较大，有道路、塘堰坝等阻塞河道的现象，对行洪影响较大； 4. 洪水隐患较高
中、偶然发生	(2,3]	1. 建筑物或渠段所处汇水区的洪峰流量经复核后增大 10%～30%； 2. 交叉断面以上河道稳定性较差，遇特大洪水有可能发生改道、变迁现象； 3. 河道地形有变化，有道路、塘堰坝等阻塞河道，但高度较低，对行洪影响较小； 4. 洪水隐患中等
低、难以发生	(1,2]	1. 建筑物或渠段所处汇水区的洪峰流量经复核后增大小于 10%； 2. 交叉断面以上河道稳定； 3. 河道地形有较小变化，局部有土堆、垃圾等阻塞河道，但对行洪影响较小，且易于清理 4. 洪水隐患较低

续表 3-5

定性描述	可能性指数	判断依据
极低、几乎不可能发生	(0,1]	1. 建筑物或渠段所处汇水区的洪峰流量经复核后基本无变化或减小； 2. 交叉断面以上河道稳定且河道整治工程完备，即使遭遇特大洪水河道形态也不会改变； 3. 河道地形基本无变化，无土堆、建筑物、垃圾等阻塞河道； 4. 洪水隐患低

表 3-6　地质灾害可能性指数评判标准

定性描述	可能性指数	判断依据
极高、频繁发生	(4,5]	1. 工程位于地震烈度Ⅶ度及以上区域； 2. 处于地震带内，且活动水平高，未来发生大地震的可能性大； 3. 存在重大工程地质问题，即使采取措施仍有较大可能发生危险
高、可能发生	(3,4]	1. 工程位于地震烈度Ⅶ度区域； 2. 处于地震带附近，且活动水平较高，若发生地震会受到较大影响； 3. 存在较大工程地质问题，即使采取措施仍有可能发生危险
中、偶然发生	(2,3]	1. 工程位于地震烈度Ⅵ度区域； 2. 虽位于地震带附近，但活动不高，影响较小； 3. 存在工程地质问题，采取相应措施可以降低隐患
低、难以发生	(1,2]	1. 工程位于地震烈度小于Ⅵ度区域； 2. 距离地震带较远，区域发生大地震的可能性很小； 3. 工程地质情况良好或采取相应措施可以基本保证工程安全
极低、几乎不可能发生	(0,1]	1. 工程位于地震烈度小于Ⅵ度区域； 2. 距离地震带很远，区域基本没有发生大地震的可能； 3. 工程地质情况好，常规地基处理可保证工程安全

表 3-7　极端气象可能性指数评判标准

定性描述	可能性指数	判断依据
极高、频繁发生	(4,5]	工程位于三北地区，多年冻土发育
高、可能发生	(3,4]	工程位于黄河以北季节性冻土区，冻土层深度 1m 以上
中、偶然发生	(2,3]	工程位于黄河以北季节性冻土区，冻土层深度 0.5~1m
低、难以发生	(1,2]	工程位于长江以北黄河以南季节性冻土区，冻土层深度 0.5m 以下
极低、几乎不可能发生	(0,1]	工程位于长江以南短时冻土区

表 3-8　设计安全富裕度可能性指数评判标准

定性描述	可能性指数	判断依据
极高、频繁发生	(4,5]	1. 工程布置不合理 2. 采用基础资料不正确 3. 设计参数取值过高 4. 结构设计远不满足规范要求
高、可能发生	(3,4]	1. 工程布置局部不合理 2. 采用基础资料不准确 3. 设计参数取值偏高 4. 结构设计不满足规范要求
中、偶然发生	(2,3]	1. 工程布置基本合理 2. 采用基础资料基本准确 3. 设计参数取值基本准确 4. 结构设计基本满足规范要求
低、难以发生	(1,2]	1. 工程布置较合理 2. 采用基础资料准确 3. 设计参数取值准确 4. 结构设计满足规范要求,但富裕度较小
极低、几乎不可能发生	(0,1]	1. 工程布置合理 2. 采用基础资料安全富裕度大 3. 设计参数取值的安全富裕度大 4. 结构设计富裕度较大,超过 10%

表 3-9　施工质量可能性指数评判标准

定性描述	可能性指数	判断依据
极高、频繁发生	(4,5]	1. 施工质量控制差; 2. 施工过程中发生严重质量事故; 3. 运行期间仍发生严重质量事件
高、可能发生	(3,4]	1. 施工质量控制较差; 2. 施工过程中发生较严重质量事故; 3. 运行期间仍发生质量问题
中、偶然发生	(2,3]	1. 施工质量控制一般 2. 施工过程中发生质量事故; 3. 运行期间发生质量问题较小,不影响工程运行
低、难以发生	(1,2]	1. 施工质量控制较严格; 2. 施工过程中未发生质量事故,质量缺陷处理后不影响工程运行; 3. 运行期间未发生质量问题
极低、几乎不可能发生	(0,1]	1. 施工质量控制严格; 2. 施工过程中未发生质量事故,且分部工程优良率不小于 90%; 3. 运行期间未发生质量问题

表 3-10　运行管理可能性指数评判标准

定性描述	可能性指数	判断依据
极高、频繁发生	(4,5]	1. 运行管理水平差,调度失误频繁,执行力差,无应急抢险预案,人员管理素质风险高 2. 调度运行设备、设施落后,备用设备严重不足 3. 抢险交通、设施、能力严重不足
高、可能发生	(3,4]	1. 运行管理水平较差,调度失误较频繁,执行力较差,应急抢险预案不完善,人员管理素质风险较高; 2. 调度运行设备、设施落后,备用设备不足; 3. 抢险交通、设施、能力不足
中、偶然发生	(2,3]	1. 运行管理水平一般,调度失误较少,执行力一般,应急抢险预案相对完善,人员管理素质风险中等; 2. 调度运行设备、设施一般,备用设备略有不足; 3. 抢险交通、设施、能力基本满足
低、难以发生	(1,2]	1. 运行管理水平较高,调度失误少,执行力较强,有较完善的应急抢险预案,人员管理素质风险较低; 2. 调度运行设备、设施较先进,备用设备充足; 3. 抢险交通、设施较完善
极低、几乎不可能发生	(0,1]	1. 运行管理水平高,无调度失误,执行力强,有完善的应急抢险预案,人员管理素质风险低; 2. 调度运行设备、设施先进,备用设备完善; 3. 抢险交通便利、设施完善

表 3-11　人类活动可能性指数评判标准

定性描述	可能性指数	判断依据
极高、频繁发生	(4,5]	1. 河道地形发生明显变化,对工程安全影响大; 2. 河道保护范围内有大型阻水设施,对河道行洪影响大; 3. 所在河段河道水位流量关系发生显著变化,对工程安全影响大; 4. 工程区所在河段河势发生明显变化
高、可能发生	(3,4]	1. 河道地形发生变化,对工程安全影响较大; 2. 河道保护范围内有阻水设施,对河道行洪影响较大; 3. 河道水位流量关系发生变化,对工程安全影响较大; 4. 工程区所在河段河势发生变化
中、偶然发生	(2,3]	1. 河道地形变化较小,对工程安全影响不大; 2. 河道保护范围内有阻水设施,对河道行洪影响不大; 3. 河道水位流量关系发生较小变化,对工程安全影响较小; 4. 工程区所在河段河势变化较小
低、难以发生	(1,2]	1. 河道地形变化较小,且对工程安全基本无影响; 2. 河道保护范围内有临时设施(汛期拆除),对河道行洪基本无影响; 3. 河道水位流量关系发生变化,对工程安全基本无影响; 4. 工程区所在河段河势基本稳定
极低、几乎不可能发生	(0,1]	1. 河道地形未发生变化; 2. 河道保护范围内无阻水设施; 3. 河道水位流量关系几乎未发生变化; 4. 工程区所在河段河势稳定

3.4　渡槽运行期安全影响的主要因素及次要因素

从表 3-4 中可以看出,暴雨洪水占的权重最大,为 0.21;其次为施工质量和设计安全富裕度,所占权重为 0.19;地质灾害的权重为 0.18,位于第四位。因此,确定渡槽的主要安全影响因素是暴雨洪水、施工质量、设计安全富裕度、地质灾害。另外,人类活动影响、运行管理、极端气象所占权重较低,属于次要安全影响因素。

其中,暴雨洪水是最主要的安全影响因素,这是由于渡槽的槽墩、承台和桩基均位于河道上,一旦发生超标准暴雨洪水,河道冲刷可能将导致桩基出露,渡槽下部结构承载力不足,造成渡槽的垮塌,故暴雨洪水对渡槽的影响最大。另外,由于渡槽工程多为板、梁、拱、壳及杆件结构,施工难度大,而中小型工程又多为地方群众性施工,施工队伍专业技术水平低、素质差,难以保证其施工质量。渡槽在施工过程中容易产生蜂窝麻面、孔洞、缝隙、夹层、缺棱掉角等施工质量缺陷,在运行过程中又由于环境因素、交变荷载等作用的影响,容易出现不断老化和多种病害现象,故施工质量对渡槽也有很大的影响。

通过上述分析,渡槽安全影响因素权重排序的横向对比与实际情况较吻合,说明了安全影响因素权重系数的合理性,也论证了专家打分成果的合理性。

3.5　应用案例

湍河渡槽是南水北调中线一期工程陶岔至沙河南段的大型跨河建筑物,位于河南省邓州市小王营与冀寨之间。设计流量为 350 m^3/s,加大流量为 420 m^3/s。交叉断面以上集流面积 5 300 余 km^2,工程防洪标准为 100 年一遇洪水设计,相应洪峰流量 7 590 m^3/s;300 年一遇洪水校核,相应洪峰流量 9 950 m^3/s。湍河渡槽工程按设计烈度 6 度进行抗震设防。

湍河渡槽顺总干渠流向,依次由进口渠道连接段、进口渐变段、进口闸室段、进口连接段、槽身段、出口连接段、出口闸室段、出口渐变段、出口渠道连接段等 9 段组成,其中进口渠道连接段右岸设退水闸 1 座,工程对应总干渠桩号为 36+289~37+319,工程轴线总长 1 030 m。其中,槽身段长 720 m,按三线三槽平行布置,每跨 40 m,共 18 跨 720 m,三槽总宽 37.50 m。槽身段上部结构为双向预应力简支梁 U 形槽,下部结构采用圆端形空心墩加桩基承台的形式。

湍河河道采砂活动严重,河道地形和河势较施工阶段已发生变化,2016 年汛期,湍河渡槽下游施工便道尚未拆除,行洪时阻水,致使便道下设置的临时涵管冲垮时,在槽台之间冲刷出两道深沟,致使承台顶部出露。2017 年现场调研发现下游河道仍有采砂现象。2018 年水下查勘发现河床冲刷导致 3 号墩基桩出露约 7 m。

3.5.1　安全影响因素发生可能性分析

3.5.1.1　暴雨洪水

湍河系唐白河水系白河支流,发源于伏牛山南麓,自西北向东南流经内乡县、邓州市,在新野县王集乡白滩村东南汇入白河。干流全长 211 km，流域面积 5 300 余 km^2。流域地势西北高东南低，自北偏西向东南逐渐倾斜，全域呈狭长型。湍河交叉断面以上流域示意图见图 3-12。

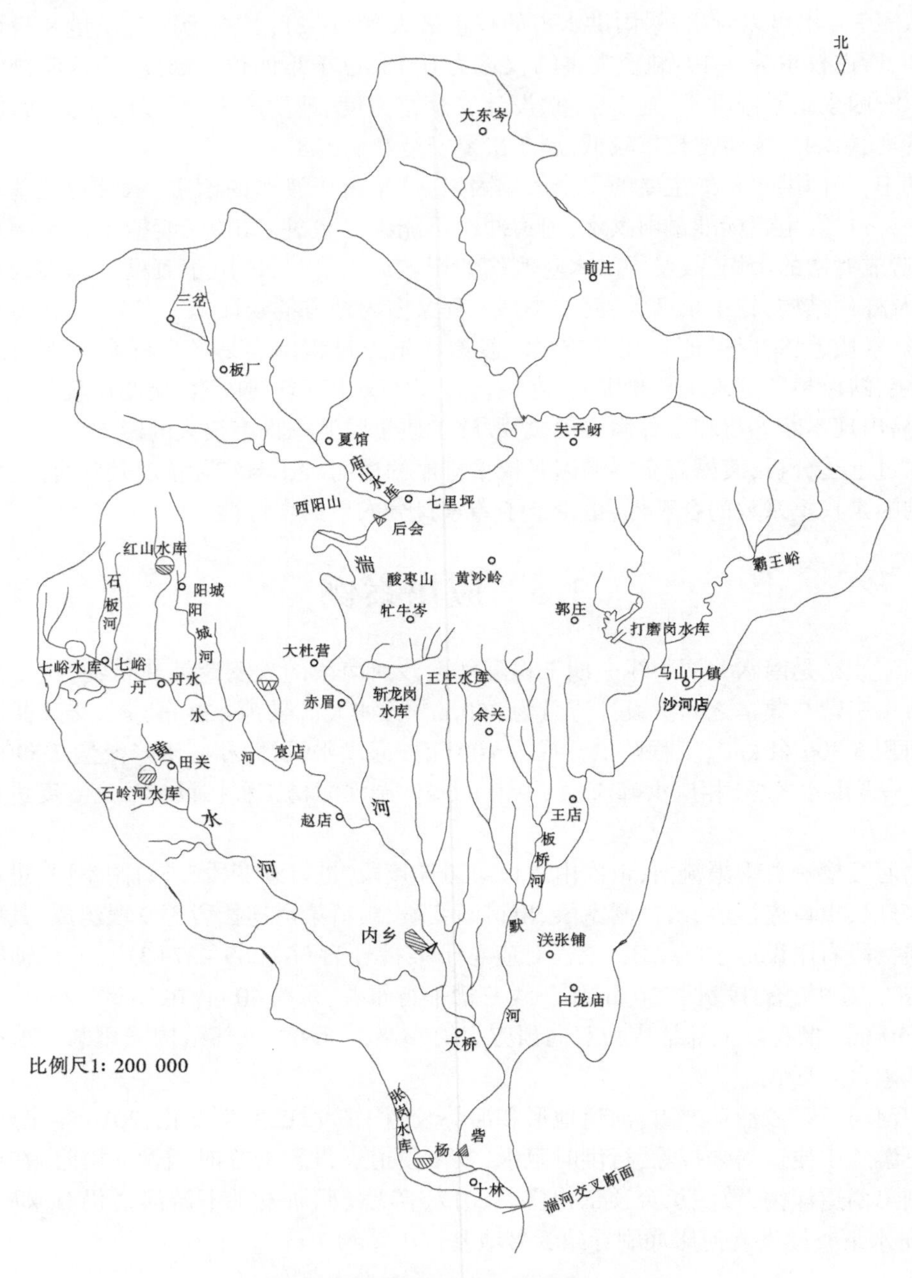

图 3-12　湍河交叉断面以上流域示意图

流域内的降水多以暴雨的形式出现，流域内的地形对暴雨的形成也产生较大的影响，地势越向上游越高，夏季盛行东南风，气流沿着坡面向上游渐被抬升，地形引起的上升速度使对流发展成降水。由于地形条件影响,不仅暴雨频次增多,而且增加了暴雨强度。从中国的暴雨日数、洪水灾害和风暴潮分布来看,湍河渡槽所在渠段位于暴雨洪水灾害严重地区。

交叉断面以上湍河集水面积为2 326.3 km^2,上游干支流上修建了斩龙岗和打磨岗2座中型水库,两库控制面积分别为28 km^2、58 km^2,分别占湍河交叉断面以上集水面积1.2%、2.5%。两库集水面积较小,调节库容较小。水库的调蓄作用对交叉断面设计洪水影响较小。

湍河主河床为砂质,因采砂活动导致河道地形和河势已发生较大变化,给渡槽的安全运行带来不利影响。

根据洪水隐患的分析成果,湍河渡槽发生洪水的可能性等级为2。

综合考虑以上各因素,比照地质灾害发生可能性评估标准表,判断暴雨洪水对湍河渡槽产生影响的可能性较高,暴雨洪水的发生可能性指数 $P=3.5$。

3.5.1.2　地质灾害

根据南水北调中线干线工程建设管理局的机构设置,湍河渡槽隶属于邓州管理处管辖。邓州管理处所辖渠段始于南阳盆地的西部边缘地区,沿伏牛山脉南麓山前岗丘地带及山前倾斜平原,总体呈北东方向穿越伏牛山南部山前坡洪积裙及冲湖积平原后缘地带。渠线从渠首陶岔闸总体呈北东向穿越近南北向分布的九重、九龙、宋岗3条垄岗,刁河、湍河、严陵河3段带状河谷平原区至许庄西。渠段沿线地貌形态以低矮的丘陵、垄岗与河谷平原交替分布为特征。

该工程段位于我国地震活动的分布带之外,根据中国地震局分析预报中心,场地地震动峰值加速度为0.05g,地震动反应谱特征周期0.35 s,地震基本烈度为Ⅵ度。

综合考虑以上各因素,比照地质灾害发生可能性评估标准表,认为区域未来发生破坏性地震的可能性较小,发生可能性指数取为2.0。

3.5.1.3　极端气象

湍河渡槽工程区气候温和,据内乡气象站实测气象资料统计,本段总干渠沿线多年平均气温15.0 ℃。实测极端最高气温42.1 ℃,实测极端最低气温-14.4 ℃,多年平均地温(距地面0 cm)17.7 ℃,降霜日数43.3 d,雾日数14.5 d,日照时数1 933.7 h,水面蒸发量近1 000 mm,相对湿度73.0%。全年盛行的风向为NE,多年平均风速1.9 m/s,实测最大风速19.0 m/s。该工程段位于长江以北、黄河以南的季节性冻土区,冻土层深度一般在0.5 m以下,比照极端气象发生可能性评估标准表,区域出现极端气象天气的可能性较低,发生可能性指数取为1.5。

3.5.1.4　设计安全富裕度

设计安全富裕度从工程布置、采用基础资料及设计参数取值、结构设计安全富裕度三个方面评估。

1. 工程布置

湍河渡槽工程顺总干渠流向依次由进口渠道连接段、进口渐变段、进口闸室段、进口连接段、槽身段、出口连接段、出口闸室段、出口渐变段、出口渠道连接段等9段组成,进口渠道连接段设退水闸1座,见图3-13和图3-14。渡槽工程布置避让现有村庄和重要建筑物并能与总干渠渠道平顺衔接;建筑物与河道交角合适,避免了增加建筑物长度和工程投资;交叉断面处的天然河道主槽水流集中,河势稳定,故认为工程布置合理。

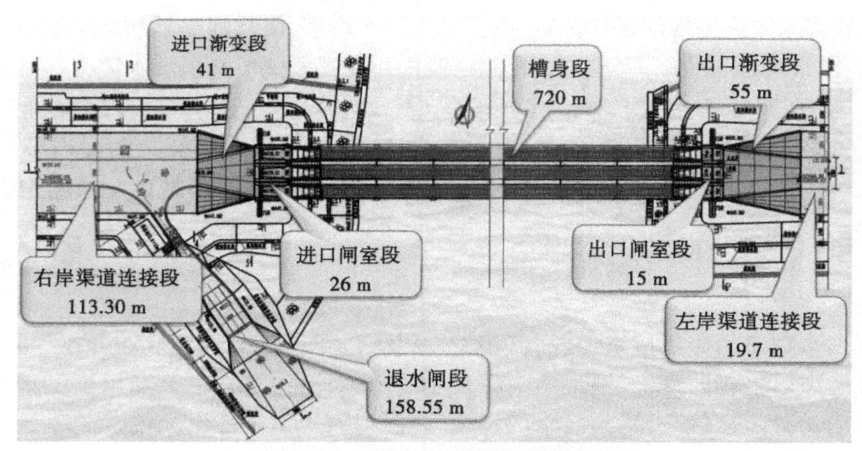

图 3-13 湍河渡槽总平面布置图

图 3-14 湍河渡槽总平面图

2. 采用基础材料及设计参数取值

(1)混凝土：强度等级 C50，$\rho_c = 25\ 000\ \mathrm{N/m^3}$，$\nu_c = 0.167$，$\alpha_c = 1.0\times10^{-5}/℃$，$f_c = 23.1\ \mathrm{N/mm^2}$，$f_{ck} = 32.4\ \mathrm{N/mm^2}$，$f_t = 1.89\ \mathrm{N/mm^2}$，$f_{tk} = 2.64\ \mathrm{N/mm^2}$，$E_c = 34\ 500\ \mathrm{N/mm^2}$，钢筋混凝土保护层厚度 4 cm。

(2)钢绞线：$f_{py} = 1\ 320\ \mathrm{N/mm^2}$，$f'_{py} = 390\ \mathrm{N/mm^2}$，$f_{ptk} = 1\ 860\ \mathrm{N/mm^2}$，$E_p = 19\ 500\ \mathrm{N/mm^2}$。

(3)Ⅱ级钢筋：$f_y = 300\ \mathrm{N/mm^2}$，$f'_y = 300\ \mathrm{N/mm^2}$，$E_s = 200\ 000\ \mathrm{N/mm^2}$。

(4)承载力安全系数 $K = 1.35$。

其中，ρ_c 为混凝土密度；ν_c 为混凝土泊松比；α_c 为混凝土线膨胀系数；f_c 为混凝土轴心抗压强度设计值；f_{ck} 为混凝土轴心抗压强度标准值；f_t 为混凝土轴心抗拉强度设计值；f_{tk} 为混凝土轴心抗拉强度标准值；E_c 为混凝土弹性模量；f_{py} 为预应力筋抗拉强度设计值；f'_{py} 为预应力筋抗压强度设计值；f_{ptk} 为预应力筋疲劳应力；E_p 为预应力筋弹性模量；f_y 为普通钢筋抗拉强度设计值；f'_y 为普通钢筋抗压强度设计值；E_s 为钢筋弹性模量 。

3. 设计安全富裕度

1)槽身段

槽身应力设计安全富裕度最小为 22.1%(见表 3-12)。槽身纵向承载能力受弯承载力允许值为 413 420 kN · m,计算值为 248 885.5 kN · m,设计安全富裕度为 39%。桩基承载力设计安全富裕度为 1.3%(见表 3-13)。

表 3-12　槽身最大主应力富裕度

分项	工况一	工况二	工况三	工况四	工况五	工况六	工况七	工况八
最大主拉应力(MPa)	0.88	0.91	1.00	0.79	0.84	0.86	1.36	1.74
0.85 f_{tk}(N/mm^2)	2.24	2.24	2.24	2.24	2.24	2.24	2.24	2.24
设计安全富裕度	60.7%	59.4%	55.4%	64.7%	62.5%	61.6%	39.3%	22.3%
最大主压应力(MPa)	-13.63	14.21	-13.17	-13.62	-13.46	-13.58	-15.12	-12.65
0.6 f_{ck}(N/mm^2)	-19.4	-19.4	-19.4	-19.4	-19.4	-19.4	-19.4	-19.4
设计安全富裕度	29.7%	26.8%	32.1%	29.8%	30.6%	30.0%	22.1%	34.8%

表 3-13　桩基承载力富裕度

单桩所承受的荷载值	10 080 kN
单桩轴向受压承载力容许值	10 207 kN
设计安全富裕度	1.3%

2)进出口闸室

进出口闸室稳定应力安全富裕度最小值为 0.7%,为出口闸室边孔抗滑稳定富裕度(见表 3-14~表 3-17)。

表 3-14　进口闸室边孔稳定应力富裕度

计算工况		抗滑稳定安全系数计算值	抗滑稳定安全系数允许值	抗滑稳定设计安全富裕度	基底最大应力(kPa)	基底最小应力(kPa)	基底平均应力(kPa)	闸室段地基允许承载力(kPa)	基底承载力设计安全富裕度
基本组合	工况 1	1.68	1.35	24.4%	164.4	154.4	159.4	180	8.7%
	工况 2	2.68	1.35	24.4%	164.4	154.4	159.4	180	8.7%
	工况 3	1.37	1.35	1.5%	135.7	102.8	119.2	180	24.6%
特护组合	工况 4	1.36	1.2	13.3%	144.2	102.9	123.5	180	19.9%
	工况 5	1.34	1.2	11.78%	144.2	103.8	124.0	180	19.9%
	工况 6	1.68	1.2	40.0%	164.4	154.4	159.4	180	8.7%
	工况 7	1.71	1.2	42.5%	171.1	156.4	163.7	180	4.9%

表 3-15 进口闸室中孔稳定应力富裕度

计算工况		抗滑稳定安全系数计算值	抗滑稳定安全系数允许值	抗滑稳定设计安全富裕度	基底最大应力(kPa)	基底最小应力(kPa)	基底平均应力(kPa)	闸室段地基允许承载力(kPa)	基底承载力设计安全富裕度
基本组合	工况 1	—	1.35	—	147.7	147.7	147.7	180	17.9%
	工况 2	—	1.35	—	147.7	147.7	147.7	180	17.9%
	工况 3	—	1.35	—	98.8	98.8	98.8	180	45.1%
特护组合	工况 4	3.60	1.2	200.0%	111.1	97.1	102.3	180	38.3%
	工况 5	2.95	1.2	145.8%	111.1	98.2	103.0	180	38.3%
	工况 6	—	—	—	147.7	147.7	147.7	180	17.9%
	工况 7	—	—	—	153.0	153.0	153.0	180	15.0%

表 3-16 出口闸室边孔稳定应力富裕度

计算工况		抗滑稳定安全系数计算值	抗滑稳定安全系数允许值	抗滑稳定设计安全富裕度	基底最大应力(kPa)	基底最小应力(kPa)	基底平均应力(kPa)	闸室段地基允许承载力(kPa)	基底承载力设计安全富裕度
基本组合	工况 1	1.69	1.35	25.2%	155.1	141.7	148.4	180	13.8%
	工况 2	1.69	1.35	25.2%	155.1	141.7	148.4	180	13.8%
	工况 3	1.36	1.35	0.7%	119.2	96.8	108.0	180	33.8%
特护组合	工况 4	1.39	1.20	15.8%	145.6	113.5	129.6	180	19.1%
	工况 5	1.34	1.20	11.7%	145.4	118.2	131.8	180	19.2%
	工况 6	1.69	1.20	40.8%	155.1	141.7	148.4	180	13.8%
	工况 7	1.73	1.20	44.2%	161.2	144.0	152.6	180	10.4%

表 3-17 出口闸室中孔稳定应力富裕度

计算工况		抗滑稳定安全系数计算值	抗滑稳定安全系数允许值	抗滑稳定设计安全富裕度	基底最大应力(kPa)	基底最小应力(kPa)	基底平均应力(kPa)	闸室段地基允许承载力(kPa)	基底承载力设计安全富裕度
基本组合	工况 1	—		—	138.8	138.8	138.8	180	22.9%
	工况 2	—		—	138.8	138.8	138.8	180	22.9%
	工况 3	—		—	91.4	91.4	91.4	180	49.2%
特护组合	工况 4	2.29	1.2	90.8%	133.3	112.7	125.5	180	25.7%
	工况 5	1.91	1.2	99.2%	133.7	118.9	128.5	180	25.7%
	工况 6	—	—	—	138.8	138.8	138.8	180	22.9%
	工况 7	—	—	—	143.7	143.7	143.7	180	20.2%

渡槽设计安全富裕度最小值为 0.7%，比照设计安全富裕度隐患发生可能性评估标准表，判断湍河渡槽的设计安全富裕度隐患可能性较低，发生可能性指数 $P=2.0$。

3.5.1.5　施工质量

湍河渡槽工程的施工质量控制严格，未出现质量事故，已评定 9 个分部工程，除房屋建筑外，全部优良，优良率为 100%。比照施工质量隐患发生可能性评估标准表，判断由于施工质量对湍河渡槽工程正常运行产生影响的可能性小，发生可能性指数 $P=0.5$，隐患率评估等级为低。

3.5.1.6　运行管理

运行管理隐患从人员管理素质，调度运行设备、设施的硬软件条件及抢险交通、设施、能力等三个方面进行分析。

根据调度运行隐患及突发公共事件隐患分析成果，邓州管理处发生火灾，运行调度指令错误，工程设备、设施破坏等与人员管理素质相关的隐患发生可能性中等，发生可能性指数 $P=2.5$；调度运行设备、设施硬软件故障的发生可能性较低，发生可能性指数 $P=1.6$。

湍河渡槽工程西距内乡至邓州公路 3 km，南距邓州市 26 km，北距内乡县 20 km。大型抢险设备可从内乡县或邓州市租赁，但运输距离较远。湍河渡槽工程距离邓州管理处约 20 km，且裹头附近设有抢险备料点，抢险交通、设施、能力基本满足，发生可能性指数取 $P=2.5$。

综合考虑上述因素，比照运行管理隐患发生可能性评估标准表，判断运行管理对湍河渡槽工程正常运行产生影响的可能性中等，发生可能性指数 $P=2.2$。

3.5.1.7　人类活动影响

现场调研发现，施工便道被水流冲毁，河道内仍留有残留物，见图 3-15，同时下游河道仍然存在采砂活动，见图 3-16。2018 年 3 月，水下查勘发现河床冲刷导致 3# 墩桩基出露约 7 m（见图 3-17），对工程安全影响大。

图 3-15　施工便道冲毁

2018 年 5 月，湍河渡槽防护加固工程开始实施，防护加固工程主要包括主河床冲刷防护加固（见图 3-18）和对桩基冲刷出露的 3# 墩的防护加固（见图 3-19）。具体方案如下：

（1）对河床下部抛填块石，上部铺设毛石混凝土防护和土工布。毛石混凝土防护范

图 3-16　下游河道采砂活动

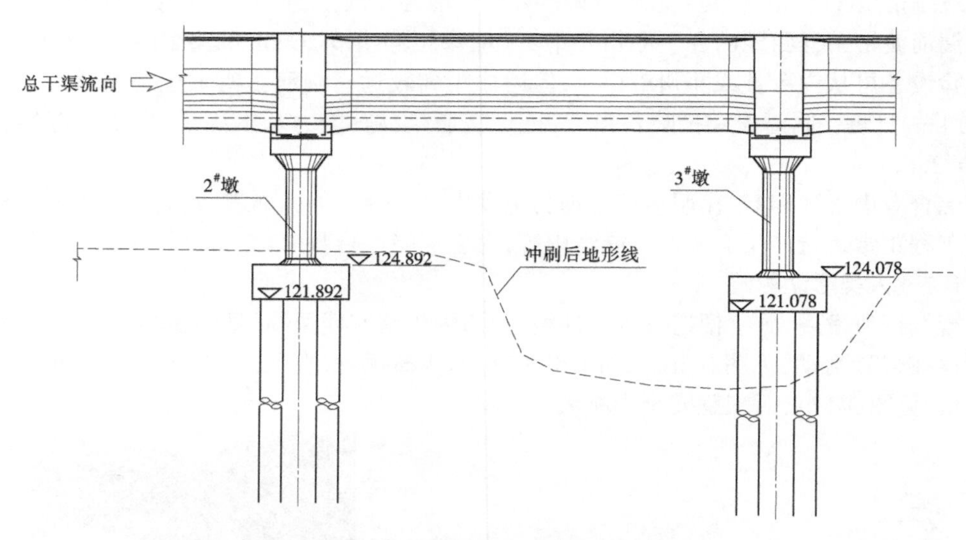

图 3-17　河床冲刷导致 3#墩桩基出露约 7m

围为 1#墩至 4#墩，厚度为 100 cm，分缝下铺一层 250 g/m^2 的土工布。对毛石混凝土防护区域的覆盖层进行开挖清除。毛石混凝土防护顶高程与就近承台顶高程齐平，2#墩与 3#墩、3#墩与 4#墩之间均以 1∶5坡过渡，4#墩与左岸以 1∶2坡过渡。

（2）下游设置防淘墙，经下游河床冲刷计算确定，防淘墙冲刷深度为 4. 2 m，即冲刷底高程为 119. 2 m。在 4. 2 m 冲刷深度情况下计算确定，桩基采用直径 1. 2 m 混凝土灌柱桩、桩长 13. 8 m、桩中心间距 3 m，共 42 根桩，混凝土强度等级 C30；防淘墙尺寸为 2 m×1. 8 m（宽×高），每 9 m 分缝，混凝土强度等级 C30。

（3）通过截流和导流，为 3#墩冲坑形成静水条件，设法探测冲坑形态，掌握桩基冲刷情况；包裹承台底部至被冲刷露出建基面的桩体表面后，对冲坑抛填毛石，承台底部及近承台侧浇筑水下混凝土，顶部（与承台顶部平齐）采用 1 m 厚毛石混凝土护面；通过桩端、桩侧复式压浆技术，对桩基进行加固，并对承台底部采用接触灌浆。

图 3-18　主河床防护加固

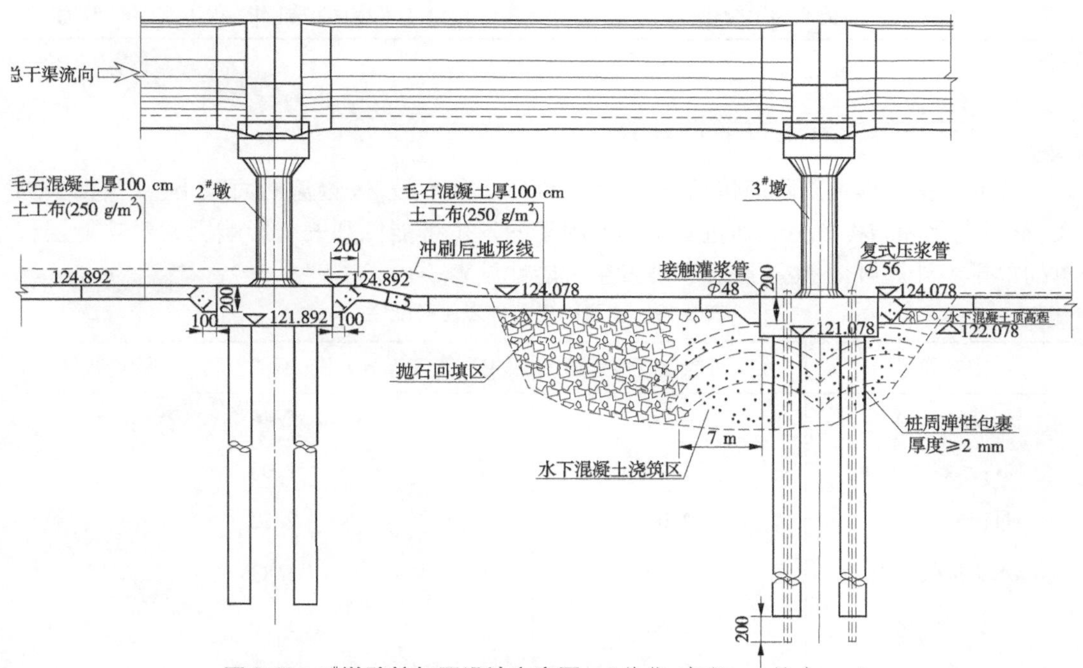

图 3-19　3#墩防护加固设计方案图　(单位:高程,m;尺寸,cm)

考虑到湍河渡槽防护加固工程已基本完成施工,但尚未验收,故人类活动安全影响因素按两种情况进行赋值:一种为不考虑已实施的防护加固工程的有利影响;另一种则充分考虑防护加固工程对湍河渡槽安全运行的防护作用。

由于河道采砂导致原河道地形、河势发生了较大变化,在不考虑防护加固工程有利影响的情况下,比照人类活动影响隐患发生可能性评估标准表,判断人类活动影响对湍河渡槽工程正常运行产生影响的可能性大,发生可能性指数 $P=5$,隐患率评估等级为高。

根据现场调研情况,湍河渡槽工程上下游仍存在较大砂坑,河势发生严重改变,仍然易对建筑物造成淘刷,但充分考虑加固工程对渡槽运行安全的防护作用后,比照人类活动影响隐患发生可能性评估标准表,判断人类活动影响对湍河渡槽工程正常运行产生影响的可能性中等,发生可能性指数 $P=2.5$。

根据以上各安全影响因素的分析得到安全影响因素发生可能性指数,见表 3-18。

表 3-18　安全影响因素发生可能性指数

安全影响因素	发生可能性指数
暴雨洪水	3.5
地质灾害	2.0
极端气象	1.5
设计安全富裕度	2.0
施工质量	0.5
运行管理	2.2
人类活动影响	2.5(不考虑防护加固工程影响则取 5.0)

3.5.2　主要隐患发生可能性计算

湍河渡槽工程主要隐患包括整体失稳,构件承载力破坏、过流断面减小、水头损失加大、材料老化和结构疲劳。通过安全影响因素的发生可能性和安全影响因素对功能层权重的单排序计算可得,主要隐患事件发生可能性见表 3-19。

表 3-19　主要隐患事件发生可能性

主要隐患	发生可能性等级 L 值	发生可能性等级 L 值(不考虑防护加固工程影响)
整体失稳	2.24	2.46
构件承载力破坏	1.94	2.05
过流断面减小	2.00	2.22
水头损失加大	1.70	1.83
材料老化	1.62	1.70
结构疲劳	1.83	1.92

3.5.3　安全评价结论

综合考虑各种因素,并比照发生可能性评估标准表,确定湍河渡槽工程各安全影响因素的发生可能性指数。其中,暴雨洪水的发生可能性指数最大,为 3.5;其次为人类活动影响,可能性指数为 2.5;运行管理的发生可能性指数为 2.2,位于第三位。因此,得出湍河渡槽工程的主要安全影响因素是暴雨洪水、人类活动影响、运行管理。另外,地质灾害、设计安全富裕度、极端气象、施工质量的发生可能性指数较低,属于次要安全影响因素。

根据安全影响因素的发生可能性和安全影响因素对功能层权重的单排序,计算出主要隐患发生可能性。其中,整体失稳的发生可能性等级最高,为 2.46;其次为过流断面减小,发生可能性等级为 2.22;构件承载力破坏的发生可能性等级为 2.05,位于第三位。因此,湍河渡槽工程的主要隐患是整体失稳、过流断面减小和构件承载力破坏。

由以上分析,可以得到湍河渡槽工程的最主要影响因素是暴雨洪水,需要对暴雨洪水隐患及时预防。首先需要密切关注汛期天气预报;其次建立汛期与上游水库联动工作机制,密切关注水库泄洪情况;最后进行汛前隐患排查,尤其是裹头、承台等部位防护设施的排查,以保证湍河渡槽工程的运行安全。

本章根据湍河渡槽的实际运行情况,应用层次分析法研究成果,对湍河渡槽工程的安全性进行了评价分析。分析结果表明,层次分析法和专家打分法均能较为客观地分析湍河渡槽工程的安全性态,为渡槽工程安全评价提供了方法和思路,可以推广应用到类似的工程。

第 4 章　倒虹吸运行期安全影响因素及安全评价

4.1　倒虹吸主要隐患

4.1.1　国内倒虹吸主要隐患

倒虹吸管是跨越河流、谷地、道路、山沟及其他渠道的压力输水管道，是较常用的渠系交叉连接建筑物，通常分为进口段、管身段和出口段三部分。我国大多数倒虹吸管工程是在 20 世纪五六十年代兴建的。由于设计、施工和维护等方面的不足，大多出现不同程度的隐患。通过对国内调水工程中倒虹吸进行调研，统计分析了国内部分倒虹吸隐患实例，见表 4-1。

表 4-1　国内部分倒虹吸隐患实例

序号	名称	年份	等级	位置	管身结构形式	气候条件	流量(m^3/s)	主要隐患
1	崔家河倒虹吸	1988	3	引黄济青工程桩号 K108+172~K109+170 处	钢筋混凝土筒形结构	四季分明，年平均降水量在 650 mm 左右	35	洞身混凝土有破损；倒虹吸管中部有裂缝
2	咸铜线圆形斜式倒虹吸	1976	4	咸铜线 K99+497 处	斜式倒虹吸管	四季分明，雨水相对偏少，年平均降水量 640.9 mm	17	倒虹吸管漏水
3	永温灌区倒虹吸	1975	3	贵州省永温灌区	露天式现浇钢筋混凝土管	气温回升缓慢，寒潮频繁，气温波动大	25	倒虹吸管严重漏水
4	梅河支沟排水倒虹吸	2012	1	河南省新郑市龙王乡霹雳店村北约 300 m 处	横向为 4 孔两联箱形钢筋混凝土结构	四季分明	305	管身段出现裂缝，导致漏水

续表 4-1

序号	名称	年份	等级	位置	管身结构形式	气候条件	流量（m^3/s）	主要隐患
5	老虎山电站倒虹吸	1999	4	于楚雄州双柏县鄂嘉乡境内，电站距楚雄市232 km	明钢管	雨热同季，干湿季分明，光照资源丰富	7.8	出现共振现象，导致伸缩节焊缝拉裂并产生漏水
6	羊昌河引水灌溉工程倒虹吸	1955	3	东干渠之首K0+358.04~K0+441.44	C20 钢筋混凝土管	冬无严寒，夏无酷暑，四季分明，降水充沛	30	倒虹吸管身漏水
7	槐河渠道倒虹吸	2012	2	河北省元氏县车汪沟村东0.5 km	钢筋混凝土箱形结构	四季分明，平均年降水量500.6 mm	220	接缝漏水
8	周村涝河排水倒虹吸	2010	3	焦作市温县周村约200 m处	钢筋混凝土箱形结构	多年平均气温 14.3℃，年平均降水量572 mm	28	水泥砂浆反应流失，使得骨料暴露于空气
9	青狮潭水库东干渠漓江倒虹吸	1987	4	东干渠桩号K38+656~K59+039处	钢筋混凝土结构	四季分明，雨量充沛，阳光充足，热量丰富	5	水平预制管段接头漏水严重
10	东圳水库干渠木兰倒虹吸	1998	3	莆田市东圳水库干渠K19+845~K20+195处	钢管	日照充足	28	钢管内壁腐蚀破坏，漏水严重
11	赛田倒虹吸	1979	3	南冲灌区桩号K18+510~K19+860	钢筋混凝土圆管	热量资源丰富，雨量充沛，光照充足	30	倒虹吸管身出现纵横向裂缝300余条
12	重庆过江倒虹吸	1964	4	朝天门上游处	钢管	年平均降水量较丰富	16.2	倒虹吸管道水流掺气，导致气蚀

续表 4-1

序号	名称	年份	等级	位置	管身结构形式	气候条件	流量（m^3/s）	主要隐患
13	位山灌区四河头倒虹吸	1972	3	聊城市城区南部	薄壳钢丝网结构	春旱多风，夏热多雨，晚秋易旱，冬季干寒	58	管内发生淤堵
14	新罗城倒虹吸	1994	4	云南省宾川县县城南部 9 km 处	钢管	光热充足，热量丰富，立体气候明显	6	倒虹吸管首部发生振动
15	大市倒虹吸	1971	3	欧阳海灌区东支干 K8+680 处	现浇钢筋混凝土结构	雨量充沛、空气湿润	20	出现环向裂缝、斜裂缝、纵向裂缝
16	先明峡倒虹吸	1994	3	总干渠桩号 K26+587.6~K27+047.4 处	桥式双排压力钢管	四季分明，冬寒夏暑，气温日、年变化大	32	管道外壁表面出现粉化且有大片剥落现象
17	韦水倒虹吸	1972	3	陕西省扶风县城东南沟底	现浇钢筋混凝土结构	冬冷夏热，春暖秋凉，四季分明	55	管段部分漏水
18	南杏树排水倒虹吸	2009	3	南水北调中线京石段累计桩号 K71+298 处	三孔一联钢筋混凝土结构	四季分明，雨、热同季	60	倒虹吸内部有局部渗漏水
19	云阳县咸盛倒虹吸		5	云阳县咸盛电站压力管道前段	钢管	日照充足，立体气候显著	3.6	管道上部有焊缝破坏
20	新丰倒虹吸	1978	4	杭州市富阳区岩石岭水库	钢筋混凝土箱涵		16.5	混凝土箱涵局部出现裂缝

对倒虹吸管隐患案例进行分析总结后，得出倒虹吸管的主要隐患有管身裂缝、接头漏水、混凝土表面脱落、钢筋锈蚀等，其主要表现形式如表 4-2 所示。此外，除上述典型隐患外，还有边墙失稳、堵塞、设备故障、管身断裂或脱节、气蚀、振动与冲刷等问题。

表4-2　典型倒虹吸隐患及表现形式

典型隐患名称	表现形式
管身裂缝	管身出现环向裂缝和纵向裂缝
接头漏水	接头止水材料老化或接头脱节,将止水拉裂引起漏水
混凝土表面脱落	槽身混凝土表面碳化严重,混凝土保护层厚度下降
钢筋锈蚀	管身裂缝处或缺陷处的钢筋裸露,失去混凝土的碱性保护,钢筋钝化膜被破坏而锈蚀

进一步对工程实例中倒虹吸隐患类型进行统计分析后,以20例工程实例为样本,出现管身裂缝的案例有7个,出现接头漏水的案例有10个,出现混凝土表面脱落的案例有3个,出现钢筋锈蚀的案例有3个。具体分布情况如图4-1和图4-2所示。

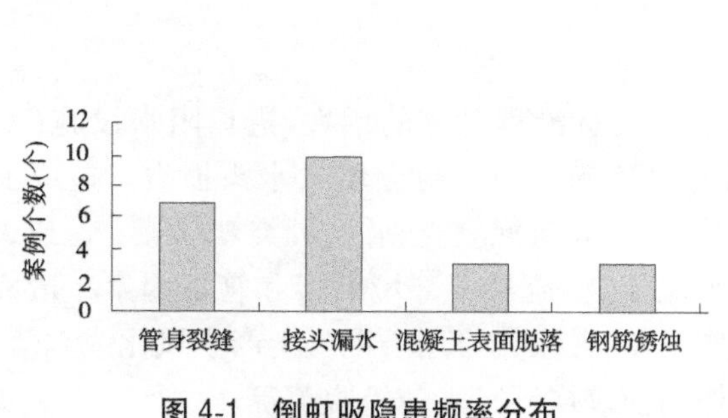

图4-1　倒虹吸隐患频率分布

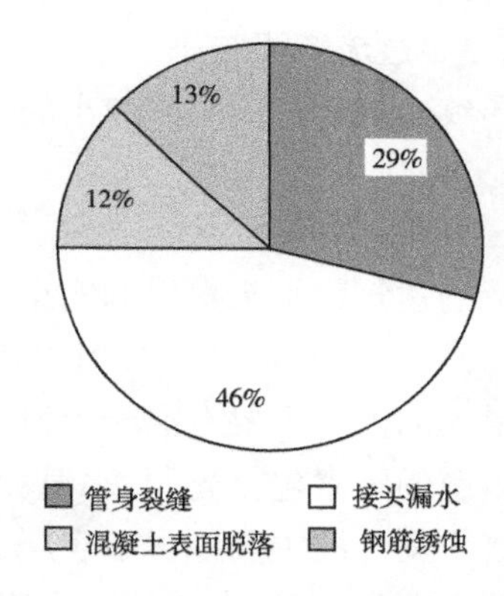

图4-2　倒虹吸隐患成因比例分布情况

4.1.2　南水北调工程倒虹吸主要隐患

对南水北调工程大型倒虹吸进行调研,总结出倒虹吸的主要隐患有倒虹吸管失稳、构件承载力破坏、过流断面减小、水头损失加大、材料老化和结构疲劳等。进一步对工程实例中主要隐患进行统计分析后,以大量工程实例为样本,得出倒虹吸主要隐患比例分布如图4-3所示。

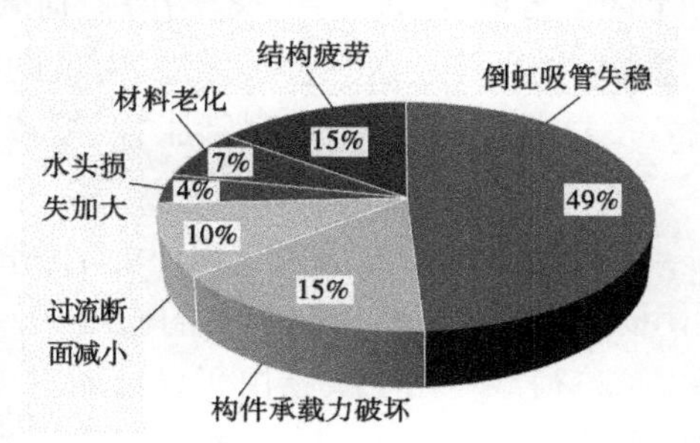

图4-3　倒虹吸主要隐患比例分布

4.1.2.1　倒虹吸管失稳

倒虹吸管身一般由进口斜管段、水平管段与出口斜管段组成。管身失稳的模式主要有管身抗浮失稳、斜管段抗滑失稳、管身倾斜及不均匀沉降等。

导致管身抗浮失稳的主要原因有暴雨洪水、河势变化、地形变化及管顶防护质量差造成的管顶覆土冲刷。另外,与倒虹吸管排空检修期、检修前或汛后是否对管顶覆土进行检查有关。此外,冲刷严重时,管身两侧回填土受冲刷淘空后,可能导致管身倾斜、管节横向错位等。导致斜管段抗滑失稳的主要原因有地震、地下水位变化、上部裹头冲淤等。导致管身倾斜及不均匀沉降的主要原因有地震、地质缺陷、河道冲淤引起的上部荷载变化、内水外渗、地基沉陷等。

4.1.2.2　构件承载力破坏

构件承载力破坏的主要模式有混凝土压坏、钢绞线失效和钢筋失效三种。造成混凝土压坏的主要原因除混凝土质量外,还与外部荷载如地震、管顶覆土厚度、河道水位、地下水位等设计条件的变化,以及冻胀、混凝土碳化、不均匀沉降和极端温差造成的混凝土有效面积减小有关。钢绞线失效主要有钢绞线松弛、断丝、滑丝等失效模式,主要原因有钢绞线材料特性和施工质量、外部超标准荷载(如地震)及结构疲劳等。造成钢筋失效的主要原因除钢筋自身的材料性能外,还有外部荷载变化、混凝土裂缝引起的钢筋应力集中、钢筋锈蚀等。

4.1.2.3　过流断面减小

导致建筑物过流断面减小的主要原因有冰害、沙尘、漂浮物等造成的建筑物淤积、结构变形等。

4.1.2.4　水头损失加大

影响建筑物水头损失的安全影响因素主要有沿程糙率的增大、进口阻水设施(如防漂拦冰设施)导致局部水头损失增大,另外过流断面减小也会增大水头损失。造成沿程糙率增大的因素主要有混凝土衬砌的浇筑质量、表层混凝土剥蚀、贝类繁殖等。造成渠内贝类繁殖的因素包括光照、水温、水质和水流流速、流量等环境因素和管理因素。造成表层混凝土剥蚀的主要原因有表层混凝土质量差,在大气作用下混凝土产生风化或剥落,表层混凝土碳化,酸性介质侵蚀作用,冻融作用使表层混凝土疏松脱落等。

4.1.2.5　材料老化

混凝土、钢筋、钢绞线、止水、闭孔泡沫板等材料的老化、疲劳和损伤均会影响到工程的耐久性。材料老化的影响因素除材料内在原因如材料本身特性和施工质量使其组成、构造、性能发生变化外,还长期受到使用条件及各种自然因素的作用,这些作用可概括为以下四个方面:物理作用、化学作用、荷载作用、生物作用。

(1)物理作用包括环境温度、湿度的交替变化,即冷热、干湿、冻融等循环作用。材料在经受这些作用后,将发生膨胀、收缩或产生内应力,长期的反复作用,将使材料渐遭破坏。

(2)化学作用包括大气和环境水中的酸、碱、盐等溶液或其他有害物质对材料的侵蚀作用及日光、紫外线等对材料的作用。

(3)荷载作用主要指由于设计条件变化引起的荷载变化,导致材料的疲劳、冲击、磨损、磨耗等。

(4)生物作用包括菌类、昆虫等的侵害作用,导致材料发生腐朽、虫蛀等而破坏。

4.1.2.6　结构疲劳

钢筋混凝土结构、钢结构的疲劳破坏,其影响因素除工程自身原因如材料本身特性、加工制造质量、预应力的张拉水平及构件截面突变造成的应力集中外,还要长期受到使用条件及各种自然因素的作用,这些作用主要包括三个方面:物理作用、化学作用、荷载作用。

(1)物理作用包括环境温度、湿度的交替变化,主要为干湿、冻融等循环作用。材料在经受这些作用后,将发生膨胀、收缩或产生内应力,长期的反复作用,将使材料渐遭破坏。

(2)化学作用包括大气和环境水中的酸、碱、盐等溶液或其他有害物质对材料的侵蚀将加速疲劳裂纹的形成与扩展。

(3)荷载作用主要指动荷载作用,包括地震、车辆荷载及因闸门局部开启引起的建筑物过流消能振动等。

4.2　安全影响因素及分类

倒虹吸管身失稳的安全影响因素鱼刺图如图4-4所示。从图4-4中可见,引起管身失稳的安全影响因素有16项,经过对上述安全影响因素筛选和梳理,得出管身失稳的主要安全影响因素为暴雨洪水、河道冲淤、管顶防护。

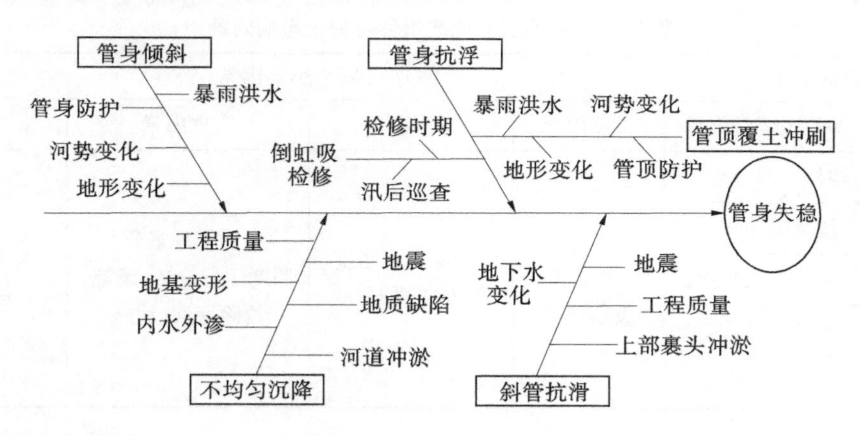

图4-4　倒虹吸管身失稳的安全影响因素鱼刺图

构件承载力破坏的安全影响因素鱼刺图如图3-5所示。从图3-5中可见,引起构件承载力破坏的安全影响因素有13项,经过对上述安全影响因素筛选和梳理,得出构件承载力破坏的主要安全影响因素为设计条件变化和工程质量。

建筑物过流断面减小的安全影响因素鱼刺图如图3-6所示。从图3-6中可见,引起过流断面减小的安全影响因素有12项,经过对上述安全影响因素筛选和梳理,得出过流断面减小的主要安全影响因素为闸门、机电设备故障,建筑物淤积,冰害。

建筑物水头损失加大的安全影响因素鱼刺图如图3-7所示。从图3-7中可见,引起水头损失加大的安全影响因素有8项,经过对上述安全影响因素筛选和梳理,得出建筑物水头损失加大的主要安全影响因素为贝类繁殖、管身淤积。

材料老化的安全影响因素鱼刺图如图 3-8 所示。从图 3-8 中可见，影响材料老化的安全影响因素有 11 项，经过对上述安全影响因素筛选和梳理，得出主要安全影响因素为冻融循环、设计条件变化。

结构疲劳的安全影响因素鱼刺图如图 3-9 所示。从图 3-9 中可见，影响结构疲劳的安全影响因素有 11 项，经过对上述安全影响因素筛选和梳理，得出主要安全影响因素为冻融循环、车辆荷载及因闸门局部开启引起的建筑物过流消能振动。

根据上述对倒虹吸运行期安全影响因素的分析，可以将主要安全影响因素分为四类：自然因素、工程因素、管理因素及人为因素。

安全影响因素中暴雨洪水、地质灾害、低温、日照、高温、沙尘天气、环境污染等极端气象属于自然因素；材料特性、施工质量及设计安全富裕度等工程质量问题属于工程因素；人员管理素质，调度运行设备、设施，抢险交通、设施等属于管理因素；河道地形变化、产汇流变化、水位流量关系变化等因人类活动影响导致设计条件的改变属于人为因素。倒虹吸主要隐患事件与安全影响因素见表 4-3。在分析总结倒虹吸主要隐患的安全影响因素的基础上，结合大量工程实例，对倒虹吸安全影响因素进行统计性分析，统计结果如图 4-5 所示。

表 4-3 倒虹吸主要隐患事件与安全影响因素

<table>
<tr><th colspan="2">隐患事件</th><th colspan="4">安全影响因素</th></tr>
<tr><td rowspan="2">安全性</td><td>倒虹吸管身失稳</td><td>自然因素</td><td>工程因素</td><td>管理因素</td><td>人为因素</td></tr>
<tr><td>构件承载力破坏</td><td rowspan="5">暴雨洪水、地质灾害、极端气象</td><td rowspan="5">设计安全富裕度、施工质量</td><td rowspan="5">人员管理素质，调度运行设备、设施，抢险交通、设施</td><td rowspan="5">人类活动影响</td></tr>
<tr><td rowspan="2">适用性</td><td>过流断面减小</td></tr>
<tr><td>水头损失加大</td></tr>
<tr><td rowspan="2">耐久性</td><td>材料老化</td></tr>
<tr><td>结构疲劳</td></tr>
</table>

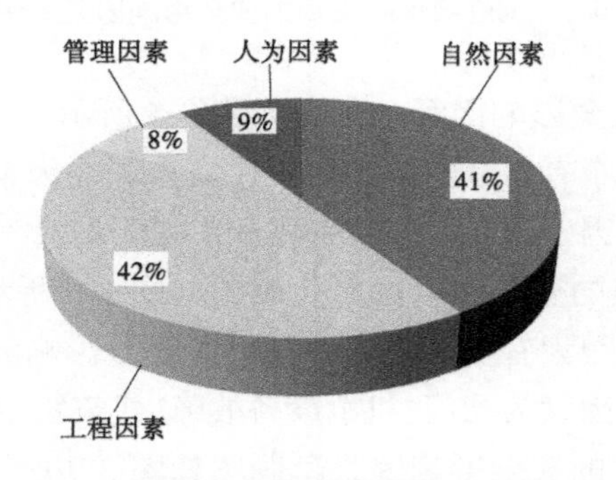

图 4-5 倒虹吸安全影响因素比例分布

4.3　安全评价指标体系及评价方法

4.3.1　层次结构图

倒虹吸的工程隐患采用层次分析法进行评估，建立层次结构图，确定目标层为三级单元隐患评估，并分别从安全性、适用性和耐久性三个方面考虑，即为层次结构的准则层，准则层下面再构建具体的功能层，安全性包括整体稳定、构件承载力；适用性包括过流能力、水头损失；耐久性包括材料老化、结构疲劳。各安全影响因素则构成指标层，暴雨洪水是指发生超出设计标准的暴雨洪水；地质灾害是指地震、泥石流、山体滑坡等；极端气象是指极端高温和低温冻融；设计安全富裕度是指工程布置合理性、结构富裕度等；施工质量是指混凝土、钢筋、止水，地基处理施工质量等；运行管理包括人员的管理素质及调度运行设备设施的硬软件条件，抢险交通、设施及能力等；人类活动影响是指河道采砂、地形河势变化、上下游流道堵塞，保护范围内堆土、挖塘、违规施工等。倒虹吸层次结构图见图 4-6。

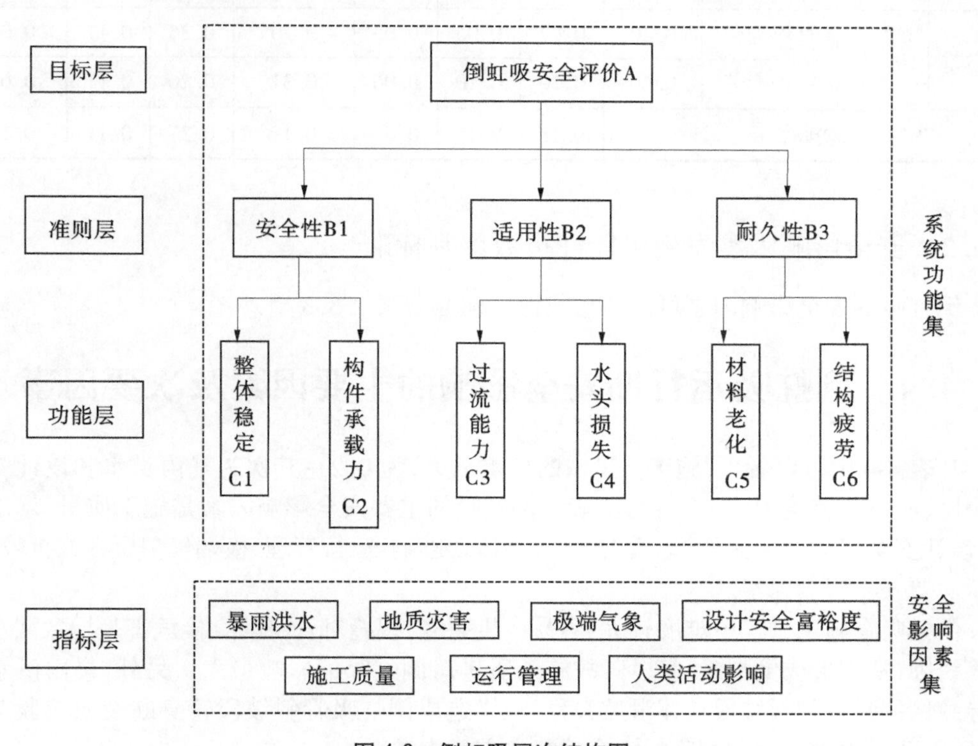

图 4-6　倒虹吸层次结构图

4.3.2　权重系数确定

准则层、功能层及指标层的权重系数均主要采用专家调查法确定，由专家对所列指标通过重要程度的两两比较，逐层进行判断评分，利用计算判断矩阵的特征向量确定下层指标对上层指标的贡献程度或权重,从而得到最基层指标对总体目标的重要性权重排序。

参与调查的专家由国内从事调水建筑物研究工作的知名专家、高校教授、工程建设管理单位及现场管理专业人员等组成,共约40人。

对各专家评分的判断矩阵进行权重计算后,经统计分析,得出倒虹吸层次结构的权重系数(见表4-4)。

表4-4 倒虹吸层次结构的权重系数

系统功能				安全影响因素						
准则层	准则层权重	功能层	功能层权重	暴雨洪水	地质灾害	极端气象	设计安全富裕度	施工质量	运行管理	人类活动影响
安全性	0.64	整体稳定	0.79	0.24	0.19	0.03	0.12	0.14	0.09	0.19
		构件承载力	0.21	0.14	0.12	0.03	0.23	0.23	0.09	0.06
适用性	0.15	过流能力	0.68	0.11	0.11	0.07	0.22	0.22	0.18	0.08
		水头损失	0.32	0.06	0.09	0.10	0.23	0.28	0.18	0.05
耐久性	0.21	材料老化	0.40	0.07	0.06	0.09	0.20	0.35	0.17	0.05
		结构疲劳	0.60	0.10	0.10	0.06	0.31	0.26	0.11	0.05
总排序				0.18	0.15	0.05	0.18	0.21	0.11	0.12

4.3.3 安全影响因素发生可能性指数评判标准

倒虹吸的安全影响因素可能性指数评判标准参照3.3.3节。

4.4 倒虹吸运行期安全影响的主要因素及次要因素

从表4-4中可以看出,施工质量占的权重最大,为0.21;其次为暴雨洪水和设计安全富裕度,所占权重均为0.18。因此,确定倒虹吸的主要安全影响因素是施工质量、暴雨洪水、设计安全富裕度。另外,地质灾害、人类活动影响、运行管理、极端气象所占权重较低,属于次要安全影响因素。

倒虹吸在施工过程中难度较大,容易产生裂缝,裂缝对管身的直接危害是导致漏水和钢筋锈蚀,从而造成倒虹吸的破坏,故施工质量对倒虹吸的影响最大。另外,暴雨洪水极易导致倒虹吸管的斜坡段坡体滑坡失稳,最终造成倒虹吸管斜坡段管身断裂或拉脱节等破坏,因此暴雨洪水对倒虹吸的安全运行也有很大的影响。

倒虹吸大多为埋设在河道覆盖层中的箱涵结构,相比其他建筑物,地质灾害和极端气象对其影响较小,但人类活动影响(如河道造田、取土采砂等)将可能直接导致倒虹吸管设计条件的改变,影响结构安全,故倒虹吸受人类活动影响相比于其他建筑物较大。

通过上述分析,倒虹吸安全影响因素权重排序的横向对比与实际情况较吻合,说明了安全影响因素权重系数的合理性,也论证了专家打分成果的合理性。

4.5　应用案例

白河倒虹吸工程是南水北调中线一期工程总干渠上的大型渠穿河交叉建筑物，位于南阳市蒲山镇蔡寨村北丰山东侧，距南阳市区15 km。设计流量为330 m^3/s，加大流量为400 m^3/s。交叉断面上距鸭河口水库25 km，下距南阳市约15 km，控制流域面积3 594.6 km^2，100年一遇洪峰流量7 690 m^3/s，相应洪水位133.61 m；300年一遇洪峰流量8 950 m^3/s，相应洪水位133.99 m，工程区地震动峰值加速度0.05g，按基本烈度6度设防。

白河倒虹吸工程全长1 337 m，起点桩号115+190，终点桩号116+527，主要由进口渐变段、退水闸过渡段、进口检修闸、管身段、出口节制闸和出口渐变段组成。其中，管身段水平投影长1 140 m，采用地下埋管，两孔一联，单孔管净宽和高均为6.70 m。

白河倒虹吸工程的建设时期，当地正在工程区所在河段进行大规模河砂开采。根据工程区地形测量复核成果，河道地形已经发生了较大变化，工程区河道深泓主流线较初步设计阶段已偏离近30 m，深泓点高程最大下降达6 m，导致主河床部位管顶出露达3 m。根据南水北调工程建设总体进度要求，白河倒虹吸防护工程结合河道地形变化情况实施了设计变更，在管顶出露部分上下游各布置一道混凝土防冲墙，防冲墙之间采用混凝土板连接，对管身段形成一个整体防护。

4.5.1　安全影响因素可能性分析

4.5.1.1　暴雨洪水

白河系汉江一级支流唐白河右部主支，源于伏牛山的黄石垭，自西北向东南流经河南省南召县，至鸭河口后南流经南阳新野等县至湖北襄樊的两河口与唐河汇合，汇合点以下称唐白河，至襄阳张湾附近注入汉江，流域总面积12 270 km^2，干流全长264 km。

南水北调中线一期工程总干渠由南阳市宛城区蒲山镇蔡寨村东北穿过白河，交叉断面以上集水面积3 594.6 km^2，干流全长115 km，流域形状系数为0.27。白河交叉断面上游25 km处有座鸭河口大型水库，鸭河口水库下游右岸支流泗水河东支上有龙王沟中型水库，西支上有冢岗庙中型水库。

鸭河口大型水库坝址位于河南省南召县境内白河上游鸭河入白河汇口处，控制集水面积3 030 km^2，占交叉断面以上集水总面积的84.3%。水库的调蓄作用对交叉断面设计洪水影响较大，且考虑下游南阳市多数橡胶坝的调节作用，交叉断面发生超标准洪水的可能性较低。

根据洪水隐患分析成果，白河倒虹吸工程遭遇洪水隐患的可能性等级为2，比照暴雨洪水发生可能性评估标准表，判断白河倒虹吸工程未来发生洪水隐患的可能性较低，发生可能性指数取为2.0。

4.5.1.2　地质灾害

工程区位于秦岭褶皱系南阳的北部边缘，临近本段的古构造形迹有走向北北东的南阳断裂，新构造运动表现为大面积缓慢抬升，区内未发现有第四纪断层，区域构造稳定。

根据中国地震局分析预报中心数据，工程区地震动峰值加速度为0.05g，地震动反应谱特征周期为0.35 s，相应地震基本烈度为Ⅵ度，白河倒虹吸工程按6度设防。

综合考虑以上各因素，比照地质灾害发生可能性评估标准表，判断区域未来发生破坏性地震的可能性较低，发生可能性指数取为 2.0。

4.5.1.3　极端气象

白河交叉断面的气候要素，以交叉断面下游南阳气象台 1961~1990 年的观测系列统计，多年平均降雨量 787 mm，多年平均气温 14.8 ℃，极端最高气温 41.4 ℃，出现在 1972 年 6 月，极端最低气温-17.6 ℃，出现在 1969 年 1 月 31 日。三天最大温度变幅为 13.8 ℃，出现在 2 月。多年平均地温(地表)16.9 ℃。历年最大冻土深度 12 cm。多年平均风速 2.2 m/s，定时观测最大风速 27 m/s，10 min 最大风速 16 m/s。

比照极端气象发生可能性评估标准表，判断区域出现极端气象的可能性较低，发生可能性指数取为 1.5。

4.5.1.4　设计安全富裕度

设计安全富裕度从工程布置、采用基础资料及设计参数取值和结构设计安全富裕度三个方面评估。

1. 工程布置

白河倒虹吸工程主要由进口渐变段、退水闸过渡段、进口检修闸、管身段、出口节制闸和出口渐变段组成，其中退水闸过渡段设退水闸 1 座。倒虹吸工程布置避让现有村庄，并能与总干渠渠道平顺衔接；建筑物与河道正交布置，避免了增加建筑物长度和工程投资；交叉断面处的天然河道较窄，主槽水流集中(见图 4-7、图 4-8)。

图 4-7　白河倒虹吸卫星影像图

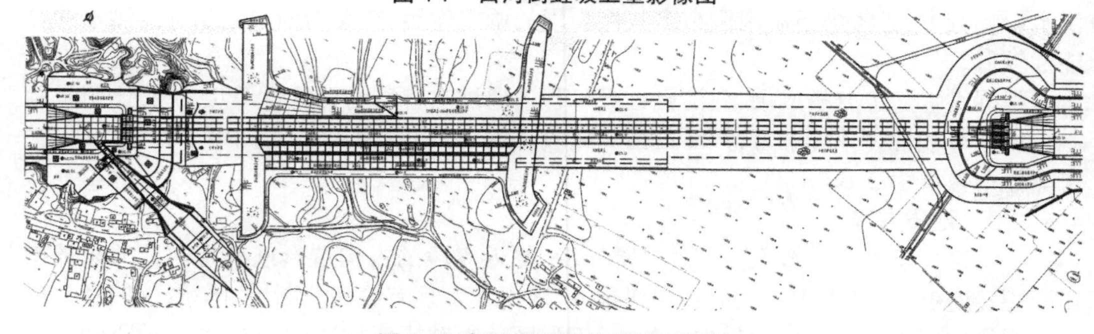

图 4-8　白河倒虹吸总平面布置图

白河倒虹吸工程管顶出露部分,采取在上下游各布置一道混凝土防冲墙,防冲墙之间采用混凝土板连接,能够对管身形成一个完整有效的防护,防护布置较合理(见图 4-9)。

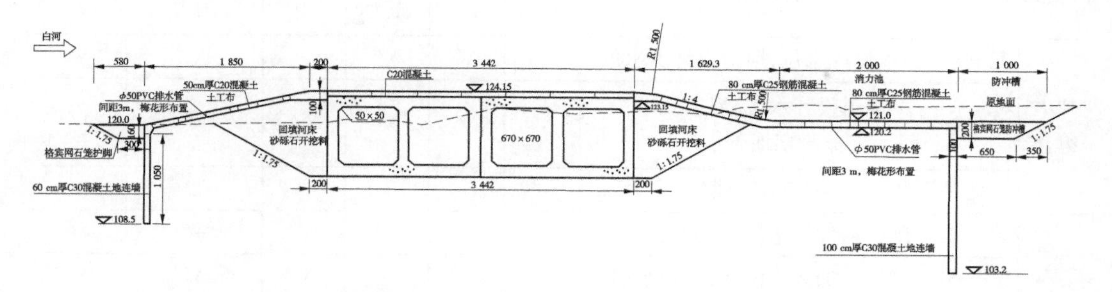

图 4-9　白河倒虹吸河床段防护布置图　(单位:高程,m;尺寸,cm)

2. 采用基础资料及设计参数取值

白河倒虹吸工程进口渐变段、进口闸室段和退水闸段均坐落于岩基和采石废渣上,采石废渣予以清除,置换碎石,碎石与混凝土基底的摩擦系数取 0.5。出口节制闸和出口渐变段坐落在第四系松散砂层和局部填土地基上,基础承载力较低,采用振冲碎石桩进行了地基处理,处理后的地基与混凝土基底的摩擦系数取 0.42。

白河倒虹吸工程土岩物理力学参数取值见表 4-5,满足规范及技术文件要求。

表 4-5　白河倒虹吸工程土岩物理力学参数取值

年代	土层名称	压缩模量	饱和固结快剪		天然快剪		承载力标准值
		E_s (MPa)	凝聚力 c(kPa)	内摩擦角 φ(°)	凝聚力 c(kPa)	内摩擦角 φ(°)	f_k (kPa)
Q_4^2	细砂	7		28			130
	含砾中砂	9		30			150
	含砾中粗砂	11		31			200
	砾砂	13		32			240
Q_4^1	细砂	8		30			160
	含砾中砂	9		31			210
	砾砂	14		31			280
N	黏土岩	12	20	16	35	11	260
	砂岩	8		25			220
	砂砾岩	15		32			330

3. 结构设计安全富裕度

设计安全富裕度隐患率评估以各主要结构设计中安全富裕度最小值作为评估依据(见表 4-6~表 4-10)。

表 4-6 节制闸、检修闸稳定计算荷载组合

荷载组合		工况说明	自重	水重	内水压力	门推力	外水压力	土压力
基本组合	工况 1	渠道设计水位,河道设计洪水位	√	√	√		√	√
	工况 2	渠道设计水位,河道无水（非汛期地下水位）	√	√	√		√	√
	工况 3	施工完建期	√					√
特殊组合	工况 4	闸门挡设计水位,河道枯水期	√	√	√	√	√	√
	工况 5	闸门挡加大水位,河道枯水期	√	√	√	√	√	√
	工况 6	渠道设计水位,河道校核洪水位或最高地下水位	√	√	√		√	√
	工况 7	渠道加大水位,河道非汛期地下水位	√	√	√		√	√

表 4-7 闸室稳定设计安全富裕度

计算工况		进口检修闸抗滑稳定安全系数 K_c	进口检修闸抗滑稳定设计安全富裕度	出口节制闸抗滑稳定安全系数 K_c	出口节制闸抗滑稳定设计安全富裕度
基本组合	工况 1	3.88	187%	2.79	107%
	工况 2	4.61	241%	3.36	149%
	工况 3	3.04	125%	2.26	67%
特殊组合	工况 4	2.65	121%	2.04	70%
	工况 5	2.46	105%	1.96	63%
	工况 6	2.84	137%	2.71	126%
	工况 7	4.74	295%	3.46	188%

表 4-8 进出口渐变段挡土墙工况及荷载组合

荷载组合		计算情况	荷载				
			自重	渠道内静水压	扬压力	河道静水压力	土压力
基本组合	工况 1	墙前设计水位,墙后无水	√	√	√		√
	工况 2	墙前设计水位,墙后设计洪水	√	√	√	√	√
	工况 3	施工完建	√				√
特殊组合	工况 4	墙前设计水位,墙后校核洪水	√	√	√	√	√
	工况 5	检修工况	√		√	√	√
	工况 6	墙前加大水位,墙后无水	√	√	√		√

表4-9 进出口渐变段挡土墙稳定设计安全富裕度

计算工况		进口渐变段挡墙抗滑稳定安全系数	进口渐变段抗滑稳定设计安全富裕度	出口渐变段挡墙抗滑稳定安全系数	出口渐变段抗滑稳定设计安全富裕度
基本组合	工况1	40.141	—	17.518	—
	工况2	10.847	—	8.454	—
	工况3	1.381	2%	1.529	13%
特殊组合	工况4	9.035	—	7.306	—
	工况5	1.381	15%	1.529	27%
	工况6	11.323	—	18.746	—
	工况7	4.74	295%	3.46	188%

表4-10 管身结构配筋设计安全富裕度

项目	计算配筋面积(cm^2)	实际配筋面积(cm^2)	配筋安全富裕度
底板	42.22	49.26	16.7%
顶板	56.81	56.8	0
外侧墙	45.15	49.26	9.1%
内侧墙	39.51	49.26	24.7%
中隔墙	39.24	49.26	25.5%

由表4-6~表4-10可以看出,倒虹吸工程安全富裕度最小值由管身段顶板的结构配筋控制,基本为0,比照设计安全富裕度发生可能性评估标准表,判断由于设计安全富裕度对白河倒虹吸正常运行产生影响的可能性较小,发生可能性指数 $P=2$,隐患评估等级为较低。

4.5.1.5 施工质量

白河倒虹吸工程施工期未发生过质量事故,质量缺陷处理后不影响工程运行,也未出现任何质量问题。比照施工质量隐患发生可能性评估标准表,判断由于施工质量对白河倒虹吸工程正常运行产生影响的可能性较小,发生可能性指数 $P=1.5$,隐患评估等级为较低。

4.5.1.6 运行管理

运行管理隐患从人员管理素质及调度运行设备、设施的硬软件条件及抢险交通、设施、能力等三个方面进行分析。

根据南水北调中线干线工程建设管理局的机构设置,白河倒虹吸工程隶属于南阳管理处管辖。根据调度运行隐患及突发公共事件隐患分析成果,南阳管理处发生火灾,运行调度指令错误,工程设备、设施破坏等与人员管理素质相关的隐患发生可能性中等,发生

可能性指数 $P=2.2$;调度运行设备、设施硬软件故障的隐患发生可能性也为中等,发生可能性指数 $P=1.7$。

白河倒虹吸工程距南阳市区 15 km,抢险交通便利,大型抢险设备从南阳市租赁。白河主流河槽位于右岸,即倒虹吸进口部位,离南阳管理处约 3 km,裹头附近设有抢险物资备料,抢险人员、物资、设备运输均较方便,抢险交通便利,设施完善,发生可能性指数 $P=1.0$。白河倒虹吸抢险交通示意图见图 4-10。

比照运行管理隐患发生可能性评估标准表,认为运行管理对白河倒虹吸正常运行产生影响的可能性较低,发生可能性指数 $P=1.6$。

图 4-10 白河倒虹吸抢险交通示意图

4.5.1.7 人类活动影响

白河倒虹吸工程区所在河段大规模采砂已导致河道地形发生了较大变化,工程区河道深泓主流线较初步设计已偏离近 30 m,深泓点高程最大下降达 6 m,导致主河床部位管顶出露达 3 m。原有河道天然形成的稳定河势被打破后,在天然水流作用下河道地形和河势将因冲淤变化而处于动态变化过程中,可能对建筑物的运行造成影响。

考虑河道采砂对河道地形、河势变化的影响,同时充分考虑倒虹吸防护工程对白河倒虹吸安全运行的防护作用,比照人类活动影响隐患发生可能性评估标准表,判断人类活动影响对白河倒虹吸正常运行产生影响的可能性中等,发生可能性指数 $P=2.5$。

根据以上各安全影响因素的分析得到倒虹吸安全影响因素发生可能性指数,见表 4-11。

表 4-11 倒虹吸安全影响因素发生可能性指数

安全影响因素	发生可能性指数
暴雨洪水	2.0
地质灾害	2.0
极端气象	1.5
设计安全富裕度	2.0
施工质量	1.5
运行管理	1.6
人类活动影响	2.5

4.5.2　主要隐患发生可能性计算

白河倒虹吸工程主要隐患包括倒虹吸管身失稳、构件承载力破坏、过流断面减小、水头损失加大、材料老化和结构疲劳。通过安全影响因素发生可能性和安全影响因素对功能层权重的单排序计算可得主要隐患事件发生可能性(见表 4-12)。

表 4-12　主要隐患事件发生可能性

主要隐患	发生可能性等级 L 值
倒虹吸管身失稳	1.97
构件承载力破坏	1.82
过流断面减小	1.83
水头损失加大	1.76
材料老化	1.74
结构疲劳	1.82

4.5.3　安全评价结论

综合考虑各种因素,并比照发生可能性评估标准表,判断出白河倒虹吸各安全影响因素的发生可能性指数。其中,人类活动影响的发生可能性指数最大,为 2.5;其次为暴雨洪水、地质灾害、设计安全富裕度,发生可能性指数为 2.0。因此,得出白河倒虹吸的主要安全影响因素是人类活动影响、暴雨洪水、地质灾害、设计安全富裕度,另外,运行管理、极端气象、施工质量发生可能性指数较低,属于次要安全影响因素。

根据安全影响因素的发生可能性和安全影响因素对功能层权重的单排序,计算出主要隐患发生可能性。其中,倒虹吸管身失稳的发生可能性等级最高,为 1.97;其次为过流断面减小,发生可能性等级为 1.83;构件承载力破坏和结构疲劳的发生可能性等级为 1.82,位于第三位。因此,得出白河倒虹吸的主要隐患是倒虹吸管身失稳、过流断面减小、构件承载力破坏和结构疲劳。

本章根据白河倒虹吸的实际运行情况,应用层次分析法研究成果,对白河倒虹吸的安全性进行了评价分析,分析结果表明,层次分析法和专家打分法均能较为客观地分析白河倒虹吸工程的安全性态,为倒虹吸工程安全评价提供了方法和思路,可以推广应用于类似的工程。

第 5 章 PCCP 和压力箱涵运行期安全影响因素及安全评价

5.1 PCCP 及压力箱涵主要隐患

5.1.1 全球调水工程中部分 PCCP 及压力箱涵主要隐患

预应力钢筒混凝土管是由混凝土管芯、预应力钢丝、砂浆保护层、钢筒组成的一种新型复合管材。尽管 PCCP 耐久性、抗老化性能突出,但随着使用年限的增加,也会在工程运行中发生一些损伤破坏,有的甚至发生爆管等工程事故。通过对全球范围内调水工程中 PCCP 进行调研,统计分析了部分 PCCP 隐患实例,见表 5-1。

表 5-1 部分 PCCP 隐患实例

序号	名称	年份	位置	尺寸	气候条件	主要隐患
1	万家寨引黄工程	2002	山西省西北部	总长 43 km 采用内径为 3 m 的 PCCP	四季分明、雨热同步、光照充足	管芯混凝土外表面裂缝、开裂和破坏
2	得克萨斯州休斯顿 PCCP	1964	美国得克萨斯州	直径 1.524 m 的 PCCP	气候湿润	管道腐蚀渗漏
3	普罗维登斯供水局渠道和输水道	1966	美国罗得岛州	一条大约长 14.5 km、直径 2 m 和 2.6 m 的 PCCP	四季分明,气候温和宜人	管道腐蚀和预应力钢丝断裂及部分砂浆保护层脱落
4	南普莱恩费尔德 PCCP 输水管线	1977	美国新泽西州	直径为 1.52 m 的 PCCP	大陆性气候特征明显	砂浆保护层出现纵向裂缝
5	加拿大萨斯喀彻温省里贾纳污水处理 PCCP 主干线	1979	加拿大萨斯喀彻温省	内径为 1.350 m 的 PCCP	四季分明,比较干燥	混凝土表面被腐蚀且将骨料暴露
6	辽西北供水工程管道建工	2020	辽宁省沈阳市	四管同槽、直径 3.2 m 的 PCCP	境内雨热同季,日照丰富,四季分明	钢丝和钢筒等钢构件发生电化学腐蚀

续表 5-1

序号	名称	年份	位置	尺寸	气候条件	主要隐患
7	河南省南水北调供水配套工程	2014	河南省	管道总长约1 000 km	四季分明、雨热同期	地下管道被腐蚀,引起泄露
8	利比亚大人工河工程	1992	利比亚南部沙漠地区	输水距离1 572 km,直径4 m的PCCP	冬暖多雨,夏热干燥	管道爆裂
9	华盛顿郊区管理的一条输水PCCP		美国华盛顿郊区		四季分明,气温变化相对和缓,全年降水分配均匀	干管断丝爆管
10	宁夏水务公司管理的PCCP		宁夏回族自治区		四季分明,春天暖得快,秋天凉得早	50多处出现钢丝断裂
11	宝鸡市冯家山输水管道	1998	陕西省宝鸡市	管线全长10.5 km,管径1.2 m	冬冷夏热,春暖秋凉,四季分明	爆管
12	三湾水利枢纽	2012	辽宁丹东	输水管道干线采用PCCP	年平均雨量多为800~1 200 mm	产生腐蚀
13	三个泉倒虹吸工程		新疆维吾尔自治区吐鲁番市	PCCP直径2.8 m,管道实际工作压力为0.4~1.4 MPa	气温温差较大,日照时间充足,降水量少	管身出现多条裂隙
14	南水北调中线北京段总干渠	2008	北拒马河中支南与河北省明渠段相接	输水干线全长56.359 km,采用两排直径为4 m的PCCP输水	夏季高温多雨,冬季寒冷干燥,春、秋短促	混凝土表面出现不同程度的纵向裂缝
15	大伙房水库	1958	辽宁省抚顺市	输水管线由大伙房水库输水工程的鞍山加压泵站引出	冬季漫长寒冷,雪少风多。春季升温快,干旱多风	管道建成后5处漏水
16	南水北调中线京石段供水工程	1999	北京市	直径4 m的预应力钢筒混凝土管道	大部分地区四季分明	管芯外壁出现纵向裂缝

对PCCP案例进行分析总结后,得出PCCP的主要隐患有腐蚀和断丝、混凝土管芯开裂、钢筒的腐蚀和破裂,其主要表现形式如表5-2所示。此外,除上述典型隐患外,还有管

道连接处断开、砂浆保护层剥落等问题。

表 5-2　典型 PCCP 隐患及表现形式

典型隐患名称	表现形式
腐蚀和断丝	钢丝腐蚀断裂
混凝土管芯开裂	混凝土管芯出现多条裂纹
钢筒的腐蚀和破裂	钢筒表面锈蚀，出现裂缝

进一步对工程实例中隐患类型进行统计分析后，以 16 例工程实例为样本，出现腐蚀和断丝的案例有 10 个，出现混凝土管芯开裂的案例有 6 个，出现钢筒的腐蚀和破裂的案例有 6 个。具体分布情况如图 5-1 和图 5-2 所示。

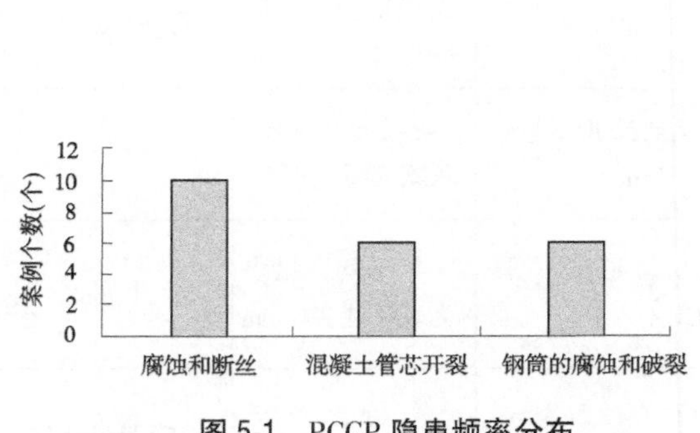

图 5-1　PCCP 隐患频率分布

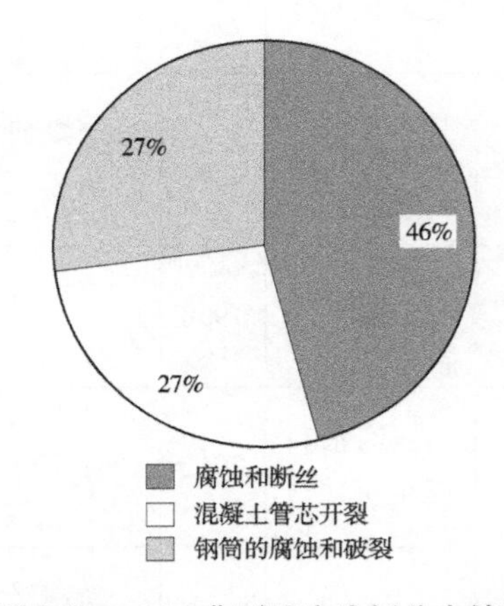

图 5-2　PCCP 典型隐患比例分布情况

5.1.2　南水北调工程 PCCP 及压力箱涵主要隐患

对南水北调工程 PCCP 及压力箱涵进行调研，总结出 PCCP 及压力箱涵的主要隐患有管涵结构破坏、管涵失稳、管涵漏水、管涵过流能力下降、管涵材料老化、结构疲劳。进一步对工程实例中主要隐患进行统计分析后，以大量工程实例为样本，得出 PCCP 及压力箱涵主要隐患比例分布如图 5-3 所示。

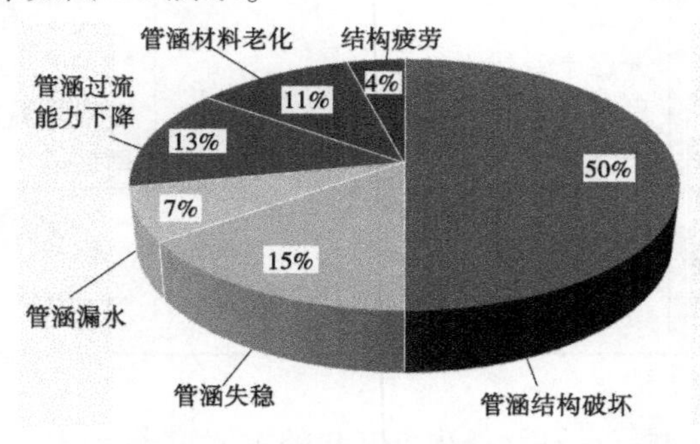

图 5-3　PCCP 及压力箱涵主要隐患比例分布

5.1.2.1　管涵结构破坏

管涵结构破坏主要表现为管道爆炸、管道破损、管道坍塌、管身拉裂等。

利比亚大人工河工程将利比亚南部撒哈拉沙漠中的地下水通过管道远距离输送到北部沿海地区，输水干线总长 4 500 km，大部分采用 DN 4 000 口径 PCCP，工程于 1984 年开工，1993 年通水使用。仅过了 6 年，先后发生 5 起爆管事件。

宁夏某扬水工程采用 DN 1 200 的预应力管，1975 年敷设，1978 年 5 月通水，仅 2 年后管道发生第一次爆裂，到 1982 年 9 月共发生 8 次破坏事故。

引起管涵破坏的主要因素如下。

1. 环境因素

引起管涵破坏的环境因素包括地下水位上升超过设计外压引起承载力破坏、冻胀影响、洪水超标、地震、穿越工程造成地层沉降、不良地质条件下沉降等。

2. 人为活动因素

引起管道破坏的人为活动因素包括管线保护范围堆渣、建房、建路等违章超载，保护范围内违章生产活动改变管涵荷载、通行超重汽车增加活荷载，道路交通活动频率、人群和社会活动程度增加等。

3. 内部自身因素

引起管涵破坏的自身因素包括输水形式选择不当、材料选择不当，接缝数量过多。设计安全富裕度较小、防护措施不足，地上附属设施破坏、管涵及保护范围的标志缺失、设计质量程序检查不完备，供电系统不可靠性、自动化程度不完备。引起管涵破坏的施工因素包括地基处理质量差，管涵制作、运输、安装与浇筑质量差，防腐施工质量差，施工缺陷未按照规范要求执行，管线耐压试验压力不足或者漏检。

4. 运行管理因素

引起管涵破坏的运行管理因素包括巡查方式单一、频率未达到设计要求、巡视交通不便、未定期进行安全监测采集数据或者未及时分析发现异常、安全监测设施未及时维护。调度指挥失误或者操作人员误操作引起水击压力超过设计工况压力时，容易引起管道内压或着外压失稳破坏。当设备运行年数久远或事故应急预案不完备、运行事故处理不及时、管理制度执行不严格均容易造成管涵破坏。渗漏水后维修加固报批难度增加导致二次破坏事故、对工程沿线社会的宣传和教育不到位引起对封闭管线的违章生产活动均容易引起管涵破坏。

管涵结构破坏的隐患因子鱼刺图如图 5-4 所示。

5.1.2.2　管涵失稳

管涵失稳主要表现为管道和镇墩抗滑失稳、管道抗冲失稳、抗浮失稳。

引起管涵失稳的主要因素如下。

1. 环境因素

引起管涵失稳的环境因素包括地下水位上升超过设计外压引起抗浮失稳，水超标引起抗冲失稳。

2. 人为活动因素

引起管涵或者镇墩抗滑失稳的人为活动因素包括管线保护范围堆渣、建房、建路等违

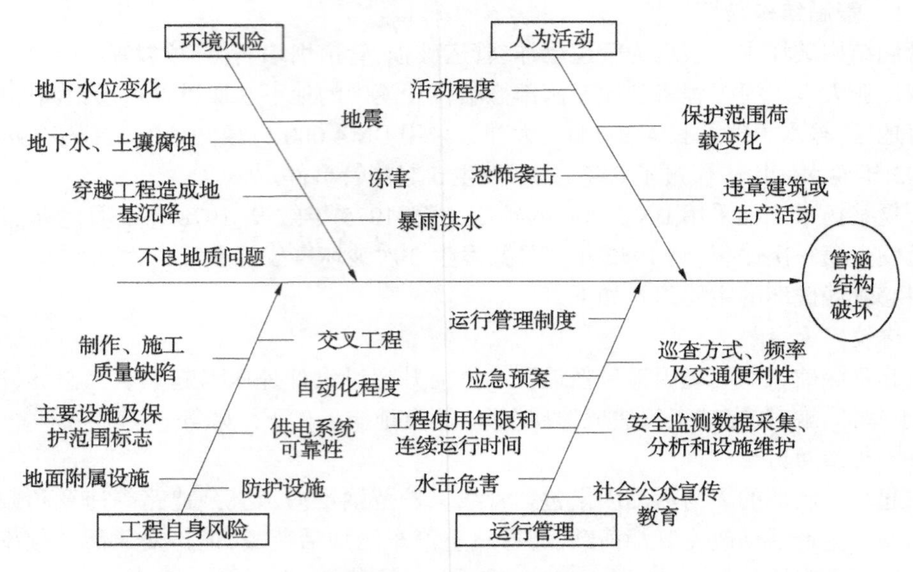

图 5-4　管涵结构破坏的隐患因子鱼刺图

章超载，保护范围内违章生产活动改变管涵荷载、通行超重汽车增加活荷载等。

3. 内部自身因素

引起管涵失稳的内部自身因素主要包括制作、施工质量缺陷，供电系统可靠性、防护设施、自动化程度等。

4. 运行管理因素

引起管涵失稳的运行管理因素包括巡查方式单一、频率未达到设计要求、巡视交通不便、未定期进行安全监测采集数据或者未及时分析发现异常，安全监测设施未及时维护。

管涵失稳的隐患因子鱼刺图如图 5-5 所示。

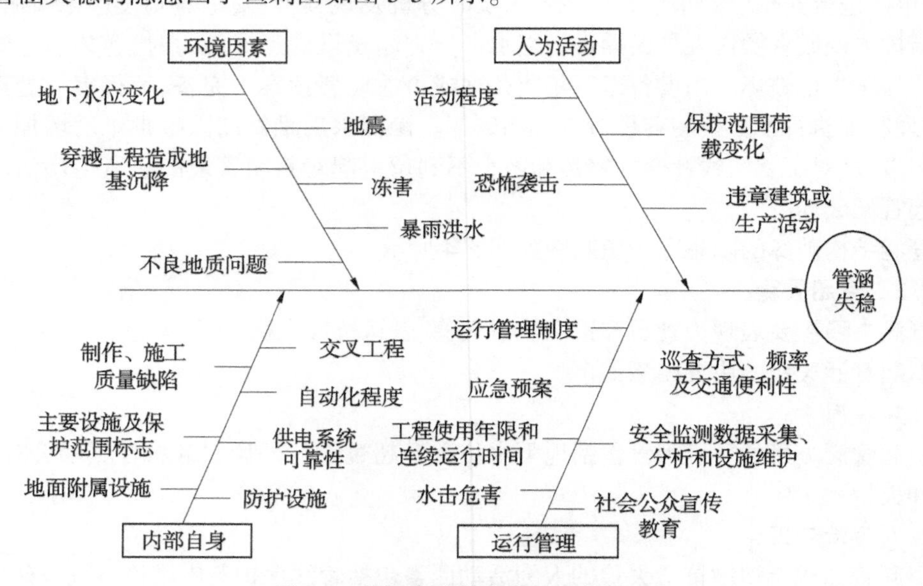

图 5-5　管涵失稳的隐患因子鱼刺图

5.1.2.3　管涵漏水

造成管涵漏水的主要原因有接缝渗漏、电缆及安全监测设施孔洞封闭不严或封堵措施不当;管涵裂缝及孔隙、管涵破损、管涵超压和放空阀出水等。

管涵接缝处渗漏与接缝数量的多少、接缝密封材料老化、地下水和土壤对接缝的腐蚀,以及管涵不均匀沉降和地震引起的接缝面错牙过大等因素有关,混凝土浇筑缺陷、地下水腐蚀、土壤腐蚀、材料强度下降、地震及管涵周围荷载变化(堆渣、建房等违章建设导致管涵超载,覆盖层厚度减小,通行超载汽车,跨管涵道路交通活动频繁,违章生产活动,人类及社会活动等会引起管涵周围荷载变化)导致管涵上方荷载变化、材料强度下降可能引起管涵破损。泵站失电和水击升压会引起管道超压,由于误操作、人为破坏、密封失效等引起管涵放空阀出水等。

管涵漏水的隐患因子鱼刺图如图5-6所示。

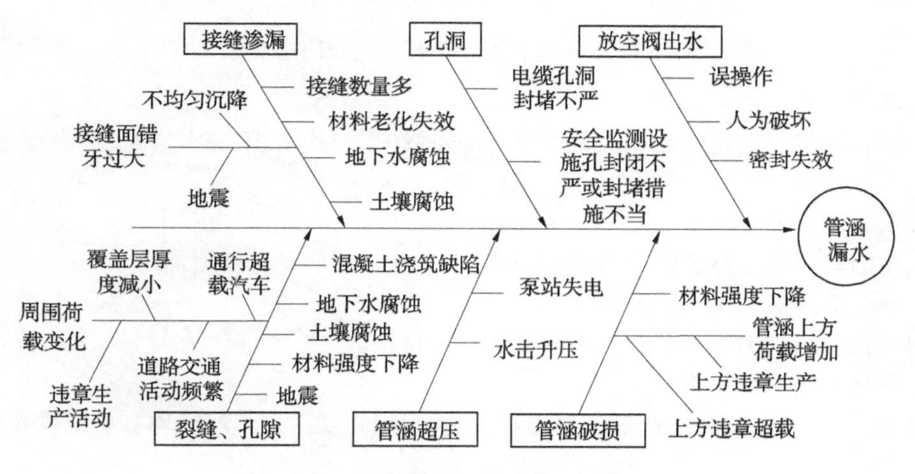

图5-6　管涵漏水的隐患因子鱼刺图

5.1.2.4　管涵过流能力下降

管涵过流能力下降的主要原因有拦污栅堵塞、闸(阀)门无法正常运行、管涵糙率加大、过流面积减小、泵站设备可靠性降低和管道漏水等。

污物堆积、未及时清污、冰塞可能引起拦污栅的堵塞。操作失误、冰冻、失电、流量测量不准确可能使闸(阀)门无法正常运行。管涵内藻类繁殖、腐蚀、内壁混凝土脱落、内表面平整、接缝处错牙等引起管涵糙率加大。管涵内泥沙淤积、污物聚集导致过流面积减小使其过流能力降低、供电可靠性低、泵站性能不达标、变频器调频故障和流量测量不准确等降低泵站设备的可靠性。

管涵过流能力下降的隐患因子鱼刺图如图5-7所示。

5.1.2.5　管涵材料老化

管涵材料老化主要表现为混凝土裂缝、防腐层脱落、空蚀破坏、钢筋锈蚀、混凝土碳化、管涵橡胶圈止水及伸缩缝止水老化等。管涵材料老化将引发管道渗漏,甚至管道破坏。

引起管道材料老化的隐患因子如下。

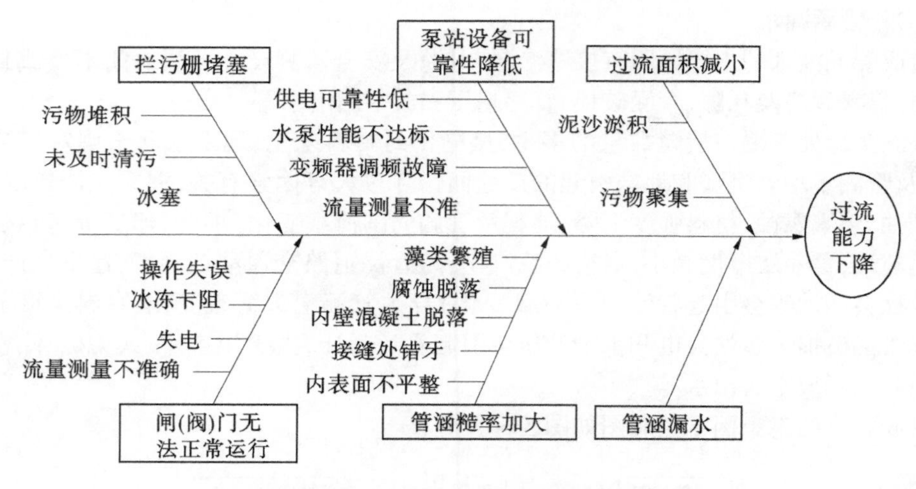

图 5-7　管涵过流能力下降的隐患因子鱼刺图

1. 环境因素

引起管涵材料老化的环境因素主要为冻胀影响、泥沙淤积、藻类繁殖、水质恶化、污水浸入。

2. 人为活动因素

人为活动因素包括道路交通活动频率、人群和社会活动程度增加。

3. 内部自身因素

内部自身因素主要为工程施工质量和材料特性。

4. 运行维护及管理因素

设备运行年数久远、运行事故处理不及时、管理制度执行不严格均容易造成管涵材料老化。

管涵材料老化的隐患因子鱼刺图如图 5-8 所示。

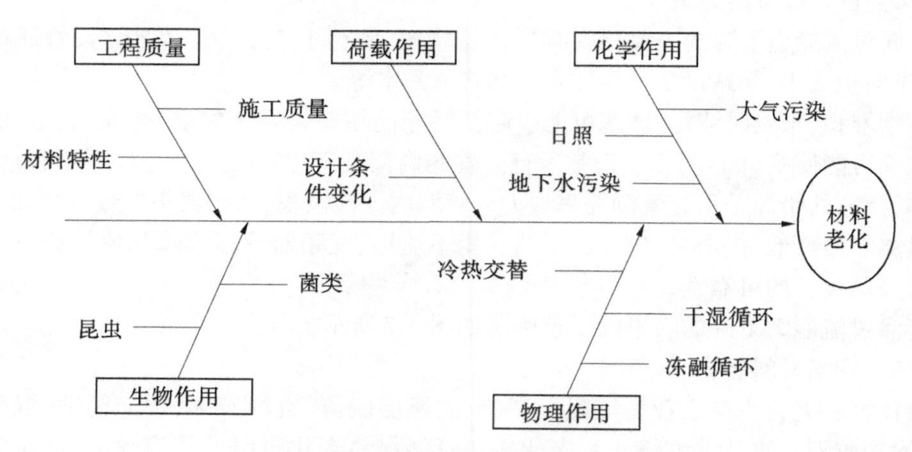

图 5-8　管涵材料老化的隐患因子鱼刺图

5.2　安全影响因素及分类

5.2.1　自然因素

输水干线建成后,外部环境因素主要包括不良地质条件(穿越取土坑、采石场等)、地震、地下水位变化、地下水腐蚀、土壤腐蚀、暴雨洪水、冻害、泥沙、藻类繁殖、水质恶化、污水侵入、跨越工程造成地基沉降等 12 个因素。

(1)地质不良问题。

①回填(换填)基础不均匀沉降。

当输水线路基础为回填(换镇)基础时,容易发生不均匀沉降,从而引起输水管的不均匀沉降,导致输水管线漏水。

②地震液化地段基础不均匀沉降。

虽然管基一定范围内采用振冲碎石桩等加固处理,但是加固范围的地基如果发生地震液化,容易丧失地基承载力,从而引起管基不均匀沉降、输水管线渗漏,甚至爆管。

③岩溶地基塌陷。

换填区基础如果发生岩溶塌陷,会引起输水管线渗漏,甚至爆管。

(2)地震。

对于水利工程来说,地震是最具破坏性的一种自然运动。由地震产生的惯性力使建筑物产生竖直方向与水平方向的加速度,将直接导致工程建筑物结构的破坏、崩塌,如控制闸的变形、泵站的沉陷、隧洞洞脸和围岩的失稳、输水管线接缝错位等,这都可能造成输水系统的瘫痪停水。

由地震引发的次生灾害也不可忽视,如调水建筑物的破坏可能导致所输送的水外泄,形成输水系统周边地区的区域性水灾,造成人员伤亡和巨大的经济损失。

(3)地下水位变化。

地下水位上升,输水管线、控制闸、泵站的浮力增大,容易产生抗浮失稳,隧洞内钢管外压增大,容易产生外压失稳。

地下水位下降,围压增大,可能造成地基沉降,引起输水涵管不均匀沉降,导致输水涵管结构及接缝破坏。

(4)地下水腐蚀。

当地下水有腐蚀性,输水管道防腐层脱落,或者老化时,输水管道容易受腐蚀,其耐久性降低,直至破坏。

(5)土壤腐蚀。

当土壤具有腐蚀性,输水管道防腐层脱落,或者老化时,输水管道容易受腐蚀,其耐久性降低,直至破坏。

(6)暴雨洪水。

①超标准洪水。

穿越河流段管涵采用深埋和浅埋两种方式,深埋涵管顶部在河道最大冲刷深度以下,浅埋涵管顶部在河道最大冲刷深度以上,顶部采取防护措施。当发生自然超标准洪水、人为改变汇流面积引起超标准洪水、不良特性汛期叠加隐患时,冲刷深度超过设计冲刷深度,可能造成涵管防护措施冲毁、涵管失稳或结构破坏。

②河道淤积抬高洪水位。

③人为下切河道,增加冲刷深度。

(7)冻害。

北方冬季气温低,冷风强烈,降雪丰富,尤其在当前极端气象发生频率的背景下,冰害事故的发生概率大大增加。冻害的表现形式有:在冷冬年,无压输水渠道表面会出现大量产冰现象,缩小过水断面面积,降低过流能力,下游渠段甚至有可能封冻。秋、春季流冰期及冰封期,在建筑物前易形成冰坝或冰堆,冲击建筑物实体。流冰期因排泄聚集的冰,造成闸门的破坏,冰体堵塞取水口首部,导致渠道过水能力下降等。由于冰冻,闸门的止水和输水管线的接缝材料容易产生老化现象。

(8)泥沙。

(9)藻类繁殖。

涵管表面有可能存在藻类附着,增大糙率,降低输水管道的过流能力,甚至可能会堵塞泵站电动机、变频器的冷却管道。

(10)水质恶化。

周边环境保护措施不够严格,可能混入人为丢弃的垃圾等污染物,引起水质恶化,同时降低输水管道的过水能力。

(11)污水侵入。

(12)跨越工程造成地基沉降。

部分跨越管线采用明挖暗埋管法进行立体交叉,部分管线采用顶管穿越,部分管线采用顶防护套管,输水箱涵置于防护套管内。当穿越工程存在沉降时,容易引起穿越工程下部的输水管线沉降,由于穿越工程外的输水管线沉降量很小,所以将会导致输水管线发生不均匀沉降,从而引起输水管线接缝漏水。

5.2.2　人为活动

人为活动因素主要包括管线保护范围堆渣、建房、建路等违章超载,保护范围内违章生产活动,通行超重汽车,覆盖层厚度减少,道路交通活动频繁程度,人群和社会活动程度,违章活动产生污染源,恐怖袭击等 8 个因素。

5.2.2.1　管线保护范围堆渣、建房、建路等违章超载

违规建筑中存在的取土坑,堆土、挖沟及高等级公路穿越等,对箱涵安全隐患较大。箱涵两侧民房、管道、垃圾场、游乐场及养殖场等,对箱涵安全影响较小,存在污染问题,不满足条例管理的要求。

5.2.2.2　管线保护范围内违章生产活动

(1)穿跨越工程施工造成的结构破坏。

(2)穿跨越工程导致的施工降水。

输水涵管附近深基坑工程施工降水,导致地下水位下降,引起输水涵管地基及周围土体沉降,导致输水涵管沉降,造成涵管失稳、结构及接缝破坏。

(3)生产活动破坏。

输水涵管按照临时占地补偿。若输水管线上部有打井、挖坑、爆破,人为破坏等违章生产活动,输水涵管及其配套设施容易遭到破坏。

5.2.2.3 通行超重汽车

各种人为活动造成保护范围内荷载变化,可能导致涵管超载不均匀沉陷,造成涵管结构和接缝破坏。

5.2.2.4 覆盖层厚度减少

挖土坑减小了箱涵一侧土压力,降低地下水位,减小了管顶埋深,可能导致管涵发生冻害、失稳、结构和接缝破坏。

5.2.2.5 道路交通活动频繁程度

当道路交通繁忙时,输水管道容易产生疲劳破坏。

5.2.2.6 人群和社会活动程度

活动程度(活动水平)是指人群在管道附近的活动状况,如建设活动、铁路及公路的状况,附近有无埋地设施等。活动水平越高,对涵管的潜在危害性越大。

5.2.2.7 违章活动产生污染源

管理不慎或者管涵接缝老化时,容易引起污水浸入输水干线内,污染输水水源。

5.2.2.8 恐怖袭击

恐怖袭击的发生概率虽然极低,但破坏性大,后果严重,且不具预见性。就目前我国所处的政治、经济背景而言,这种恐怖袭击的威胁是现实存在的。一旦恐怖分子对水利工程发动恐怖袭击,将会带来灾难性的后果,导致重大人员伤亡和严重经济损失等。

5.2.3 内部自身因素

输水干线在建成前,影响输水干线隐患事件概率和严重程度的内部自身因素主要有输水形式、材料、接缝数量、设计安全富裕度、地上附属设施、防护设施、管涵及保护范围的标志、供电系统的可靠性、自动化程度、施工质量等10个因素。

5.2.3.1 输水形式

输水形式主要有明渠输水和封闭输水两种,PCCP和输水箱涵受外部因素影响小,对运行维护及管理要求小,因而封闭输水形式的输水安全性高于明渠输水形式。

5.2.3.2 材料

1. 管材

PCCP和混凝土包钢管承受内水压力和外部压力的能力大,而混凝土封闭箱涵承受内压能力较小,抗外压能力较大。

PCCP管道钢丝有氢脆性。缠绕在PCCP管道管芯外侧的预应力钢丝为管道承受外力的主要结构受力部位,其钢丝质量对工程结构安全至关重要。如果预应力钢丝的氢脆敏感性试验不合格,在一定的外界条件下钢丝将发生氢腐蚀而引起爆管。

2. 接缝材料

PCCP管道的接口常有刚性和柔性两种接口做法。刚性接口做法即在内、外接缝内填筑水泥砂浆,适用于大部分管段。柔性接口做法即在缝内填筑聚乙烯低发泡沫闭孔板,外侧用聚硫密封胶,用于地基变化、易产生不均匀沉陷的部位。

由于PCCP和箱涵的接缝材料及嵌缝材料均为橡胶,若接缝材料老化,则会影响输水管道接缝的防渗性能。

5.2.3.3　接缝数量

每个隐患单元长度越长,接缝数量越多,接缝引起的隐患概率也越大。

5.2.3.4　设计安全富裕度

当输水管线及其配套设施结构安全、适用性、耐久性的设计安全富裕度大时,输水管线的隐患就小。

5.2.3.5　地上附属设施

输水管线为封闭输水形式,其征地主要为施工期临时征地。输水管线上部凸出地表有各种附属设施,如排气井、排空井。输水管线越长,地上附属设施越多,容易遭受到破坏的隐患越大,从而影响输水管道正常使用的概率越大。

5.2.3.6　防护设施

输水管外包封管、水锤防护、内外防腐等各种设计防护设施是否得当,对输水涵管的结构安全、适用性和耐久性有很大影响。

5.2.3.7　管涵及保护范围的标志

该项是对输水涵管线路和主要建筑物的可识别度与可检测度的度量。管涵及保护范围的标志越齐全,提醒公众注意的可能性越大,输水管线被人为破坏的隐患越小。

5.2.3.8　供电系统的可靠性

供电系统可靠性是调水工程保证安全、可靠和长期运行的重要条件之一。当供电系统发生故障或电力供应不足时,将严重影响工程的安全运行,还会导致泵站停机,在输水管道中产生水锤。

5.2.3.9　自动化程度

根据自动控制系统的规模和控制手段,将生产过程自动化程度分为三级。

(1)初级自动化主要是设备工作的自动化,即采用自动控制以实现设备生产过程的自动化,又称为单机自动化。在初级自动化中,生产过程的自动化包括设备的开启、停止和操作。

(2)二级自动化指闸站成组设备的自动化,即建立闸站自动控制系统。在二级自动化中,将各种设备按照顺序进行配置,用通信和控制设备进行联结,自动地完成操作程序。

(3)三级自动化指生产过程的综合自动化。采用计算机监控系统、通信系统、自动控制、系统工程等技术,建立实现全线水量统一调度、全线输水自动化控制与调节、快速响应突发事件,实现工程科学调度、安全运行、可靠监控和高效管理,保障水质安全、工程运行安全。

5.2.3.10　施工质量

1. 地基处理质量

输水管穿越不良地质段,采取回填、换填处理,地基处理质量的好坏决定了输水管线不均匀沉降的隐患大小。

2. 管道制作、运输、安装与浇筑

输水管道选材、制作、运输、安装与浇筑、接缝处理质量的好坏,决定了输水管线的完整性、内壁的平整度和接缝处理的耐久性。

1)PCCP 管道施工质量

缠绕在管芯上的预应力钢丝决定了大口径 PCCP 管道的强度,但在施工和运行过程中,多种原因会致使大口径 PCCP 管道的预应力钢丝遭受损伤。首先是选用了质量较差的钢丝,施加预应力过程中出现氢脆现象;其次是 PCCP 管道制造过程中存在缺陷,特别是砂浆保护层质量差,出现麻面甚至裂缝,增大糙率,影响过水能力;最后是 PCCP 管道安装不当,由于碰撞等造成砂浆保护层出现裂缝。

根据已建工程经验,输水管道因施工质量导致的漏水大部分发生在管道接口。PCCP 管道采用承插口连接件与钢制管件连接处的渗漏水,多是由于现场或工厂加工时,此处环焊缝质量不良。另外,有少数发生在标准管接头承插口合口处,原因是管道安装不当造成胶圈不到位或撕裂,且在安装后的接头试压未检验出来或漏检。

2)箱涵施工质量

箱涵通常采用现浇,其施工质量问题主要为接缝和结构本身施工质量缺陷。

箱涵浇筑容易出现跑模和胀模现象、竖向或者横向裂缝。结构表面不平整,导致输水管糙率增大,从而降低输水能力。

施工接缝常见质量隐患问题有:沉降缝不竖直、沉降缝边缘混凝土不密实、混凝土与沉降缝间存在较大间隙、背部沉降缝未进行防水处理、出现竖向裂缝、沉降缝两侧错台等。施工接缝容易产生漏水。

3. 防腐施工质量

防腐施工质量的好坏决定了输水管线的安全性和耐久性。

4. 缺陷处理

当输水管道及接缝有施工缺陷时,缺陷处理效果决定了输水管道的防渗性能、输水能力和耐久性。

5. 管线耐压试验

是否进行耐压试验、试验后是否合格,也是施工质量合格与否的一个因素。

5.2.4　运行管理因素

输水干线建成后,影响输水干线隐患事件概率和严重程度的运行管理因素主要有水击危害,巡查方式和频率,巡查交通的便利性,安全监测数据的采集和分析,安全监测设施维护,水质监测方式和频次,调度、操作管理,运行年数及连续运行时间,应急预案管理,管理制度执行情况,社会公众的宣传和教育,与其他行业交叉协调等。

5.2.4.1　水击危害

当压力管道上的闸(阀)门突然关闭或开启时,或当水泵突然停止或启动时,因瞬时流速发生急剧变化引起水击,液体动量迅速改变,使内水压力显著变化。水击现象发生时,压力升高使管壁材料承受很大应力,压力降低可能使管道内出现负压使其承受的外压力增大;压力的反复变化,会引起管道和设备的振动,严重时会造成管道、管道附件及设备的损坏,以及管道接头损坏,继而发生漏水。

水击是促使管道破裂的最常见因素。2005 年 7 月,宁夏固海大战场泵站 6 台机组突然事故停机,造成 7 节 ϕ 1.2 m 混凝土压力管出现爆裂现象,导致大面积停水。2006 年 8 月 13 日,湖南怀化二水厂一泵房因故发生事故,巨大的回落水流击穿泵房阀门,导致舞水河水涌进泵房,将 4 台正在工作的机组淹没,水厂供水被迫中断,导致 15 万人用水中断。

5.2.4.2　巡查方式和频率

不同的巡查方式,巡查频率不同。内部合同员工巡查和外聘员工巡查,均按照验收要求的巡查频率进行巡查。由于无人机巡视费用高,仅用于巡查违章建设,不能用于管涵的日常渗漏监测。

巡查方式完备性及其相应的巡查频率,可以及时发现输水干线渗漏水、影响输水管线的安全性或者耐久性的违章生产活动,积极上报管理单位,有利于确保输水安全。

5.2.4.3　巡查交通的便利性

输水管线增设多处排气井或排孔井等配套设施。当配套设施巡查进入不便或不能进入,配套设施周边可能出现违章生产活动,从而危害输水管线的结构安全。

5.2.4.4　安全监测数据的采集和分析

输水管道监测主要包括分水流量监测、水质监测、管道变形位移监测、地下水位监测和应力、应变监测。为及时发现工程运行隐患,确保工程的安全运行,应按照调水工程安全监测设计规定要求,定期进行安全监测,采集安全监测数据并及时分析。若发现监测数据异常突变,应分析其原因,及早发现输水管线的安全问题。

5.2.4.5　安全监测设施维护

为了方便自动化采集输水工程的安全监测数据,安全监测仪器主要为电子元器件。电子元器件均有一定寿命期限,因此应及时更换失效的安全监测设备,及时维护和更换安全监测设施,确保安全监测设施正常健康运行,以便实时了解工程的运行状况。

5.2.4.6　水质监测方式和频次

水质监测包括自动化监测和人工监测,其中,自动化监测包括水温、pH、溶解氧和氨氮。人工监测包括水温、pH、溶解氧、氨氮、高锰酸指数、生化需氧量、磷、汞、氧化物、挥发酚、砷、铬、铝、铅、铜、石油共16种。定期水质监测能及时发现水质恶化现象,有利于确保输水干管水源的安全性能,防止水源污染和引发人民生命安全事故。

5.2.4.7　调度、操作管理

工程调度、操作管理包括调度指挥和操作管理,应遵守工程调度运行规划。当出现调度指挥失误或操作人员误操作时,控制间或加压泵设备效率会出现下降或损坏。

5.2.4.8　运行年数及连续运行时间

输水涵管及建筑物、加压泵站、金属闸门连续运行时间越长,有可能不能及时发现问题,不能及时采取相应处理措施,工程隐患概率越大。

5.2.4.9　应急预案管理

1. 事故应急预案完备性

事故应急预案是否完备,是衡量输水管线隐患事件的隐患概率大小的重要因素。

2. 运行事故处理情况

当输水干线出现隐患事件时,是否按照应急预案处理隐患事故,处理效果是否达到应急预案的预计目标,也是衡量输水管线隐患事件发生隐患概率大小的重要因素。

5.2.4.10　管理制度执行情况

输水管线包含PCCP、箱涵、控制闸、加压泵站、配套设施等各种建筑物,是否具有完备的运行管理制度,以及管理人员是否按照管理制度严格执行,是影响输水管线出现隐患事件的隐患概率大小的重要因素。

管理制度执行包括以下情况：①操作、维护、检修、安全规程；②培训和教育；③日常检查内容；④文件编制（运行、维护、检修、事故处理记录等）。

5.2.4.11　社会公众的宣传和教育

公共教育程度在减少输水涵管损害方面起到重要作用。大多数损害不是故意造成的，应归结为无知，如不知道地下管涵的准确位置，也不知道管线的各种地面标志及其应注意的事项、工程的重要程度等。加强宣传和教育，与输水涵管周围的居民保持良好的关系，不仅可以有效减少各种取土、堆填、建房等违章生产活动或涵管损坏事件发生，而且公众也可以转化为工程的保护者。

5.2.4.12　与其他行业交叉协调

当立体交叉工程下的输水管线渗水或者漏水时，检修加固需要向公路、铁路或水利等主管部门申请报批，待申请报告完成审批后，方可进行对输水管线维修加固。因此，穿越管线的外部维修协调难度越大，耽误维修加固的时间越长，输水管线渗漏水产生的次生事故越严重。

根据上述对PCCP及压力箱涵运行期安全影响因素的分析，将主要安全影响因素分为四类：自然因素、工程因素、管理因素及人为因素。PCCP及压力箱涵主要隐患事件与安全影响因素见表5-3。在分析总结PCCP及压力箱涵主要隐患安全影响因素的基础上，结合大量工程实例，对PCCP及压力箱涵安全影响因素进行统计性分析，统计结果如图5-9所示。

表5-3　PCCP和压力箱涵主要隐患事件与安全影响因素

主要因素	安全影响因素	主要隐患	可能造成的影响
环境因素	地下水位变化	管涵结构破坏	影响总干渠的安全运行，可能造成供水流量减小，供水中断、人员伤亡、生态环境影响、社会影响等
	地下水、土壤腐蚀		
	穿越工程造成地基沉降		
	地震		
	冻害		
	暴雨洪水		
人为活动因素	保护范围内荷载变化		
	违章施工或生产活动		
	活动程度		
	恐怖袭击		
内部自身因素	交叉工程		
	自动化程度		
	供电系统的可靠性		
	防护设施		
	地面附属设施		
	管涵及保护范围的标志		
	施工质量		
运行管理因素	巡查方式和频率		
	巡查交通的便利性		
	安全监测数据的采集和分析		
	安全监测设施维护		
	运行管理制度		
	应急预案管理		
	运行年数和连续运行时间		
	水击危害		
	社会公众的宣传和教育		

续表 5-3

主要因素	安全影响因素	主要隐患	可能造成的影响
环境因素	地下水位变化	管涵失稳	影响总干渠的安全运行,可能造成供水流量减小,供水中断,人员伤亡、生态环境影响、社会影响等
	穿越工程造成地基沉降		
	不良地质问题		
	地震		
	冻害		
	暴雨洪水		
人为活动因素	保护范围内荷载变化		
	违章施工或生产活动		
	活动程度		
	恐怖袭击		
内部自身因素	交叉工程		
	自动化程度		
	供电系统的可靠性		
	防护设施		
	地面附属设施		
	管涵及保护范围的标志		
	管涵制作、运输、安装与浇筑缺陷		
运行管理因素	巡查方式和频率		
	巡查交通的便利性		
	安全监测数据的采集和分析		
	安全监测设施维护		
	运行管理制度		
	应急预案管理		
	运行年数和连续运行时间		
	水击危害		
环境因素	地震	管涵漏水	可能造成供水流量减小,生态环境影响、耐久性降低等
	地下水腐蚀		
	土壤腐蚀		
人为活动因素	保护范围内荷载变化		
	违章建筑或生产活动		
	活动程度		
	恐怖袭击		
	社会公众的宣传和教育		
内部自身因素	交叉工程		
	供电系统的可靠性		
	防护设施		
	地面附属设施		
	管涵制作、运输、安装与浇筑缺陷		
运行管理因素	巡查方式和频率		
	巡查交通的便利性		
	安全监测数据的采集和分析		
	安全监测设施维护		
	运行管理制度		
	运行年数和连续运行时间		
	社会公众的宣传和教育		

续表 5-3

主要因素	安全影响因素	主要隐患	可能造成的影响
环境因素	泥沙淤积	管涵过流能力下降	影响总干渠的安全运行,可能造成供水流量减小,生态环境影响、社会影响等
	污水侵入		
	地下水腐蚀		
	土壤腐蚀		
	藻类繁殖		
	冻胀影响		
人为活动因素	覆盖层厚度减小引起冻害		
内部自身因素	涵管接缝材料		
	制作质量		
	防腐质量		
	缺陷处理		
运行管理因素	运行年数和连续运行时间		
	运行事故处理不及时		
	管理制度执行情况		
	巡查方式和频率		
	巡查交通的便利性		
	安全监测数据的采集和分析		
	安全监测设施维护		
	水质监测		
环境因素	水质恶化	材料老化	降低耐久性
	污水浸入		
	地下水腐蚀		
	土壤腐蚀		
	藻类繁殖		
	冻胀影响		
人为活动因素	覆盖层厚度减小引起冻害		
内部自身因素	涵管接缝材料		
	制作质量		
	防腐质量		
	缺陷处理		
运行管理因素	运行年数和连续运行时间		
	运行事故处理不及时		
	管理制度执行情况		
	巡查方式和频率		
	巡查交通的便利性		
	安全监测数据的采集和分析		
	安全监测设施维护		
	水质监测		

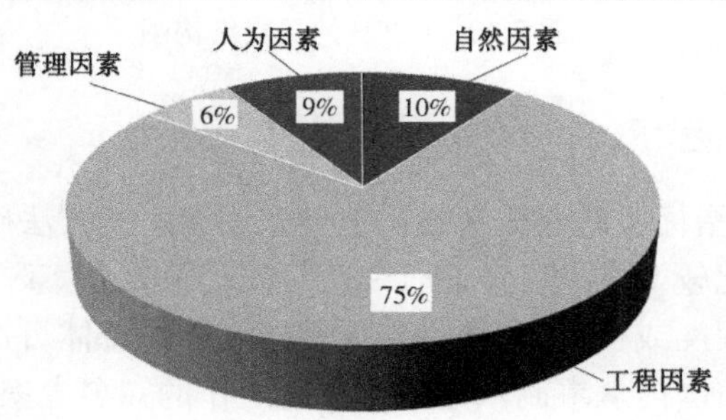

图 5-9　PCCP 及压力箱涵安全影响因素比例分布

5.3 安全评价指标体系及评价方法

5.3.1 层次结构图

采用层次分析法进行评估，建立层次结构图。确定目标层为三级单元隐患评估，并分别从安全性、适用性和耐久性三个方面考虑，即为层次结构的准则层，准则层下面再构建具体的功能层，安全性包括管涵结构破坏、管涵失稳；适用性包括过流能力下降、管身渗水；耐久性包括材料老化、结构疲劳。各安全影响因素则构成指标层，指标层包括暴雨洪水、河道违章采砂活动、土建施工和管道安装、设计安全富裕度、运行调度操作管理、管节制作质量。PCCP 的层次结构图见图 5-10。

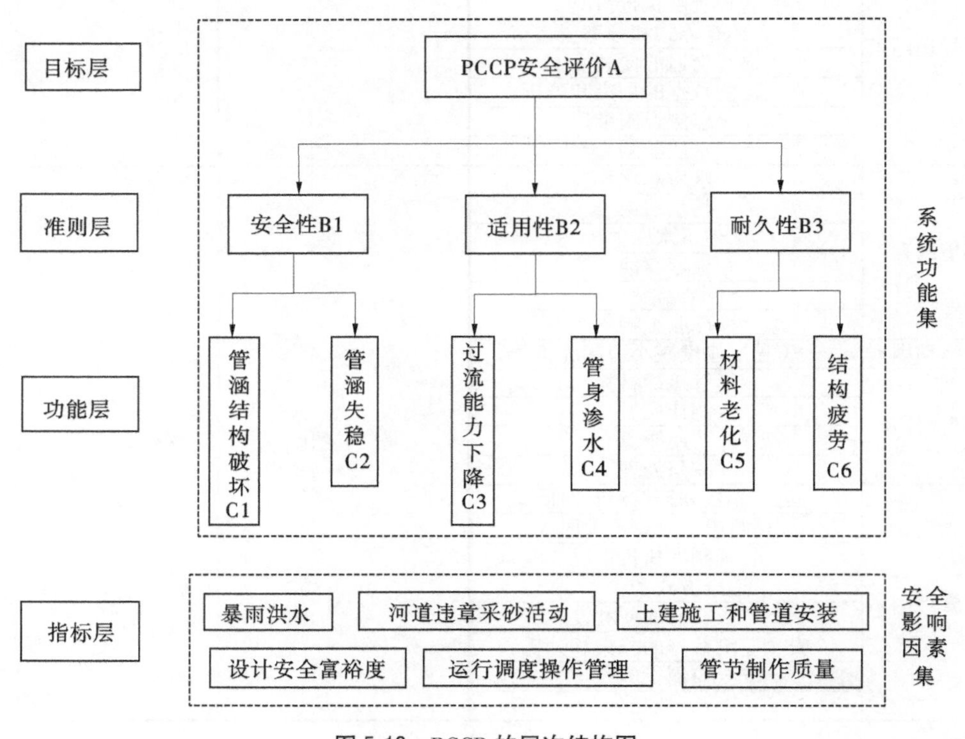

图 5-10 PCCP 的层次结构图

5.3.2 权重系数确定

准则层、功能层及指标层的权重系数均主要采用专家调查法确定，由专家对所列指标通过重要程度的两两比较，逐层进行判断评分，利用计算判断矩阵的特征向量确定下层指标对上层指标的贡献程度或权重，从而得到最基层指标对总体目标的重要性权重排序。

参与调查的专家由国内从事调水建筑物研究工作的知名专家、高校教授、工程建设管理单位及现场管理专业人员等组成，共约 40 人。

对各专家评分的判断矩阵进行权重计算后，经统计分析，得出 PCCP 层次结构的权重系数(见表 5-4)。

表 5-4　PCCP 层次结构的权重系数

准则层	准则层权重	功能层	功能层权重
安全性	0.65	管涵结构破坏	0.8
		管涵失稳	0.2
适用性	0.20	过流能力下降	0.40
		管身渗水	0.60
耐久性	0.15	材料老化	0.65
		结构疲劳	0.35

穿越河流 PCCP 各安全评价指标的权重见表 5-5。

表 5-5　穿越河流 PCCP 各安全评价指标的权重

功能层	权重系数					
	自然因素	人为活动因素	内部自身因素			运行管理因素
	暴雨洪水	河道违章采砂活动	设计安全富裕度	管节制作质量	土建施工和管道安装	运行调度操作管理
管涵结构破坏	0.06	0.06	0.334	0.334	0.151	0.06
管涵失稳	0.3	0.3	0.1	0.1	0.1	0.1
过流能力下降	0.06	0.06	0.334	0.334	0.151	0.06
管身渗水	0.056	0.056	0.278	0.278	0.278	0.056
材料老化	0.056	0.056	0.278	0.278	0.278	0.056
结构疲劳	0.048	0.048	0.265	0.265	0.265	0.109

5.3.3　安全影响因素发生可能性指数评判标准

为了便于对安全影响因素发生的可能性进行赋值，需针对各安全影响因素分别制定一套评判标准。安全影响因素可能性指数评判标准以现场实地调研为基础，参考各类参考文献，同时结合洪水隐患分析成果、调度运行隐患及突发公共事件隐患分析成果后，综合考虑确定(见表 5-6~表 5-10)。

表 5-6　暴雨洪水可能性指数评判标准

定性描述	可能性指数	判断依据
极高、频繁发生	(4,5]	1. 汇水范围增大,河道地形变化较大,有道路、塘堰坝等阻塞河道的现象,对行洪影响较大; 2. 建筑物或渠段所处汇水区的同一标准洪峰流量或抗冲刷深度经复核后增大 50%以上; 3. 发生暴雨洪水对建筑物影响严重
高、可能发生	(3,4]	1. 汇水范围增大,河道地形变化较大,有道路、塘堰坝等阻塞河道的现象,对行洪影响较大; 2. 建筑物或渠段所处汇水区的同一标准洪峰流量或抗冲刷深度经复核后增大 30%~50%; 3. 发生暴雨洪水对建筑物影响大
中、偶然发生	(2,3]	1. 汇水范围略微增大,河道地形有变化,有道路、塘堰坝等阻塞河道的现象,但高度较低,对行洪影响较小; 2. 建筑物或渠段所处汇水区的同一标准洪峰流量或抗冲刷深度经复核后增大 10%~30%; 3. 发生暴雨洪水对建筑物影响比较大
低、难以发生	(1,2]	1. 汇水范围基本无变化,河道地形基本无变化,交叉断面以上河道稳定,无土堆、建筑物、垃圾等阻塞河道; 2. 建筑物或渠段所处汇水区的同一标准洪峰流量或抗冲刷深度经复核后基本无变化; 3. 发生暴雨洪水对建筑物影响小
极低、几乎不可能发生	(0,1]	1. 汇水范围缩小,交叉断面以上河道整治后行洪能力有利,无土堆、建筑物、垃圾等阻塞河道; 2. 建筑物或渠段所处汇水区的同一标准洪峰流量或抗冲刷深度经复核后减小; 3. 发生暴雨洪水对建筑物影响小

表 5-7　河道违章采砂活动可能性指数评判标准

定性描述	可能性指数	判断依据
极高、频繁发生	(4,5]	1. 采砂活动外侧边缘顶距离输水中心线 0~40 m,且采砂坑深度大于或等于 0.1 m; 2. 采砂活动外侧边缘顶距离输水中心线 40~80 m,且采砂坑深度大于或等于 1 m
高、可能发生	(3,4]	采砂活动外侧边缘顶距离输水中心线 40~80 m,且采砂坑深度 0.5~1 m
中、偶然发生	(2,3]	采砂活动外侧边缘顶距离输水中心线 40~80 m,且采砂坑深度 0.2~0.5 m
低、难以发生	(1,2]	采砂活动外侧边缘顶距离输水中心线 40~80 m,且采砂坑深度小于或等于 0.2 m
极低、几乎不可能发生	(0,1]	采砂活动外侧边缘顶距离输水中心线大于或等于 80 m

表 5-8　PCCP 埋管的活动可能性指数评判标准

定性描述	可能性指数	判断依据
极高、频繁发生	(4,5]	1. 管线布置 (1)在输水管道运行中,在各种设计工况下管道出现负压。 (2)管道顶覆土厚度不大于 0.6~2 m,且不满足抗冻要求。 (3)在压力管道高点、局部高点,平缓管段每 3~4 km 设一处排气阀门井。 (4)在管道分段低点宜设排空阀门井。 (5)在管道平面拐弯和竖向拐弯处设镇墩。 2. 结构设计 (1)管芯混凝土强度等级小于或等于 C40,保护层砂浆的抗压强度标准值小于或等于 45 MPa,制造钢筒用薄钢板厚度小于或等于 1.5 mm,预应力钢丝直径小于或等于 5 mm。 (2)埋置式管 PCCPE 不满足工作极限状态设计准则和弹性极限状态设计准则。 (3)管道抗浮稳定安全系数为 0.8~0.9;抗滑稳定安全系数为 1.2~1.3,采用限制性接头连接多节管道时为 0.8~0.9;管道、镇墩及阀井等建筑物基底应力满足相关规范要求。 (4)防腐涂层、阴极保护不按照相关规范要求设计。 (5)界桩、量水堰等附属设施基本满足设计规范要求。 (6)镇墩抗滑稳定系数为 1.0~1.1,镇墩基底应力为 1.1~1.2 倍的地基承载力
高、可能发生	(3,4]	1. 管线布置 (1)在输水管道运行中,在多数设计工况下管道出现负压。 (2)管道顶覆土厚度不大于 0.6~2 m,且不满足抗冻要求。 (3)在压力管道高点、局部高点,平缓管段每 2~3 km 设一处排气阀门井。 (4)在管道分段低点宜设排空阀门井。 (5)在管道平面拐弯和竖向拐弯处设镇墩。 2. 结构设计 (1)管芯混凝土强度等级小于或等于 C40,保护层砂浆的抗压强度标准值小于或等于 45 MPa,制造钢筒用薄钢板厚度小于或等于 1.5 mm,预应力钢丝直径小于或等于 5 mm。 (2)埋置式管 PCCPE 不满足工作极限状态设计准则和弹性极限状态设计准则。 (3)管道抗浮稳定安全系数为 0.9~1.0;抗滑稳定安全系数为 1.3~1.4,采用限制性接头连接多节管道时为 0.9~1.0;管道、镇墩及阀井等建筑物基底应力满足相关规范要求。 (4)防腐涂层、阴极保护不按照相关规范要求设计。 (5)界桩、量水堰等附属设施基本满足设计规范要求。 (6)镇墩抗滑稳定系数为 1.1~1.2,镇墩基底应力为 1.05~1.1 倍的地基承载力

续表 5-8

定性描述	可能性指数	判断依据
中、偶然发生	(2,3]	1. 管线布置 (1)在输水管道运行中,在少数设计工况下管道出现负压。 (2)管道顶覆土厚度小于 0.6~2 m,且不满足抗冻要求。 (3)在压力管道高点、局部高点,平缓管段每 1~2 km 设一处排气阀门井。 (4)在管道分段低点宜设排空阀门井。 (5)在管道平面拐弯和竖向拐弯处设镇墩。 2. 结构设计 (1)管芯混凝土强度等级小于或等于 C40,保护层砂浆的抗压强度标准值小于或等于 45 MPa,制造钢筒用薄钢板厚度小于或等于 1.5 mm,预应力钢丝直径小于或等于 5 mm。 (2)埋置式管 PCCPE 基本不满足工作极限状态设计准则和弹性极限状态设计准则。 (3)管道抗浮稳定安全系数为 1.0~1.1;抗滑稳定安全系数为 1.4~1.5,采用限制性接头连接多节管道时为 1.0~1.1;管道、镇墩及阀井等建筑物基底应力满足相关规范要求。 (4)防腐涂层、阴极保护不按照相关规范要求设计。 (5)界桩、量水堰等附属设施基本满足设计规范要求。 (6)镇墩抗滑稳定系数为 1.2~1.5,镇墩基底应力为 1~1.05 倍的地基承载力
低、难以发生	(1,2]	1. 管线布置 (1)在输水管道运行中,在各种设计工况下管道出现负压,在最不利运行条件下,压力管道顶部大于或等于 2 m 的压力水头。 (2)管道顶覆土厚度不大于 0.6~2 m,并满足抗冻要求。 (3)在压力管道高点、局部高点,平缓管段每 500~1 000 m 设一处排气阀门井。 (4)在管道分段低点宜设排空阀门井。 (5)在管道平面拐弯和竖向拐弯处设镇墩。 2. 结构设计 (1)管芯混凝土强度等级不大于 C40~C55,保护层砂浆的抗压强度标准值小于或等于 45 MPa,制造钢筒用薄钢板厚度为 1.5~2 mm,预应力钢丝直径为 5~7 mm。 (2)埋置式管 PCCPE 满足工作极限状态设计准则和弹性极限状态设计准则。 (3)管道抗浮稳定安全系数为 1.1~1.2;抗滑稳定安全系数为 1.5~1.65,采用限制性接头连接多节管道时为 1.1~1.2;管道、镇墩及阀井等建筑物基底应力满足相关规范要求。 (4)管道吊装、运输和安装工况下正截面和斜截面复核均满足相关规范要求。 (5)防腐涂层、阴极保护均按照相关规范要求设计。 (6)界桩、量水堰等附属设施满足设计规范要求。 (7)镇墩抗滑稳定系数为 1.5~2,镇墩基底应力为地基承载力的 90%至 1 倍的地基承载力

续表 5-8

定性描述	可能性指数	判断依据
极低、几乎不可能发生	(0,1]	1.管线布置 (1)在输水管道运行中,在各种设计工况下管道内压超过0.02 MPa。 (2)管道顶覆土厚度大于2 m,并满足抗冻要求。 (3)在压力管道高点、局部高点,平缓管段每300~500 m设一处排气阀门井。 (4)在管道分段低点宜设排空阀门井。 (5)在管道平面拐弯和竖向拐弯处设镇墩。 2.结构设计 (1)管芯混凝土强度等级大于或等于C60,保护层砂浆的抗压强度标准值大于或等于50 MPa,制造钢筒用薄钢板厚度大于或等于2 mm,预应力钢丝直径大于或等于7 mm。 (2)埋置式管PCCPE满足工作极限状态设计准则和弹性极限状态设计准则。 (3)管道抗浮稳定安全系数大于或等于1.2;抗滑稳定安全系数大于或等于1.65,采用限制性接头连接多节管道时大于或等于1.2;管道、镇墩及阀井等建筑物基底应力满足相关规范要求。 (4)管道吊装、运输和安装工况下正截面和斜截面复核均满足相关规范要求。 (5)防腐涂层、阴极保护均按照相关规范要求设计。 (6)界桩、量水堰等附属设施满足设计规范要求。 (7)镇墩抗滑稳定系数大于或等于2,镇墩基底应力为地基承载力的90%

表5-9 土建施工和管道安装的可能性指数评判标准

定性描述	可能性指数	判断依据
极高、频繁发生	(4,5]	(1)管道基坑开挖轮廓线误差不符合规范要求,地基处理措施不合适。 (2)管道安装后基坑回填不符合相关规范要求,回填土压实度为75%~80%;压力管道敷设水平轴线偏差100~200 mm,管底高程允许偏差±(100~200)mm。 (3)镇墩混凝土原材料和钢筋原材料检测不合格。强度等级、抗渗等级、抗冻等级检测结果不满足设计要求。 (4)水压试验不符合相关规范要求,管道水压试验的试验长度为5~20 km;管道闭水试验的试验长度为20~50个连续井段,水压试验不合格。 (5)管道冲洗和消毒不符合相关规范要求。 (6)管道阴极保护安装不符合相关规范要求。 (7)监测设备完好率为55%~65%。 (8)单位工程质量验收评定为不合格。 (9)施工缺陷非常多,验收前,仍然有大量施工缺陷。 (10)施工和监理单位验收自检报告大量不规范,档案资料大量不齐全

续表 5-9

定性描述	可能性指数	判断依据
高、可能发生	(3,4]	(1)管道基坑开挖轮廓线误差基本不符合相关规范要求,地基处理措施基本不合适。 (2)管道安装后基坑回填不符合相关规范要求,回填土压实度为80%~85%;压力管道敷设水平轴线偏差为50~100 mm,管底高程允许偏差为±(50~100)mm。 (3)镇墩混凝土原材料和钢筋原材料检测基本不合格。强度等级、抗渗等级、抗冻等级检测结果基本不满足设计要求。 (4)水压试验基本不符合相关规范要求,管道水压试验的试验长度为5~20 km;管道闭水试验的试验长度为20~50个连续井段,水压试验基本不合格。 (5)管道冲洗和消毒基本不符合相关规范要求。 (6)管道阴极保护安装基本不符合相关规范要求。 (7)监测设备完好率为65%~75%。 (8)单位工程质量验收评定为基本合格。 (9)施工缺陷多,验收前,仍然有较多施工缺陷。 (10)施工和监理单位验收自检报告较多不规范,档案资料较多不齐全
中、偶然发生	(2,3]	(1)管道基坑开挖轮廓线误差基本符合相关规范要求,地基处理措施基本合适。 (2)管道安装后基坑回填不符合相关规范要求,回填土压实度为85%~90%;压力管道敷设水平轴线偏差为30~50 mm,管底高程允许偏差为±(30~50)mm。 (3)镇墩混凝土原材料和钢筋原材料检测基本合格。强度等级、抗渗等级、抗冻等级检测结果基本满足设计要求。 (4)水压试验基本符合相关规范要求,管道水压试验的试验长度为1~5 km;管道闭水试验的试验长度为5~20个连续井段,水压试验基本合格。 (5)管道冲洗和消毒基本符合相关规范要求。 (6)管道阴极保护安装基本符合相关规范要求。 (7)监测设备完好率为75%~85%。 (8)单位工程质量验收评定为合格。 (9)施工缺陷较多,验收前,仍然有较少施工缺陷。 (10)施工和监理单位验收自检报告较少不规范,档案资料基本不齐全

续表 5-9

定性描述	可能性指数	判断依据
低、难以发生	(1,2]	(1)管道基坑开挖轮廓线误差符合相关规范要求,地基处理措施合适。 (2)管道安装后基坑回填不符合相关规范要求,回填土压实度为90%~95%;压力管道敷设水平轴线偏差为10~30 mm,管底高程允许偏差为±(10~30)mm。 (3)镇墩混凝土原材料和钢筋原材料检测合格。强度等级、抗渗等级、抗冻等级检测结果均满足设计要求。 (4)水压试验基本符合相关规范要求,管道水压试验的试验长度为0.5~1.0 km;管道闭水试验的试验长度为3~5个连续井段,水压试验合格。 (5)管道冲洗和消毒符合相关规范要求。 (6)管道阴极保护安装符合相关规范要求。 (7)监测设备完好率为85%~95%。 (8)单位工程质量验收评定为合格。 (9)施工缺陷较少,验收前,仍然有施工缺陷。 (10)施工和监理单位验收自检报告基本规范,档案资料基本齐全
极低、几乎不可能发生	(0,1]	(1)管道基坑开挖轮廓线误差符合相关规范要求,地基处理措施合适。 (2)管道安装后基坑回填不符合相关规范要求,回填土压实度为95%~100%;压力管道敷设水平轴线偏差为0~10 mm,管底高程允许偏差为±(0~10)mm。 (3)镇墩混凝土原材料和钢筋原材料检测合格。强度等级、抗渗等级、抗冻等级检测结果均满足设计要求。 (4)水压试验基本符合相关规范要求,管道水压试验的试验长度为0~0.5 km;管道闭水试验的试验长度为1~3个连续井段,水压试验合格。 (5)管道冲洗和消毒符合相关规范要求。 (6)管道阴极保护安装符合相关规范要求。 (7)监测设备完好率为95%~100%。 (8)单位工程质量验收评定为优良。 (9)施工缺陷少,验收前,施工缺陷已经处理合格。 (10)施工和监理单位验收自检报告规范,档案资料齐全

表 5-10　运行管理可能性指数评判标准

定性描述	可能性指数	判断依据
极高、频繁发生	(4,5]	1. 运行管理水平差,调度失误频繁,执行力差,无应急抢险预案,人员管理素质风险高; 2. 调度运行设备、设施落后,备用设备严重不足; 3. 抢险交通、设施、能力严重不足
高、可能发生	(3,4]	1. 运行管理水平较差,调度失误较频繁,执行力较差,应急抢险预案不完善,人员管理素质风险较高; 2. 调度运行设备、设施落后,备用设备不足; 3. 抢险交通、设施、能力不足
中、偶然发生	(2,3]	1. 运行管理水平一般,调度失误较少,执行力一般,应急抢险预案相对完善,人员管理素质风险中等; 2. 调度运行设备、设施一般,备用设备略有不足; 3. 抢险交通、设施、能力基本满足
低、难以发生	(1,2]	1. 运行管理水平较高,调度失误少,执行力较强,有较完善的应急抢险预案,人员管理素质风险较低; 2. 调度运行设备、设施较先进,备用设备充足; 3. 抢险交通、设施较完善
极低、几乎不可能发生	(0,1]	1. 运行管理水平高,无调度失误,执行力强,有完善的应急抢险预案,人员管理素质风险低; 2. 调度运行设备、设施先进,备用设备完善; 3. 抢险交通便利、设施完善

5.4　PCCP 及压力箱涵运行期安全影响的主要因素及次要因素

从表 5-5 中可以看出,内部自身因素占的权重最大,远远超过其他安全影响因素所占权重,因此确定 PCCP 及压力箱涵的主要安全影响因素是内部自身因素。另外,自然因素、人为因素、运行管理因素所占权重较低,属于次要安全影响因素。

由于 PCCP 管道结构较为复杂,在设计、制造、检查、安装方面可能会出现各种缺陷。PCCP 结构的设计不充分,使用的标准要求不符合工程实际状态,如使用较低强度的钢丝、砂浆保护层太薄或钢筒厚度太小;设计荷载选择不当,如选择不当的设计工作荷载和瞬时荷载,不合理的土荷载和活荷载。另外,对于环境腐蚀有要求的 PCCP,保护设计不恰当也会存在设计上的缺陷。制造过程中使用不恰当的材料,不恰当焊接等制造过程,对管道进行不恰当的标注和不恰当的质量控制;基础和回填不充分(尤其是岩石地基);错误的管道安装(如在高压力区安装低等级的管道);运输时保护层的损坏,处理时保护层的摩擦或压缩、冲击损坏等;限制接头的不恰当安装。这些方面都可能会导致 PCCP 及压力箱涵出现各种隐患,影响其安全运行。因此,内部自身因素对 PCCP 及压力箱涵的影响最大。

通过上述分析,PCCP 及压力箱涵安全影响因素权重排序的横向对比与实际情况较吻合,说明了安全影响因素权重系数的合理性,也论证了专家打分成果的合理性。

5.5　应用案例

选用南水北调中线工程大宁管理处的某穿越河流 PCCP 为例,对其进行安全评价(见图 5-11)。

图 5-11　2006 年南水北调中线干线穿大石河段输水路线施工

5.5.1　安全影响因素可能性指数选取

5.5.1.1　暴雨洪水

PCCP 穿越大石河设计洪水标准采用 100 年一遇($P=1\%$),校核洪水标准采用 300 年一遇($P=0.33\%$),按照暴雨洪水隐患可能性发生概率评判标准,本工程暴雨洪水发生可能性指数取 1.8。大石河的洪水冲刷深度成果详见表 5-11。

表 5-11　大石河的洪水冲刷深度成果

洪水频率(%)	洪峰流量(m^3/s)	设计洪水位(m)	冲刷深度(m)	冲刷线底部高程(m)	规划河底高度(m)	冲刷线位于河底以下深度(m)
$P=1$	4 140	62.87	7.32	55.55	58.77	3.22
$P=0.33$	5 880	63.36	7.95	55.41	58.77	3.36

5.5.1.2　河道违章采砂活动

2012 年 7 月 21 日北京特大暴雨之前,河道两岸被各种农家乐、砂石厂、鱼塘、围堰等违建挤占。“7·21”特大暴雨洪水冲毁河堤,冲上河岸,冲毁 PCCP 顶部浆砌石防护。从 2012 年冬天开始,房山区启动对大石河的治理,修复破损堤防,清除河道淤积物,拆除阻水建筑物,提高河道行洪标准,通过 2012~2014 年大石河河道整治,河道违章采砂活动发生可能性指数降为 1.5。

5.5.1.3　设计安全富裕度

1. 水力设计安全富裕度发生可能性指数

当大宁水位 61.50 m 时，加大流量 $Q_m = 60\ m^3/s$，管道桩号 HD30+000 处最大工作内压为 31.34 m 水头，管道桩号 HD37+980 处最大工作内压为 18.61 m 水头，通过内插得出工程起点管道桩号 HD34+742 最大工作内压为 24.21 m 水头，即 6.25 MPa，最大瞬时内压为 7~10 m 水头，即 0.07~0.1 MPa，水力过渡过程下最大水头为 40 m，即 0.4 MPa。本工程工作内压设计值为 0.6 MPa，大于实际最大工作内压 0.25 MPa，工作内压富裕度达到 0.35 MPa；瞬时内压设计值为 0.276 MPa，大于实际最大瞬时内压 0.1 MPa，瞬时内压富裕度达到 0.176 MPa；设计内压设计值为 0.876 MPa，水压试验内压设计值为 0.9 MPa，均大于实际最大内压 0.4 MPa，设计内压和水压试验内压值富裕度达到 0.476~0.5 MPa。

综合以上设计流量和内压，按照水力设计安全富裕度隐患可能性指数评估标准，本工程水力设计安全富裕度发生可能性指数取 1.9。

2. 结构设计安全富裕度发生可能性系数

结构设计安全富裕度发生可能性指数取 1.9。

3. 设计安全富裕度发生可能性指数

水力设计安全富裕度和结构设计安全富裕度的权重相同，即 $WET = \{0.5, 0.5\}$，计算得到设计安全富裕度发生可能性指数为 1.9。

5.5.1.4　管节制作质量

本工程 PCCP 管道为山东电力管道工程公司制造；监造单位为山西黄河水利工程咨询有限公司和山西北龙工程监理有限公司联合体。本工程 PCCP 管道制作质量的发生可能性指数取 3.0。

5.5.1.5　土建施工和管道安装

本段工程由中铁十六局集团有限公司施工，由北京燕波工程管理有限公司监理，本工程穿越河流 PCCP 土建施工和管道安装的发生可能性指数取 1.7。

5.5.1.6　运行调度操作管理

南水北调中线工程大宁管理处的调度操作管理的发生可能性指数为 1.653。

PCCP 及压力箱涵安全影响因素发生可能性指数见表 5-12。

表 5-12　PCCP 及压力箱涵安全影响因素发生可能性指数

安全影响因素分类	安全影响因素	发生可能性指数
自然因素	暴雨洪水	1.8
人为活动因素	河道违章采砂活动	1.5
内部自身因素	设计安全富裕度	1.9
	管节制作质量	3.0
	土建施工和管道安装	1.7
运行管理因素	运行调度操作管理	1.653

5.5.2　隐患事件可能性计算

根据以上成果,得出本工程主要隐患和工程综合隐患可能性指数,见表5-13。

表5-13　主要隐患和工程综合隐患可能性指数

<table>
<tr><th>综合隐患</th><th>综合隐患指数</th><th>准则层</th><th>准则层指数</th><th>功能层</th><th>主要隐患可能性指数</th></tr>
<tr><td rowspan="8">穿越河流的PCCP管段的隐患</td><td rowspan="8">2.089</td><td rowspan="4">安全性</td><td rowspan="4">2.072</td><td>管身破裂失效</td><td>2.192</td></tr>
<tr><td>接缝变形失效</td><td>1.969</td></tr>
<tr><td>管节整体错位变形失稳</td><td>1.815</td></tr>
<tr><td>镇墩变形失稳</td><td>1.815</td></tr>
<tr><td rowspan="2">适用性</td><td rowspan="2">2.142</td><td>过水能力下降</td><td>2.192</td></tr>
<tr><td>管身渗水</td><td>2.109</td></tr>
<tr><td rowspan="2">耐久性</td><td rowspan="2">2.101</td><td>材料老化</td><td>2.109</td></tr>
<tr><td>结构疲劳</td><td>2.087</td></tr>
</table>

5.5.3　安全评价结论

综合考虑各种因素,并比照发生可能性评估标准表,确定出某穿越河流PCCP各安全影响因素的发生可能性指数,得到某穿越河流PCCP的主要安全影响因素是内部自身因素,次要安全影响因素是自然因素、人为活动因素和运行管理因素。

根据安全影响因素的发生可能性和安全影响因素对功能层权重的单排序,计算出主要隐患发生可能性。其中,管身破裂失效的发生可能性等级最高,为2.192;其次为过水能力下降,发生可能性等级为2.192。因此,得出某穿越河流PCCP的主要隐患是管身破裂失效和过水能力下降。

本章根据某穿越河流PCCP的实际运行情况,应用层次分析法研究成果,对某穿越河流PCCP的安全性进行了评价分析,分析结果表明,层次分析法和专家打分法均能较为客观地分析某穿越河流PCCP的安全性态,为PCCP安全评价提供了方法和思路,可以推广应用到类似的工程。

第 6 章　高填方渠道运行期安全影响因素及安全评价

6.1　高填方渠道主要隐患

6.1.1　国内高填方渠道主要隐患

我国大多数渠道工程是在 20 世纪兴建的，由于设计、施工和维护等方面的不足，大多存在不同程度的隐患。通过对国内调水工程中高填方渠道进行调研，统计分析了国内部分高填方渠道隐患实例，见表 6-1。

表 6-1　国内部分高填方渠道隐患实例

序号	名称	等级	位置	尺寸	气候条件	流量(m^3/s)	主要隐患
1	景电灌区渠道	3	横跨甘肃、内蒙古两省(区)．白银、武威、内蒙古阿拉善盟市	总干渠 2 条，长 120.02 km，干渠 4 条，长 52.38 km	四季分明，日照充足，夏无酷暑，冬无严寒	28.6	衬砌遭到冻胀、盐碱破坏，整体老化破损
2	芳草湖西干渠西九支	5	新疆维吾尔自治区昌吉州呼图壁河下游	长 5.31 m	冬季寒冷、夏季炎热、昼夜温差大	1.2	预制混凝土板鼓起、边坡混凝土板整体滑坡
3	芳草湖西干渠西十一支	5	新疆维吾尔自治区昌吉州呼图壁河下游	长 3.93 m	冬季寒冷、夏季炎热、昼夜温差大	2.5	预制混凝土板鼓起、边坡混凝土板整体滑坡
4	麦积区渭惠渠渠道	5	渭惠渠渠道枢纽工程一处	干渠总长度 32.5 km，改建干渠 19.5 km	年平均气温为 11 ℃	2.0	渠道板面塌陷、倾斜、漏水、渗水
5	沈家岭电灌工程衬砌渠道	5	兰州市七里河区沈家岭	渠道长 6.75 km，总扬程 802.5 m	夏无酷暑，冬无严寒	0.526	衬砌混凝土预制板大部分遭到冻胀，整体老化破损

续表 6-1

序号	名称	等级	位置	尺寸	气候条件	流量 (m^3/s)	主要隐患
6	武川分干渠		甘肃省引大入秦工程	全长 25.363 km	年平均气温为 5.9 ℃，年均降水量为 290 mm	2.78~4.2	弧底梯形剥蚀、冻胀破坏严重，两边坡出现不同程度的沉陷
7	玛纳斯河西调渠	3	位于莫索湾灌区	全长 17.05 km，设计纵坡为 1/110~1/39	冬季长而严寒，夏季短而炎热	45	渠底及边坡出现磨蚀破坏
8	洛惠渠灌区渠道	4	渭南市洛惠渠	总长 131.96 km，有大小弯道 215 处，弯曲角度为 90°~150°	四季分明，光照充足，雨量适宜	10	渠道渗漏严重，部分渠段存在整体塌陷
9	东风渠	3	引都江堰水灌溉成都东南一带丘陵地区	全长 283.1 km，支渠 19 条，斗渠 130 条	四季分明，夏无酷暑，冬无严寒	80	渠底冲刷严重
10	新疆某大型渠道	3	新疆北部，渠线穿越准噶尔盆地的西北边缘地带	全长 217 km	气温温差较大，日照时间充足，降水量少，气候干燥	55	渠道封顶板向上拱起并折断；衬砌板与渠封顶板间出现塌陷变形
11	小开河灌区衬砌渠道	3	山东省北部，黄河下游左岸黄河三角洲腹地	输沙渠土渠及渠道衬砌 51.3 km，输水渠 36.0 km	多年平均气温 12.7 ℃，降水量 564.8 mm	60	下游渠道，衬砌段混凝土板破坏现象严重
12	靖会灌区渠道	4	白银市东南部靖远之南	灌区建成总干渠 1 条，干渠 5 条	四季分明，日照充足，夏无酷暑，冬无严寒	12	风沙侵蚀、盐碱化侵蚀等日趋严重

续表 6-1

序号	名称	等级	位置	尺寸	气候条件	流量 (m^3/s)	主要隐患
13	张掖市甘州区灌区渠道		甘肃省河西走廊中部		干旱少雨，且降水分布不均，昼夜温差大		部分板面出现不同程度纵横裂纹
14	引大入秦工程黑武分干渠渠道	3	甘肃省	全长 44.887 km，由渠道、隧洞、渡槽等组成	干旱少雨，且降水分布不均，昼夜温差大	32	渠基土的湿陷变形问题和渠基冻胀问题
15	陕甘宁盐环定扬黄工程渠道	4	宁夏	输水干渠 123.8 km	四季分明，春天暖得快，秋天凉得早	11	渠坡滑塌、混凝土板衬砌下滑，衬砌结构破坏
16	秦安县东坪灌区渠道		秦岭以北，甘肃省东南部，天水市北部	总干渠 1 条，干渠 3 条，建成支渠 31 条，斗渠 52 条	气候温和，日照充足，降水较少，干旱频繁		现浇混凝土底板断裂及混凝土预制块边坡拱起变形
17	鸳鸯桥电站渠道		松潘县	电站引水渠道总长 1 873.9 m	湿润多雨、四季分明		底板张裂，侧墙位移，坍塌破坏
18	讷河市灌排渠道		黑龙江省西北部				渠道建筑物产生严重破坏
19	石堡川灌区衬砌渠道		渭南市石堡川水库	干渠 1 条，长度为 48.5 km	四季分明，光照充足，雨量适宜		鼓胀与裂缝，整体上抬
20	宁夏引黄灌区渠道		宁夏	共有支、斗渠 17 026 条，长 14 671 km	四季分明，春天暖得快，秋天凉得早		裂缝、位移、断裂、隆起架空、滑塌、整体上抬

续表 6-1

序号	名称	等级	位置	尺寸	气候条件	流量(m^3/s)	主要隐患
21	黑龙江中部引嫩工程渠道		嫩江中游左岸的松嫩平原腹地		年平均气温较低，无霜期短，雨热同季		渠道冻融侵蚀强烈
22	张掖大满灌区渠道		甘肃省西部，河西走廊中段		干旱少雨，且降水分布不均，昼夜温差大		老化失修，渗漏损失大
23	汾河灌区渠道		山西省汾河灌区	不同形式的衬砌渠道总长已有 120 km	四季分明，雨热同期		隆起和塌陷破坏
24	石羊河流域渠道		武威市凉州区		四季分明，冬寒夏暑，气温日、年变化大		混凝土面板破裂、翘起、滑落，严重的渠道边坡塌陷
25	音河灌区渠道		黑龙江省甘南县境内	上设现浇混凝土板，尺寸为 50 cm×80 cm×10 cm，护砌高度为 1.71 m	四季冷暖干湿分明		护坡板在分缝处拱起
26	固海扬水渠道		宁夏引黄灌区		四季分明		预制混凝土板护面防渗渠和现浇混凝土板护面防渗渠受到冻胀的破坏
27	肇兰新河渠道	3	肇东市和呼兰县境内	上游缓，下游比较陡，地面比降为 1/8 000~1/2 000		39	渠道边坡多处存在严重的坍塌现象
28	三工河灌区渠道		新疆阜康市的西南部		四季分明，光照充足，热量丰富		频繁地发生冻胀破坏

续表 6-1

序号	名称	等级	位置	尺寸	气候条件	流量(m^3/s)	主要隐患
29	马营河灌区混凝土渠道		河西走廊中部		寒冷、四季不分明、雨量集中、带有明显的垂直分带性		混凝土现浇板面整体位移;渠道混凝土冻胀裂缝
30	昭苏县混凝土防渗渠道		新疆西北边陲	已建干渠及总干渠 24 条,总长 212.58 km	没有明显的四季之分,只有冷暖之别		衬砌板裂缝、隆起、架空、滑坡等冻害
31	孔雀河灌区渠道		新疆巴音郭楞蒙古自治州中部		光热资源丰富,温差大,降雨少,蒸发强烈		渠道冻胀破坏
32	叶河灌区渠道		新疆喀什莎车县	有总干渠 8 条,总长 4 689 km	四季分明,气候干燥,日照长		细石混凝土填缝处产生裂缝
33	高台县渠道		河西走廊中部,黑河下游		冬季漫长寒冷,夏季炎热多风,昼夜温差大		渠道冻胀破坏
34	洼脑水电站渠道		西昌市境内安宁河干流	渠底宽 6.0 m,渠道边坡采用 1:1.25	雨量充沛、降雨集中,日照充足、光热资源丰富		引水渠道黄水湾段发生垮塌
35	咸惠渠灌区渠道		陇县曹家湾镇咸宜河南岸的二级台塬阶地上	灌区内布设输水干、支渠 6 条,总长 30 km	暖温带大陆性季风气候区		渠道混凝土裂缝、破裂、塌陷
36	金沟河灌区总干渠渠道		新疆塔城地区沙湾县境内	渠道由南到北,长 37.4 km	大陆性中温带干旱气候		混凝土冻胀非常严重,渠道混凝土板基本上全部断裂破碎

对渠道案例进行分析总结后，得出渠道的主要隐患有冲刷、裂缝、滑坡、淤积，其主要表现形式如表 6-2 所示。此外，除上述典型隐患外，还有冻胀、渗漏、洪毁、沉陷、蚁害等问题。

表 6-2　渠道典型隐患及表现形式

典型隐患名称	表现形式
冲刷	狭窄的渠道、有转弯和陡坡的地段发生渠道冲刷
裂缝	渠道表面混凝土出现裂缝
滑坡	斜坡上的土体顺坡向下滑动
淤积	坡水入渠挟带大量泥沙，堵塞渠道

进一步对工程实例中隐患类型进行统计分析后，以 36 例工程实例为样本，出现冲刷的案例有 8 个，出现裂缝的案例有 15 个，出现滑坡的案例有 8 个，出现淤积的案例有 5 个。具体分布情况如图 6-1 和图 6-2 所示。

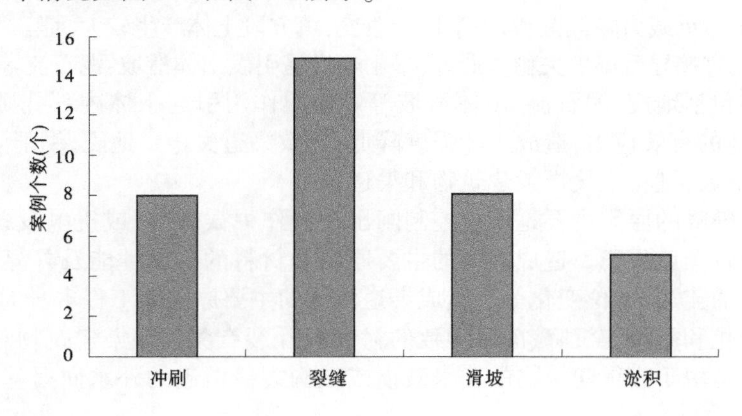

图 6-1　渠道隐患频率分布

6.1.2　南水北调工程高填方渠道主要隐患

对南水北调工程 PCCP 及压力箱涵进行调研，总结出高填方的主要隐患有渠坡失稳、渠基变形、渠堤漫顶、过流断面减小、水头损失加大、材料老化、结构损伤等。进一步对工程实例中主要隐患进行统计分析后，以大量工程实例为样本，得出高填方渠道主要隐患比例分布如图 6-3 所示。

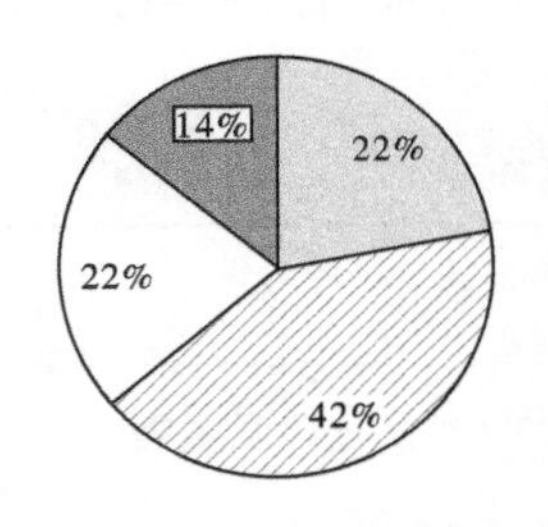

图 6-2 渠道典型隐患比例分布情况

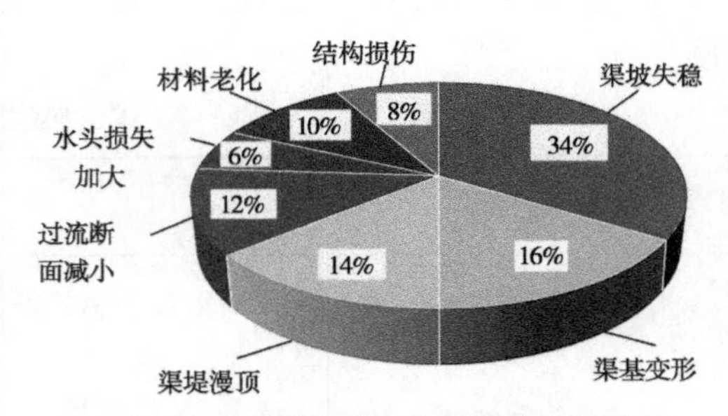

图 6-3 高填方渠道主要隐患比例分布

6.1.2.1 渠坡失稳

高填方和重点填方渠段渠坡失稳包括渠道内坡和外坡的失稳,其隐患主要指滑坡、管涌两类失稳模式。造成渠道滑坡的原因主要有暴雨洪水、地震、渠道水位骤降、冻害、跨渠桥梁伸缩缝、排水管渗漏造成的集中冲刷等。造成管涌的原因主要有渠道渗漏、穿渠建筑物与渠道之间的接触渗漏等。此外,跨渠、穿渠建筑物的失稳也会造成渠坡失稳。

中国气象规定,24 h 降水量为 50 mm 或以上的强降雨称为暴雨。强降雨将直接对内外渠坡造成雨水冲刷,影响渠坡稳定,同时,暴雨可能产生的洪水对填方土体的浸泡和冲刷,将使填方土体承载力降低,土料力学性能改变,填方段土体产生较大沉陷,并且水流对边坡的冲刷,可能直接导致渠坡失稳。此外,暴雨也容易引发山体滑坡、泥石流等地质灾害。

地质灾害包括地震、泥石流、山体滑坡等。地震作用引起土体内部孔隙水压力的上升,降低了土体的有效应力,造成土体强度降低,导致渠道失稳。地震、暴雨洪水等引发的泥石流、山体滑坡,则将直接损毁建筑物和渠道。

渠道水位骤降的原因主要是渠道控制闸出现操作失误、闸门或机电设备故障引起的非稳定渗流导致渠坡失稳。造成冻害的主要原因是材料的抗冻性能及外界气温变化,还有渠道内水流的流速、水位变化等。造成渠道渗漏的主要原因除工程本身的质量外,还与防渗材料的老化和不均匀沉降、冻胀导致的衬砌板开裂有关。穿渠建筑物和渠道之间的接触渗漏主要是由于穿渠建筑物的止水破损或结构裂缝引起的外水向渠基渗漏,造成渠坡管涌破坏。

6.1.2.2 渠基变形

导致渠基变形的主要因素有渠基不均匀沉降、冻胀引起的基础上抬、渗漏引起的管涌破坏,穿渠建筑物的不均匀沉降、渗漏和失稳,暴雨洪水造成的渠基冲刷,以及地震、地质缺陷等引起的地质灾害等。

6.1.2.3 渠堤漫顶

渠堤漫顶的失事模式主要有内水外溢、外水内溢两类。内水外溢主要是由暴雨、冰害淤堵渠道、控制闸出现操作失误、闸门或机电设备故障等导致渠道内水位暴涨,造成漫顶。导致外水内溢的主要原因有暴雨洪水、产汇流变化、水位流量关系变化造成的超标准洪水位,以及穿渠建筑物由于管涵淤堵或下游出流条件不畅导致的外水向渠道内溢流的漫顶事件。此外,由于地震、暴雨冲刷、洪水浸泡坡脚、地质缺陷,渠堤填筑质量等引起的渠堤沉陷也会导致渠堤漫顶。

6.1.2.4　过流断面减小

导致渠道过流断面减小的安全影响因素主要有渠基、渠坡变形、冰害和沙尘造成的渠道淤积等。

6.1.2.5　水头损失加大

南水北调中线总干渠主要采取自流形式,沿线的水头损失对渠道的过流能力影响较大。影响渠道水头损失的安全影响因素主要有沿程糙率的增大、沿线阻水设施数量增加导致局部水头损失增大,同时过流断面减小也会增大水头损失。造成沿程糙率增大的因素主要有混凝土衬砌的浇筑质量、表层混凝土剥蚀、藻类繁殖等。造成渠内藻类繁殖的因素包括光照、水温、水质和水流流速、流量等环境因素和管理因素。造成表层混凝土剥蚀的主要原因有表层混凝土质量差,在大气作用下混凝土产生风化或剥落,表层混凝土碳化,酸性介质侵蚀作用,冻融作用使表层混凝土疏松脱落等。

6.1.2.6　材料老化、损伤

渠道衬砌混凝土、土工膜、保温板等材料的老化和损伤均会影响工程耐久性,其影响因素除材料内在原因(如材料本身特性和施工质量使其组成、构造、性能发生变化)外,还有长期受到使用条件及各种自然因素的作用,这些作用可概括为以下四个方面:物理作用、化学作用、荷载作用、生物作用。

(1)物理作用包括环境温度、湿度的交替变化,即冷热、干湿、冻融等循环作用。材料在经受这些作用后,将发生膨胀、收缩或产生内应力,长期的反复作用,将使材料渐遭破坏。

(2)化学作用包括大气和环境水中的酸、碱、盐等溶液或其他有害物质对材料的侵蚀作用及日光、紫外线等对材料的作用。

(3)荷载作用主要指由于设计条件变化引起的荷载变化,导致材料的疲劳、冲击、磨损、磨耗等。

(4)生物作用包括菌类、昆虫等的侵害作用,导致材料发生腐朽、虫蛀等而破坏。

6.2　安全影响因素及分类

渠坡失稳的安全影响因素鱼刺图如图6-4所示。从图6-4中可见,引起渠坡失稳的安全影响因素有18项,经过对上述安全影响因素筛选和梳理,得出渠坡失稳的主要安全影响因素为暴雨洪水、渠道渗漏、穿渠建筑物接触渗漏、渠道水位骤降。

渠基变形的安全影响因素鱼刺图如图6-5所示。从图中6-5可见,引起渠基变形的安全影响因素有18项,经过对上述安全影响因素筛选和梳理,得出渠基变形的主要安全影响因素为渠道渗漏、不均匀沉降。

渠堤漫顶的安全影响因素鱼刺图如图6-6所示。从图6-6中可见,引起渠堤漫顶的安全影响因素有15项,经过对上述安全影响因素筛选和梳理,得出高填方渠段渠堤漫顶的主要失事模式为内水外溢,主要安全影响因素为闸门故障、机电设备故障、冰害。

过流断面减小的安全影响因素鱼刺图如图6-7所示。经过对上述安全影响因素筛选和梳理,得出过流断面减小的主要安全影响因素为沙尘天气、冰害。

水头损失加大的安全影响因素鱼刺图如图6-8所示。经过对上述安全影响因素筛选和梳理,得出水头损失加大的主要安全影响因素为藻类繁殖、阻水设施增加。

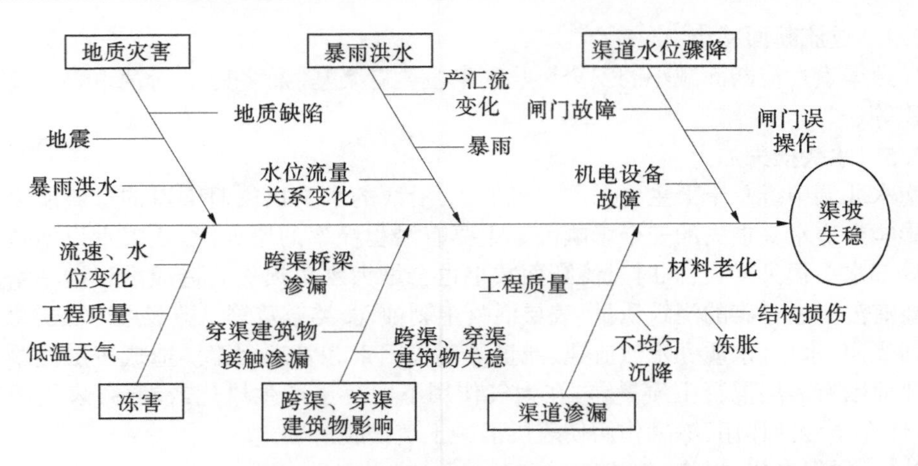

图 6-4　渠坡失稳的安全影响因素鱼刺图

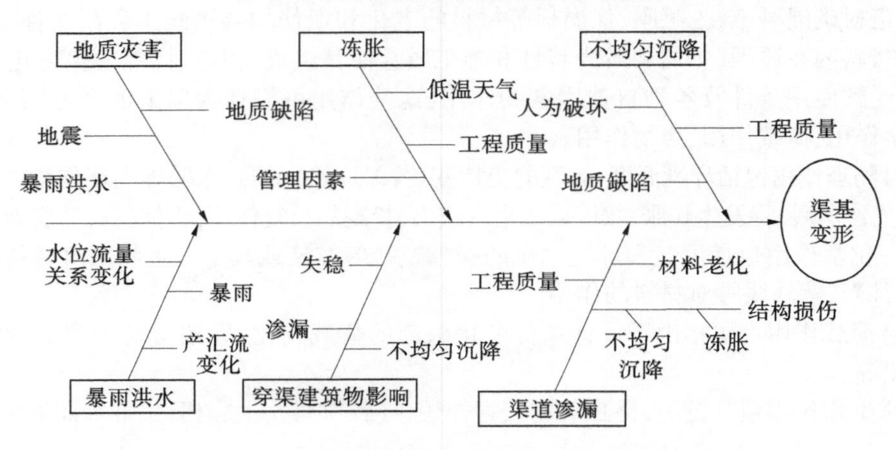

图 6-5　渠基变形的安全影响因素鱼刺图

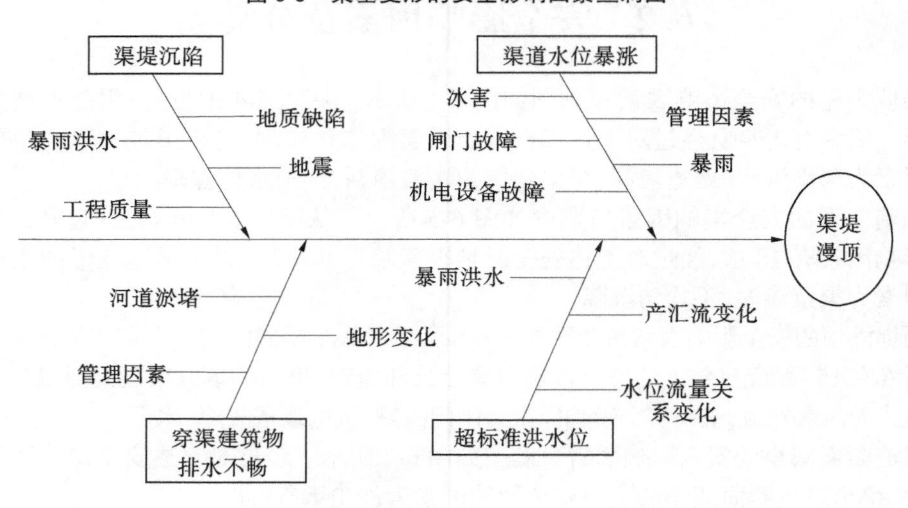

图 6-6　渠堤漫顶的安全影响因素鱼刺图

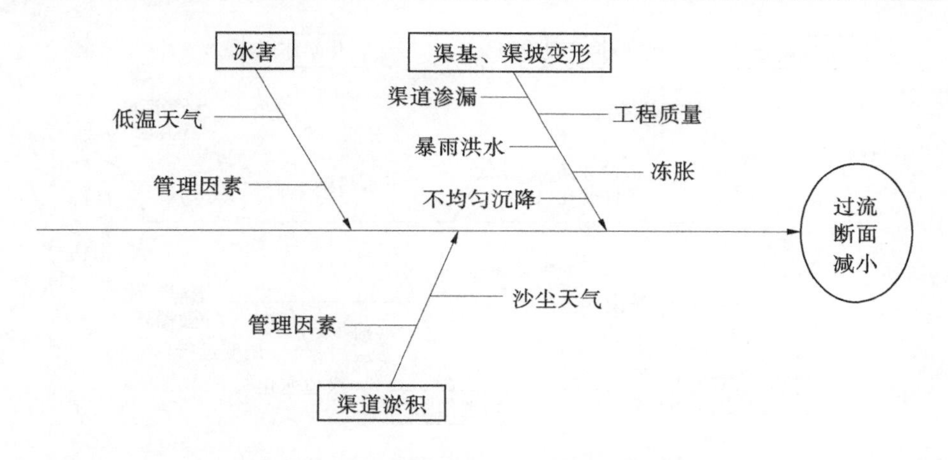

图6-7 过流断面减小的安全影响因素鱼刺图

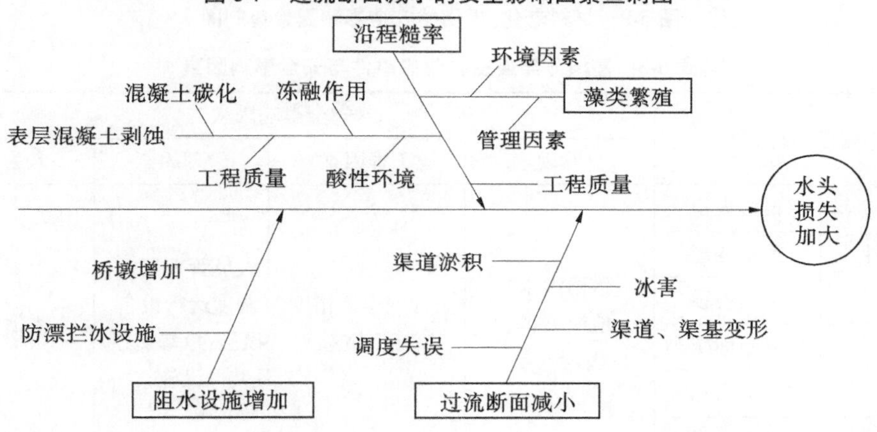

图6-8 水头损失加大的安全影响因素鱼刺图

材料老化、损伤的安全影响因素鱼刺图如图6-9所示。从图6-9中可见，引起材料老化、损伤的安全影响因素有10项，经过对上述安全影响因素筛选和梳理，得出主要安全影响因素为干湿、冻融循环和设计条件变化。

工程安全影响因素是指能导致隐患事件的自然灾害、工程自身缺陷、人类活动、其他偶然事件等诱发隐患事件的因素。安全影响因素分为四类：自然因素、工程因素、管理因素和人为因素。

(1)自然因素，包括暴雨洪水，地震、泥石流、山体滑坡等地质灾害，低温冻融、高温暴晒、雷击、沙尘天气、环境污染等极端气象。

(2)工程因素，包括工程布置、设计安全富裕度、建筑材料性能、施工质量等引起的隐患。

(3)管理因素，包括人员管理素质，调度运行设备、设施，抢险交通、设施等。

(4)人为因素，是指外部人类活动影响带来的隐患，如保护范围内违规堆土、取土、挖塘、打井等因人类活动影响导致设计条件的改变。

高填方渠道主要隐患事件与安全影响因素见表6-3。

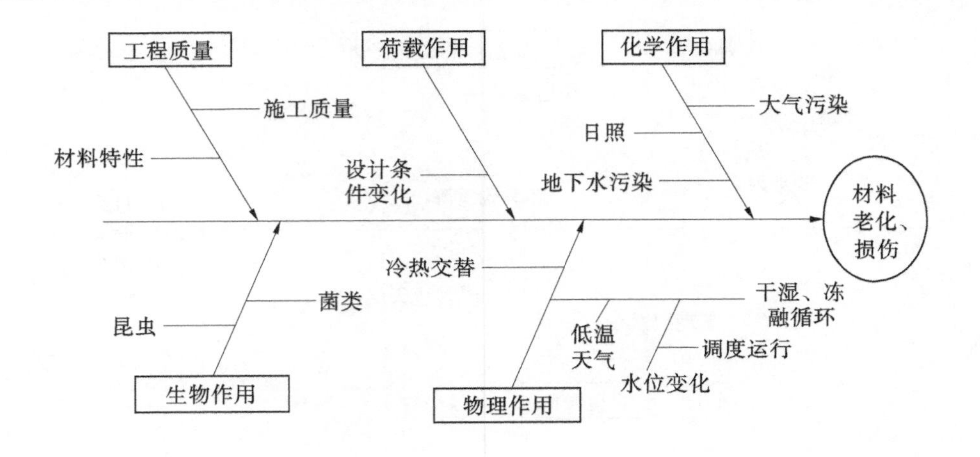

图 6-9　材料老化、损伤的安全影响因素鱼刺图

表 6-3　高填方渠道主要隐患事件与安全影响因素

隐患事件		安全影响因素			
		自然因素	工程因素	管理因素	人为因素
安全性	渠坡失稳	暴雨洪水、地质灾害、极端气象	设计安全富裕度、施工质量	人员管理素质，调度运行设备、设施，抢修交通、设施	人类活动影响
	渠基变形				
	渠堤漫顶				
适用性	过流断面减小				
	水头损失加大				
耐久性	材料老化、损伤				

在分析总结高填方渠道主要隐患的安全影响因素的基础上，结合大量工程实例，对高填方渠道安全影响因素进行统计性分析，统计结果如图 6-10 所示。

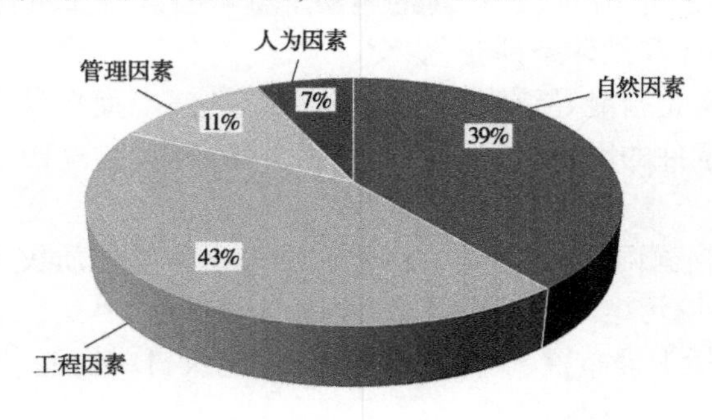

图 6-10　高填方渠道安全影响因素比例分布

6.3　安全评价指标体系及评价方法

6.3.1　层次结构图

高填方渠段的工程隐患采用层次分析法进行评估,建立层次结构图,确定目标层为三级单元隐患评估,并分别从安全性、适用性和耐久性三个方面考虑,即为层次结构的准则层。准则层下面再构建具体的功能层,安全性包括渠坡失稳、地基变形、渠堤漫顶;适用性包括过流断面、水头损失;耐久性包括材料老化、结构损伤。各类建筑物的层次结构图见图 6-11。

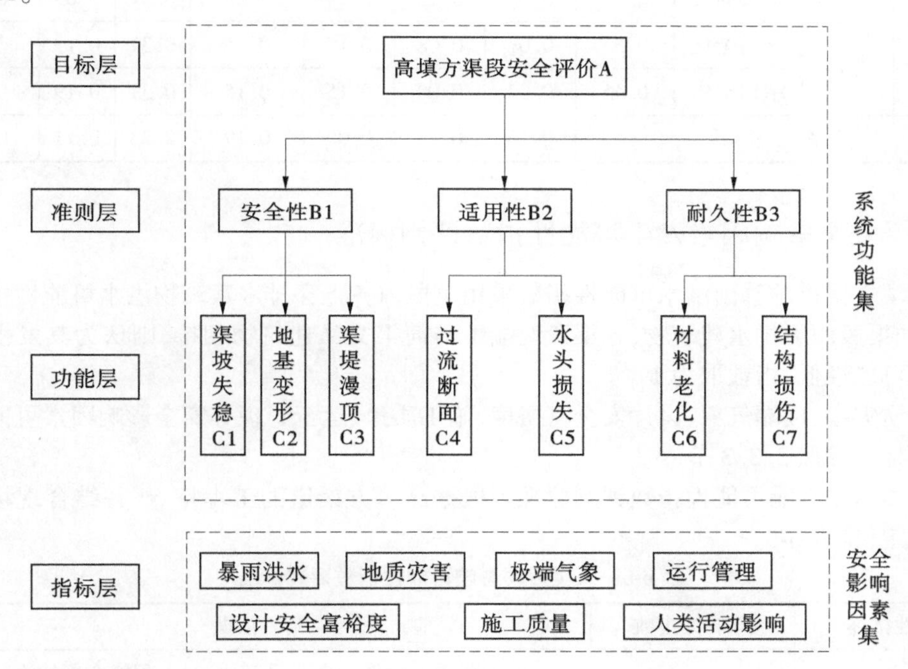

图 6-11　高填方渠道层次结构图

6.3.2　权重系数确定

准则层、功能层及指标层的权重系数均主要采用专家调查法确定,由专家对所列指标通过重要程度的两两比较,逐层进行判断评分,利用计算判断矩阵的特征向量确定下层指标对上层指标的贡献程度或权重,从而得到最基层指标对总体目标的重要性权重排序。

参与调查的专家由国内从事调水建筑物研究工作的知名专家、高校教授、工程建设管理单位及现场管理专业人员等组成,共约 40 人。

对各专家评分的判断矩阵进行权重计算后,经统计分析,得出高填方渠道层次结构的权重系数(见表 6-4)。

表 6-4 高填方渠道层次结构的权重系数

系统功能				安全影响因素						
准则层	准则层权重	功能层	功能层权重	暴雨洪水	地质灾害	极端气象	设计安全富裕度	施工质量	运行管理	人类活动影响
安全性	0.64	渠坡失稳	0.48	0.21	0.19	0.07	0.15	0.23	0.08	0.06
		地基变形	0.28	0.17	0.20	0.03	0.19	0.25	0.06	0.11
		渠堤漫顶	0.24	0.25	0.14	0.04	0.26	0.10	0.14	0.07
适用性	0.19	过流断面	0.61	0.05	0.16	0.08	0.25	0.19	0.14	0.14
		水头损失	0.39	0.05	0.13	0.14	0.23	0.31	0.09	0.05
耐久性	0.17	材料老化	0.55	0.07	0.08	0.15	0.15	0.31	0.19	0.04
		结构损伤	0.45	0.07	0.08	0.15	0.15	0.31	0.19	0.04
总排序				0.16	0.16	0.08	0.19	0.23	0.11	0.08

6.3.3 安全影响因素发生可能性指数评判标准

高填方渠道的暴雨洪水可能性指数采用渠段内各下穿排水建筑物洪水可能性中的最大值,如渠段内无排水建筑物,且渠段两端不与河渠交叉建筑物相接,则认为其发生暴雨洪水的可能性低,指数取为1。

地质灾害、极端气象、设计安全富裕度、施工质量、运行管理等安全影响因素可能性指数评判标准参照3.3.3节。

人类活动影响可能性指数评判标准则根据高填方渠道的工程特点,并结合现场调研情况制定,见表6-5。

表 6-5 人类活动影响可能性指数评判标准

定性描述	可能性指数	判断依据
极高、频繁发生	(4,5]	1. 保护范围内地形发生明显变化,对工程安全影响大; 2. 工程区地质条件发生明显变化,对工程安全影响大; 3. 保护范围内有大型违建设施,对工程安全影响大; 4. 保护范围内有大规模易燃易爆设施,对工程安全影响大; 5. 渠道内有大量阻水建筑物,对渠道安全及过流能力影响大
高、可能发生	(3,4]	1. 保护范围内地形发生变化,对工程安全影响较大; 2. 工程区地质条件发生变化,对工程安全影响较大; 3. 保护范围内有违建设施,对工程安全影响较大; 4. 保护范围内有易燃易爆设施,对工程安全影响较大; 5. 渠道内有阻水建筑物,对渠道安全及过流能力影响较大

续表 6-5

定性描述	可能性指数	判断依据
中、偶然发生	(2,3]	1. 保护范围内地形发生变化较小,对工程安全影响不大; 2. 工程区地质条件发生变化较小,对工程安全影响较小; 3. 保护范围内有小规模违建设施,对工程安全影响较小; 4. 保护范围内有小型易燃易爆设施,对工程安全影响较小; 5. 渠道内有阻水建筑物,对渠道安全及过流能力影响较小
低、难以发生	(1,2]	1. 保护范围内地形发生变化较小,对工程安全基本无影响; 2. 工程区地质条件发生变化较小,对工程安全基本无影响; 3. 保护范围内有个别违建设施,对工程安全基本无影响; 4. 保护范围内基本无易燃易爆设施; 5. 渠道内有少量阻水建筑物,对渠道安全及过流能力基本无影响
极低、几乎不可能发生	(0,1]	1. 保护范围内地形未发生变化; 2. 工程区地质条件几乎未发生变化; 3. 保护范围内无违建设施; 4. 保护范围内无易燃易爆设施; 5. 渠道内无阻水建筑物

6.4　高填方渠道运行期安全影响的主要因素及次要因素

从表6-4中可以看出,施工质量占的权重最大,为0.23;其次为设计安全富裕度,所占权重为0.19;暴雨洪水和地质灾害的权重为0.16,位于第三位。因此,确定高填方渠道的主要安全影响因素是施工质量、设计安全富裕度、暴雨洪水、地质灾害。另外,人类活动影响、运行管理、极端气象所占权重较低,属于次要安全影响因素。

由于渠道工程一般处于较为复杂的环境中,一旦渠道工程施工质量不过关,极易造成渠道冲刷和渠道滑坡。渠道冲刷主要发生在狭窄处、转弯段及陡坡段,这些渠段水流不平顺且流速较大,往往造成渠道的冲刷。具体原因主要是设计不合理、施工质量差等。渠道滑坡是渠道的严重病害之一,危害严重,有的甚至无法修复。土渠内坡易垮塌,特别是渠道弯道的凹岸部位内坡发生垮塌的较多;挖方段滑坡坍塌多,特别是深挖方渠道,以及高边坡和上部弃土压重大的垮塌多;土渠填方段外坡滑坡多;衬砌施工质量差,或未衬砌的渠道常会发生坍塌。因此,施工质量对高填方渠道的影响最大。

通过上述分析,高填方渠道安全影响因素权重排序的横向对比与实际情况较吻合,说明了安全影响因素权重系数的合理性,也论证了专家打分成果的合理性。

6.5　应用案例

南水北调中线工程 HN01058 高填方渠道位于河南段叶县,起点桩号:K210+130,终点桩号 K212+350,长度 2 220 m,填高 9.3~16 m。澧河渡槽出口高填方渠道范围内有排水涵洞 1 座(见图 6-12)。

图 6-12　HN01058 高填方渠道平面图

根据相关统计资料,在工程运行期间,曾出现以下问题:

(1)桩号 K211+840 处,即大楼庄生产桥下游约 30 m,右岸填方段渠坡衬砌板隆起 2 块。

(2)小月台东沟左岸排水涵洞进口处渠道外坡脚渗水。

(3)澧河渡槽出口段左岸桩号 K210+130 外坡脚约 4 m^2 范围存在洇湿现象。

(4)桩号 K210+130~K211+750 范围内的运行维护道路的沥青路面裂缝,2015 年 12 月所灌注的沥青脱落。

(5)桩号 K211+800~K211+832 范围内的大楼庄桥下左岸高填方渠道水面以上 8 块内坡衬砌板整体拱起,长约 32 m,上游侧抬高 2~3 cm,下游侧抬高 7~8 cm。

(6)运维道路出现裂缝,桩号面 K210+422、K210+640、K211+443 断面右岸坡面测斜管数据显示渠堤有向外侧偏移趋势。2016年7月至2018年8月,累积向外偏移分别22 mm、28 mm、18 mm,目前数据显示未明显收敛;文集西沟排水涵洞进出口渠顶防浪墙测点的沉降量超限。

(7)文庄村东公路桥右岸下游侧三角区及一级马道部位的沉降量超限。

(8)2015年9月9日,工程巡查过程中,发现桩号K210+230~K211+700范围内右岸的沥青路面出现多处裂缝破损。目前,衬砌板隆起部位已采取临时压覆措施,并加密观测,采用乳化沥青灌缝,列入工程巡查重点部位。

6.5.1　安全影响因素发生可能性分析

6.5.1.1　暴雨洪水

根据洪水隐患分析成果,本段高填方渠道位于文集西沟及小月台东沟汇水范围内,隐患事件为“交叉建筑物排水能力不足,干渠段漫顶”。本段高填方渠道遭遇洪水隐患的可能性等级为2及3,见表6-6。比照暴雨洪水发生可能性评估标准表,认为此段高填方渠道未来发生洪水隐患的可能性为中等,发生可能性指数取为3.0。

表6-6　HN01058高填方渠道洪水隐患等级(Ⅲ标成果)

编号	河流名称	汇流面积(km^2)	建筑物桩号	汇水范围桩号		洪水隐患发生可能性等级
				起点桩号	终点桩号	
HN01017	文集西沟	6.65	K211+009	K209+680	K211+609	2
HN01018	小月台东沟	1.8	K212+828	K211+609	K213+828	3

6.5.1.2　地质灾害

根据《南水北调中线工程沿线设计地震动参数区划报告》和50年超越概率10%水平地震动峰值加速度区划图(比例尺为1:100万),本渠段地震动峰值加速度小于0.05g,地震动反应谱特征周期0.35 s,地震基本烈度小于Ⅵ度(见图6-13)。

HN01058高填方渠道桩号K210+130~K210+291内0.161 km地基为砂性土,桩号K210+291~K212+211内1.92 km地基为黏性土。

综合考虑以上各因素,比照地质灾害发生可能性评估标准表,判断区域未来发生破坏性地震的可能性较低,发生可能性指数取为1.5。

6.5.1.3　极端气象

比照极端气象发生可能性评估标准表,判断区域出现极端气象的可能性较低,发生可能性指数取为1.5。

6.5.1.4　设计安全富裕度

根据南水北调中线干线工程建设管理局关于贯彻管理范围划分,HN01058高填方渠道位于河南段叶县管理处管理范围,填高9.3~16 m。澧河渡槽出口高填方渠道范围内有排水涵洞1座。

下面根据时间先后顺序,分析各报告中的设计资料,并最终得出设计安全富裕度发生可能性指数:

图 6-13　HN01058 高填方渠道地震烈度示意图

(1)2010 年南水北调中线干线总干渠初步设计报告。

①高填方渠道结构设计。

HN01058 高填方渠道位于河南段叶县管理处管理范围,起点桩号:K210+130,终点桩号 K212+350,长度 2 220 m,填高 10~17 m。

渠堤堤身采用金包银,渠堤外包 1 m 厚的 5%水泥改性土,里面采用弱膨胀土进行填筑。

堤身内外坡比均为 1:2,渠道防渗体系为衬砌板下面铺设复合土工膜。

渠堤在填筑前对基础进行了原土翻压,翻压厚度不小于 0.5 m,压实度为 0.98。

弱膨胀土填筑渠道断面结构根据填高确定,当填高小于或等于 2 m 时,全部用改性土填筑;当填高大于 2 m 时,其表层用 1.0 m 厚的改性土保护,中间用弱膨胀土填筑。填筑断面如图 6-14、图 6-15 所示。

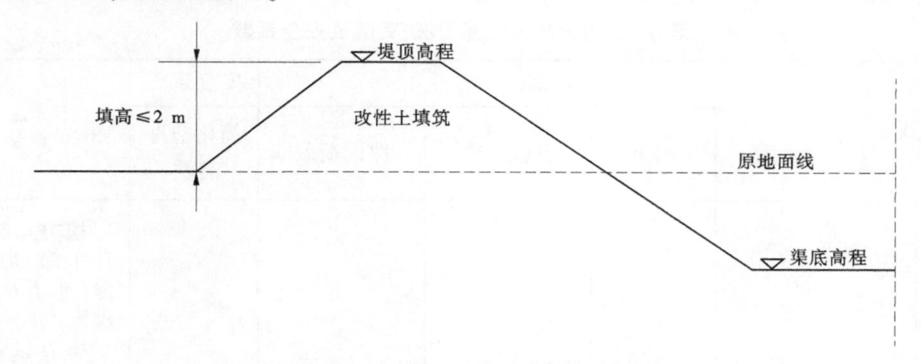

图 6-14　改性土填筑渠道断面示意图

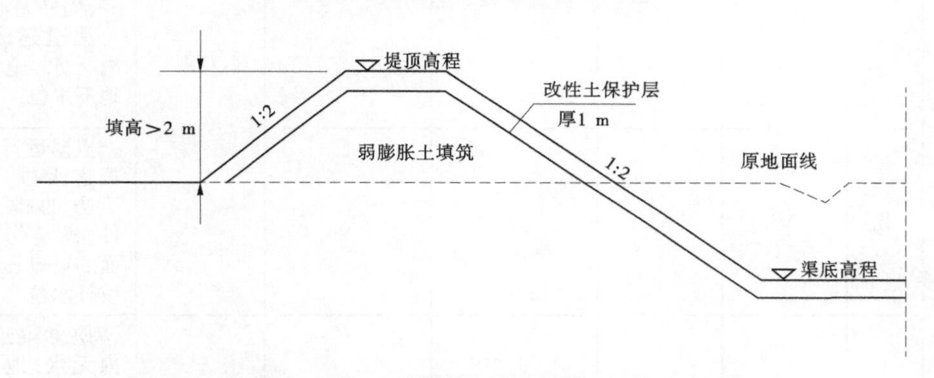

图 6-15　弱膨胀土填筑渠道断面示意图

②采用基础资料。

设计采用柳树王土料场的土料填筑,各土料场土岩物理力学指标见表 6-7,采用弱膨胀土填筑时物理力学指标见表 6-8。

表 6-7　柳树王土料场填筑土料物理力学指标

最大干重度 γ_{max}(kN/m³)	最优含水率 (%)	渗透系数 (cm/s)	压缩系数 (MPa^{-1})	压缩模量 (MPa)	压实后饱固结快剪建议值	
					c(kPa)	φ(°)
17.1	18.5	9.3×10^{-4}	0.359	4.79	19.4	17

表 6-8　弱膨胀土填筑渠道物理力学指标

土层	湿重度(kN/m³)	饱和重度(kN/m³)	凝聚力(kN/m²)	内摩擦角(°)
弱膨胀填筑土	18.5	21	20	17

③边坡稳定计算。

渠道边坡稳定具体计算程序采用中国水利水电科学院编制的"土质边坡稳定分析程序"(STAB2008)。渠道边坡稳定分析采用简化毕肖普圆弧滑动法计算,并根据边坡土层地质结构分别采用瑞典法、隐式传递系数法、陆军工程师团法三种边坡稳定分析计算方法进行了圆弧滑动面、折线滑动面的抗滑稳定复核。

边坡稳定计算工况、荷载及安全系数见表6-9。

表6-9　边坡稳定计算工况、荷载及安全系数

<table>
<tr><th colspan="2" rowspan="2">工况</th><th colspan="4">荷载</th><th>安全系数</th><th rowspan="2">说明</th></tr>
<tr><th>土重</th><th>水重</th><th>孔隙压力</th><th>路面荷载</th><th>简化毕肖普法</th></tr>
<tr><td rowspan="2">正常情况</td><td>Ⅰ</td><td>√</td><td>√</td><td>√</td><td>√</td><td rowspan="2">1.5</td><td>挖方渠道:设计水深、加大水深、地下水稳定渗流;
填方渠道:设计水深、加大水深、堤外无水;
渠道建成:渠内无水,施工期地下水位</td></tr>
<tr><td>Ⅱ</td><td>√</td><td>√</td><td>√</td><td>√</td><td>根据运行过程渠道水位、衬砌下方的排水条件,确定作用坡面的衬砌压力和坡外水位</td></tr>
<tr><td>非常情况</td><td>Ⅰ</td><td>√</td><td>√</td><td>√</td><td>√</td><td>1.3</td><td>挖方渠道:渠内无水,地下水稳定渗流;
填方渠道:渠内加大水深,堤外无水</td></tr>
</table>

(2)2013年4月,根据原国务院南水北调工程建设委员会办公室批复的《南水北调中线一期工程陶岔至鲁山段总干渠高填方渠段加强安全措施专题设计报告(修订稿)》,该段渠道左堤为洪水综合影响等级较高渠段,采取加强措施如下:

①堤顶增设防浪墙,渠道加大水面至防浪墙顶的高度为1.5 m;

②渠堤内坡及相应渠底复合土工膜调整为800 g/m^2;

③渠堤外坡增设水泥搅拌桩抗滑桩,水泥搅拌桩每组3~5根,每组间距3~3.5 m,桩长10~15 m。

本工程填方渠道渠堤外坡,在初步设计时要求在渠道正常运行工况下安全系数采用简化毕肖普法计算不小于1.5。采用水泥搅拌桩加固后,洪水综合影响等级高和较高渠段,正常运行工况下,渠堤外坡采用简化毕肖普法计算的安全系数,应分别不小于 1.75 和 1.6。

(3)2014 年 3 月,在施工过程中发现,水泥土搅拌桩穿过砂砾石或砾质土地层时,因砂砾石和砾质土地层经填方渠堤作用压实度提高,目前国内常用水泥土搅拌桩机械搅拌困难,水泥土搅拌桩无法施工,为此编制了《南水北调中线一期工程叶县段水泥土搅拌桩变更设计报告》,并得到南水北调中线干线工程建设管理局河南直管局的批复。

根据《南水北调中线一期工程叶县段水泥土搅拌桩变更设计报告》,设计标准按照批复的《南水北调中线一期工程陶岔至鲁山段总干渠高填方渠段加强安全措施专题设计报告(修订稿)》中所确定的设计标准,即采取处理方案后,洪水综合影响等级高和较高渠段,正常运行工况下,渠堤外坡采用简化毕肖普法计算的安全系数,应分别不小于 1.75 和 1.6。

根据《南水北调中线一期工程叶县段水泥土搅拌桩变更设计报告》,桩号 K210+130~K211+167 渠段左岸渠堤尚未施工水泥土搅拌桩抗滑桩的渠段,取消了水泥土搅拌桩抗滑桩,全段增设戗台提高渠堤安全;戗台顶面距堤顶 6 m,宽 5 m,戗台坡比 1:2。桩号 K211+699~K211+750 渠段左岸取消水泥土搅拌桩抗滑桩,增设戗台提高渠堤安全,戗台顶面距堤顶 6 m,宽 3 m,戗台坡比 1:2。

右堤为洪水综合影响等级低渠段,仅以防浪墙的形式将安全超高由 0.8 m 提高至 1 m。

(4)2017 年 8 月,长江勘测规划设计研究有限责任公司编制完成《南水北调中线一期工程总干渠叶县段桩号 K210+130~K211+750 段渠堤缺陷处理专题设计报告》,通过南水北调中线干线工程建设管理局审批,并实施。

(5)设计安全富裕度。

参考南水北调初步设计报告中的结构设计部分,主要取边坡稳定计算值作为评估依据,安全富裕度最小值由校核工况控制,设计值为 1.36,标准值为 1.3,满足规范要求。

采取处理方案后,洪水综合影响等级高和较高渠段,正常运行工程下,渠堤外坡采用简化毕肖普法计算的安全系数,均分别不小于 1.75 和 1.6。

此段渠道于 2013 年采取了加强安全措施,增加水泥搅拌桩等相关措施。在实施了部分水泥搅拌桩后,2014 年由于施工困难,将尚未施工渠段取消了水泥土搅拌桩抗滑桩,并全段增设戗台提高渠堤安全。

综合考虑高填方渠道的工程布置、采用的基础资料及设计参数准确性、结构设计安全富裕度几个方面,比照设计安全富裕度隐患发生可能性评估标准表,判断由于设计安全富裕度对此段高填方渠道正常运行产生影响的可能性较小,发生可能性指数 $P=1.5$,评估等级为较低。

6.5.1.5　施工质量

根据《南水北调中线叶县段 4 标高填方渠段堤身内部缺陷检测及分析报告》检测分析结果,堤顶存在新增裂缝。该 1.62 km 渠段内,堤顶共发现裂缝 334 条。其中,有 61 条是开槽处理过的,处理后新出现裂缝 273 条,多为原裂缝之外其他部位新产生的,也有一部分是原处理 61 条裂缝两端延长开裂的。新裂缝亦是沿渠堤轴线方向开展的,主要分布在渠堤路面中部,长度 1~16 m 不等,个别部位裂缝最大宽度达 5 cm,裂缝最大宽度出现在路面中部,未发现横向裂缝。裂缝在沿渠堤轴线方向,主要分布在桩号 K210+130~K210+690(长 560 m)和桩号 K211+170~K211+750(长 580 m)两段渠堤内,而桩号 K210+690~K211+170 段(长 480 m)内未发现裂缝。

在 2016 年 6 月至 2017 年 1 月的 6 个月内,该部位向渠堤外水平偏移量每月均有 1~2 mm 的偏移,未见收敛趋势,据此判别,堤顶裂缝仍在持续发展。

经过检查发现,该渠段外侧路肩处也存在隆起、裂缝、空洞等损坏现象,据统计共有 15 处。

比照施工质量隐患发生可能性评估标准表,判断由于施工质量对本渠段正常运行产生影响的可能性大,发生可能性指数 $P=4.0$,隐患率评估等级为高。

6.5.1.6 运行管理

运行管理隐患从人员管理素质及调度运行设备、设施的硬软件条件及抢险交通、设施、能力等三个方面进行分析。

根据调度运行隐患及突发公共事件隐患分析成果,叶县管理处发生火灾,运行调度指令错误,工程设备、设施破坏等与人员管理素质相关的隐患发生可能性中等,发生可能性指数 $P=2.5$;调度运行设备、设施硬软件故障的隐患发生可能性也为中等,发生可能性指数 $P=1.69$。

从抢险交通、设施、能力分析,此段高填方渠道交通便利,抢险设备、物资、人员运输较方便,抢险道路、设施、能力较完善,发生可能性指数 $P=2.0$。

以上三个方面发生可能性指数最大值为 2.5,比照运行管理隐患发生可能性评估标准表,判断运行管理对此段高填方渠道正常运行产生影响的可能性较低,发生可能性指数 $P=2.5$。

6.5.1.7 人类活动影响

从卫星影像图中可看出,地方经济建设发展迅速,周围人类活动频繁,比照人类活动影响隐患发生可能性评估标准表,判断人类活动影响对此段高填方渠道正常运行产生影响的可能性较低,发生可能性指数 $P=1.5$。

6.5.1.8 安全影响因素发生可能性指数

根据以上各安全影响因素的分析得到安全影响因素发生可能性指数,见表 6-10。

表 6-10 安全影响因素发生可能性指数

安全影响因素	发生可能性指数
暴雨洪水	3.0
地质灾害	1.5
极端气象	1.5
设计安全富裕度	1.5
施工质量	4.0
运行管理	2.5
人类活动影响	1.5

6.5.2　主要隐患发生可能性计算

HN01058 高填方渠道隐患事件包括渠坡失稳、地基变形、渠堤漫顶、过流断面、水头损失、材料老化和结构损伤。通过安全影响因素发生可能性和安全影响因素对功能层权重的单排序计算可得,主要隐患发生可能性见表 6-11。

表 6-11　主要隐患发生可能性

主要隐患	发生可能性等级 L 值
渠坡失稳	2.489
地基变形	2.442
渠堤漫顶	2.262
过流断面	2.173
水头损失	2.436
材料老化	2.575
结构损伤	2.575

6.5.3　安全评价结论

综合考虑各种因素,并比照发生可能性评估标准表,确定出南水北调中线工程 HN01058 高填方渠道各安全影响因素的发生可能性指数。其中,施工质量的发生可能性指数最大,为 4.0;其次为暴雨洪水,发生可能性指数为 3.0;运行管理的发生可能性指数为 2.5,位于第三位。因此,得出 HN01058 高填方渠道的主要安全影响因素是施工质量、暴雨洪水、运行管理。另外,人类活动影响、地质灾害、设计安全富裕度、极端气象发生可能性指数较低,属于次要安全影响因素。

根据安全影响因素发生可能性和安全影响因素对功能层权重的单排序计算出主要隐患发生可能性。其中,材料老化和结构损伤的发生可能性等级最高,为 2.575,故得出 HN01058 高填方渠道的主要隐患是材料老化和结构损伤。

本节根据 HN01058 高填方渠道的实际运行情况,应用层次分析法研究成果,对 HN01058 高填方渠道的安全性进行了评价分析,分析结果表明,层次分析法和专家打分法均能较为客观地分析 HN01058 高填方渠道的安全性态,为高填方渠道工程安全评价提供了方法和思路,可以推广应用到类似的工程。

第7章 泵站运行期安全影响因素及安全评价

由于输调水工程不同时段需求及一些不可避免发生的突发事件,泵站机组的调节比较频繁,不仅加大了零部件的磨损、动静部件的疲劳损坏,也缩短了泵站机组的寿命,严重者更会导致零部件的断裂、松脱,最终造成机组非事故停机,直接影响发电设备的运维计划及经济效益。因此,如何在准确获知泵站实际运行数据的基础上,构建机组在线监测、状态评价与故障诊断体系,精确识别机组健康状态、故障类型及其严重程度、变化趋势,提供高效合理的机组检修方案,为机组突发故障提供相应的决策建议,是急需解决的重大工程实际问题。

针对泵站故障,传统诊断推理方法需要专家通过手工诊断建模,故障特征选择的好坏是诊断精度的关键,而人工特征选取往往具有主观性,且不能够适应机组自身的情况,效果往往不能令人满意。近年来,深度学习方法通过多层无监督特征表达的方式取得了令人瞩目的成就,但在诊断应用中仍存在参数调整困难、学习时间长等问题。

7.1 泵站设备失效影响因素

通过大量机组失效案例和统计规律得出,机组健康度往往不是呈线性状态,而是分阶段逐步地性能退化,其健康度状态成“浴盆曲线”(见图7-1)。第一阶段是设备的早期失效期:这一阶段设备的故障多由制造缺陷、焊剂裂纹、缺陷部件、落后的工艺水平等因素引起,随着维修试验、质量控制、定期巡检等措施的开展,故障率逐渐降低,此阶段的失效率往往递减到一个稳定比例。第二阶段是设备的中期失效期:这一阶段设备的故障率接近比例常数,故障的发生多由环境、随机负荷、偶发事件等因素引起,失效率属于恒定型。第三阶段是设备的耗损失效期:在这一阶段,设备的失效多由疲劳、腐蚀、老化、摩擦、循环负荷等因素引起,故障率急剧增大,失效率属于递增型。

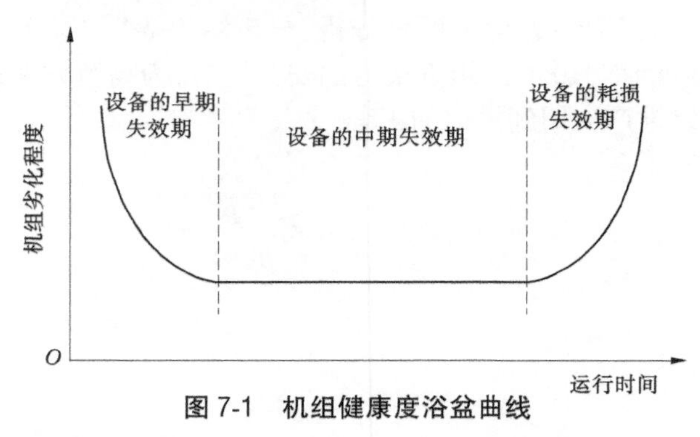

图7-1 机组健康度浴盆曲线

泵站设备稳定性健康度退化能及时反映机组状态,是开展机组状态指标分析的重中之重,稳定性与振动密切相关,泵站设备的振动原因非常复杂,主要有水力、机械、电气三大方面的原因。

7.1.1　水力因素

由于泵站设备在调水工程中的地位和承担的作用,不可避免地需要在非设计工况下运行,这会产生包括尾水管低频涡带、水泵水封间隙等产生的水力不平衡,蜗壳、导水叶和转轮水流不均引起的振动,压力管道中水力振动和卡门涡街引起的水泵机叶片和导叶振动等健康度退化问题,导致水泵机械过流表面的空蚀和磨损,以及主要部件的松动、变形和疲劳裂纹,从而引起机组的健康度退化失效。当机组出现水泵空蚀磨损严重、导叶卡阻、流道异物阻塞、过流部件脱落等故障时,机组出力和效率会明显下降。部件的松动、变形和疲劳裂纹主要是由水流的压力脉动和机械振动引起的,可通过监测流道的压力脉动、顶盖和水导轴承等部件的机械振动来判定其异常的发生。通过压力脉动及相关部位的振动等相关参数变化可判定机组是否存在由于水力因素引发的异常状态,分析预测水力因素影响导致的设备健康度退化变化的趋势。

7.1.2　机械因素

机组由于部件磨损、脱落、振动、冲击或长期运行老化等机械缺陷,会导致大轴扭转振动、转子的不平衡、不对中性能退化、大轴弯曲、机组转动部件和固定部件的摩擦、导轴承瓦间隙大、推力轴承的推力头松动和推力轴瓦不平等健康度退化问题。机组运行过程中受机械、水力和电气三方面因素的影响,在运行过程中出现振动、摆度、压力脉动幅值持续增大,或者出现异常频率成分、异常噪声等现象时,可判定机组运行状态出现异常。同时,轴承冷却油或冷却水中断、油循环不畅或油槽油位不够、轴瓦间隙变小、瓦面受力不佳、轴线弯曲或不对中、摆度过大等原因都会引起轴瓦温度升高从而导致事故。可以通过连续监测机组各个轴承的摆度、轴瓦温度的变化,机架的振动变化等综合判定机组运行状态是否正常,分析机组因机械因素导致的健康度退化状态。

7.1.3　电气因素

机组长期运行导致电动机转子圆度变化,气隙不匀、定子叠片存在波浪度及定子线棒的接线方式缺陷等,易引起机组铁芯和定子机座结构振动、温度升高,加速结构件老化,通过监测机组铁芯和定子机座结构的振动及温度,可以有效分析和评价机组因电气因素导致的健康度退化状态。

因此,项目重点从引发机组故障的上述三个主要因素入手,深入分析研究能够充分表征泵站设备健康度的关键监测参数,研究符合工程实际情况的泵站设备健康度分析评价技术和评价策略。

7.2　泵站设备健康评价关键参数原则

泵站设备关键指标选择的好坏直接决定健康度结果的正确与否。因此,必须通过深入的理论分析和工程应用，构建能够充分表征泵站设备健康评价的关键指标集。

泵站设备运行健康度状态直接反映在能量、稳定性和空蚀三大指标中，三大指标综合反映机组整体运行状态和设备状况，也反映泵站设备运行的固有特点。其中，泵站设备的能量指标主要包括扬程、流量、功率、效率等状态参数，表征着泵站设备能量性能的优良与否，也是泵站设备经济运行的重要指标。泵站设备稳定性指标主要包括轴系摆度、固定结构部件的振动、水力稳定参数、电磁振动等特性参数，直接反映机组的运行稳定性并影响着机组的安全运行。泵站设备空蚀指标表征着机组的空化性能，主要是指水泵过流部件的空化系数，反映泵站设备空化空蚀的产生和发展及对泵站设备的影响，是泵站设备过流中的特有参数。同时，由于计算机信息化的发展，泵站巡检系统、生产管理系统、监控系统中很多信息也对泵站设备的健康程度具有很好的表征能力，可以成为参与健康度评估、计算的关键指标。

对于控制系统，虽然以前研究内容较少，但是其工作状态与泵站设备安全运行密切相关，二者不可分割。控制系统执行环节发卡、接力器抽动、关闭规律异常、控制系统机械磨损、接力器动作死区增加等调速控制系统性能退化问题时有发生，威胁到泵站设备安全运行和供水网络的稳定。因此，有必要对控制系统的油压、叶片开度、水位等关键参数和特性指标进行获取和深入分析。

近年来对过流部件的评估逐步开始重视，过流部件的运行状态往往与位移、应力有关，不少文献还指出动水压力也具有很好的健康度表征性，利用过流部件金属结构运行的各项参数全方位、多角度对其运行性态进行判断与分析，可以有效防止由于过流部件金属结构性能退化导致的泵站风险。

综合分析，用于分析健康度评价的参数内容包括如下：

(1)运行稳定性参数。内容包括：各导轴承摆度、含上机架水平振动及垂直振动、定子基座水平振动和垂直振动、下机架水平振动及垂直振动、顶盖水平振动及垂直振动。压力及压力脉动：各个部位压力及压力脉动、导叶出口压力及压力脉动、顶盖下压力及压力脉动、进口压力及压力脉动。机组振动区及迁移。

(2)控制系统运行参数。内容包括：控制系统叶片控制信号，开停机过程动作规律、开停机时间等。

(3)温度参数。内容包括：导轴承的瓦温、油温；定子线圈温度、铁芯温度；冷却水温等。

(4)运行工况参数。内容包括：上游水位、下游水位、机组出力、机组励磁电流、励磁电压、叶片角度、出口合闸位置信号。

(5)金属结构参数。内容包括：应力、动水压力、位移、加速度、共振频率、温度。

(6)噪声监测。内容包括：水泵部位的噪声监测、电机部位的高频噪声监测。

(7)电气故障。内容包括：定子绕组或线圈温度。

泵站设备健康度评估分析以对各部件的全面监测为基础，这些部件包括机组、轴系、电动机、水泵、上导轴承、下导轴承和水导轴承等。同时，部件的松动、变形和疲劳裂纹等也会对泵站设备的健康度造成严重影响，综合各类信息，结合监测摆度、振动、压力脉动等参数，深入分析和研究，采用科学的算法，综合计算确定各部件的健康度量值，可直观地表现出泵站设备的健康程度。

7.3　泵站设备健康评价指标设计

泵站健康指标建立的目的是完善机组状态评价,为机组运行状态报警提供依据,避免单一的幅值报警,丰富健康度评价指标。在获取关键参数技术上,传统方法往往基于温度、转速、压力等单一指标进行判别,既缺乏对应的物理机制,又难以反映水力、机械、电磁、材料等诸多耦合失效因素的影响。因此,迫切需要开展分类分项的指标体系建立技术,对混流泵和轴流泵机组从水力、机械、电磁、材料、运行方式等方面着手,对泵站设备的各个运行要素进行刻画(见图7-2)。

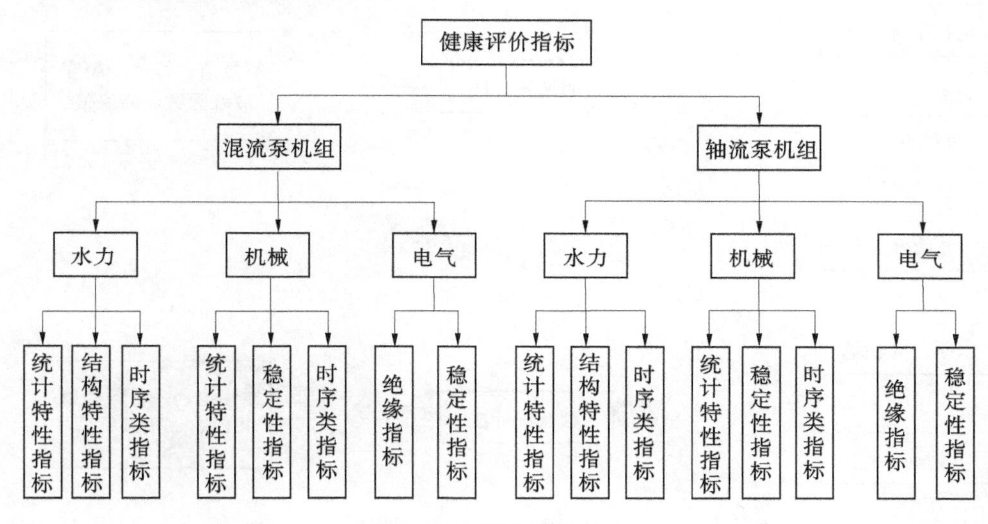

图7-2　评价层级图

其中,混流泵和轴流泵又有差异,其机制和差异如表7-1所示。

表7-1　原始监测信息表

健康评价因素	混流泵	轴流泵
水力因素	叶片数多,容易因为过流部件异物堵塞导致突发水力不平衡	叶片数少,基本不存在异物堵塞现象,但是当叶片与转轮室距离不合适时,容易发生间隙射流和空化
机械因素	与机组轴系结构相关,由于过流原因更容易发生水流共振	大体与混流泵相似,但是由于叶轮面积大,容易发生与转轮室的碰磨故障
电气因素	与电机结构相关,由于扬程和转轮体积因素,更容易导致整体的轴线偏移,从而导致电磁拉力不平衡	以空气动力学中的升力理论为基础,当叶轮高速旋转时,泵体中的液体质点就会受到来自叶轮的轴向升力的作用,使水流沿轴向方向流动

7.3.1　混流泵健康指标设计

7.3.1.1　混流泵机组统计特征指标

统计特征指标是基于时域波形的统计量来进行计算的,计算量包括:有效值、峰值、峰峰值、峭度、波峰因数。频谱图上显示测点的特征值:通频值、一倍频幅值/相位、二倍频幅值/相位(见图 7-3)。

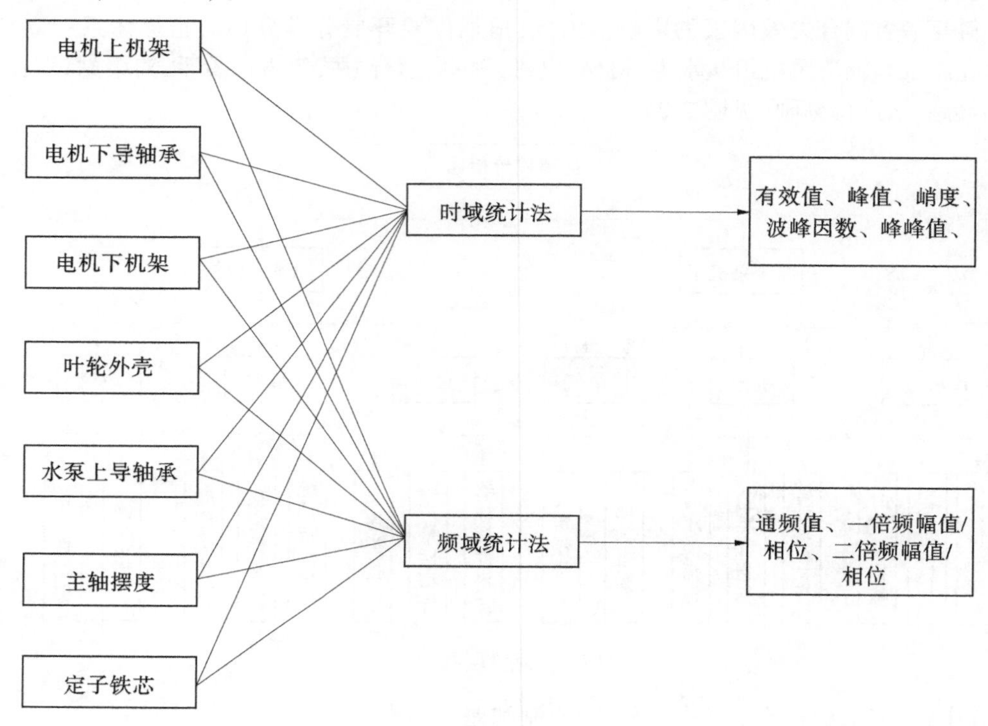

图 7-3　混流泵机组统计指标计算流程

7.3.1.2　混流泵机组结构特性指标

机组结构特性特征参数包括机组的固有频率、振型、阻尼。机组结构由众多部件组合而成,部件多、连接复杂、支撑结构多样,获取机组整体的结构特性存在困难,宜分部件获取主要部件的结构特性,如水泵顶盖、机架、定子机座、大轴。获取机组各部件结构特性特征参数需要进行专门的模态试验,现有的在线监测系统布置的测点和系统功能不能满足要求。因此,机组部件结构特性参数的获取可通过捕捉典型特征模态频率来计算,并和理论数据进行对比验证。以机组大轴裂纹来说明,特性指标计算流程如图 7-4 所示。

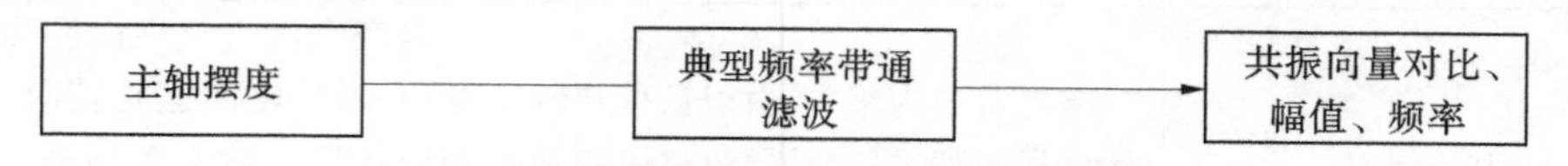

图 7-4　混流泵机组结构特性指标计算流程

7.3.1.3　混流泵机组稳定性指标

通常,泵站设备的故障诊断以振动信号的频率分析为主要方法。因为泵站设备运行时产生的振动信号能够反映泵站设备的运行状态,振动能量频率分布特征与故障类型之间存在映射关系,但是这种映射关系并不总是一对一的,同样的振动能量频率分布特征可能由不同的故障引起。所以,仅凭某时段故障振动信号的频率特征分析,不能绝对准确地判断故障类型,需要与工况量进行关联分析,考虑过程参数、位置参数对振动能量的影响,才能更准确地判断机组的故障原因。混流泵机组稳定性计算流程见图7-5。

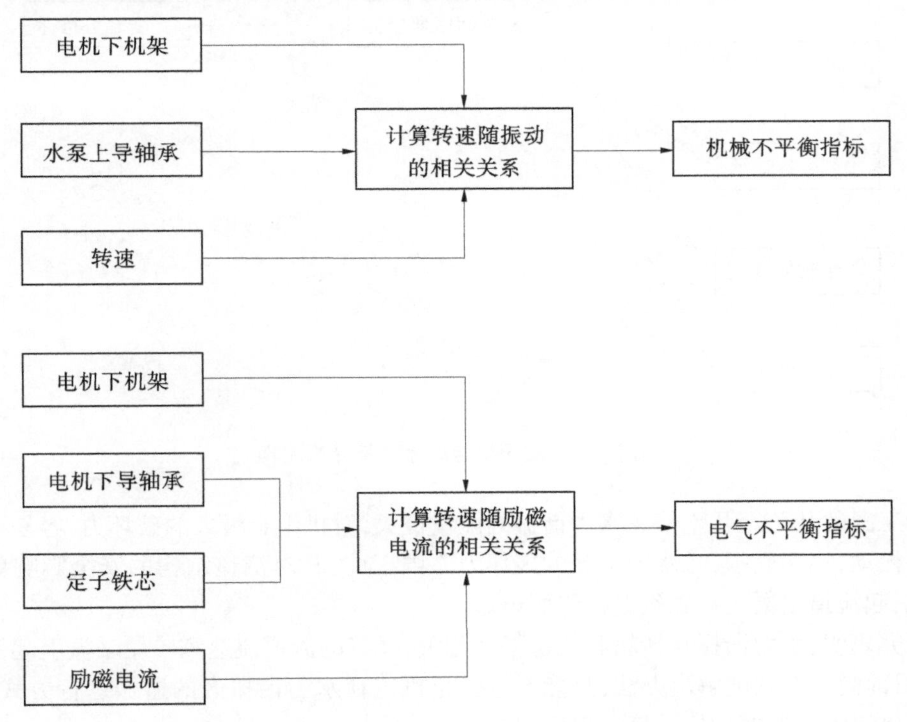

图7-5　混流泵机组稳定性计算流程

7.3.1.4　混流泵机组时序指标设计

泵站机组运行过程中,往往可能由于烧瓦、水力部件的堵塞导致信号的突变和快速上升,这往往预示着机械状态的变化,传统泵站往往只采用阈值比对方法,很多时候无法准确及时地捕捉变化。异常振动表现为下导摆度、上机架水平振动突增。混流泵机组时序指标计算流程见图7-6。

7.3.1.5　混流泵机组水力谐振指标设计

水力谐振对泵站机组危害较大。一旦出现水力谐振,流道内水压脉动正弦特性明显,脉动幅值大,会直接引起泵站机组剧烈振动。

泵站机组水力谐振可通过泵站机组水力谐振数据和水力谐振波形反映,水力谐振的典型特征是流道水压脉动波形正弦特性明显,频率接近转频,机架、水泵顶盖振动随波形与水压脉动波形相似,振动幅值显著增大,尤其是顶盖垂直振动和承重机架振动幅值为稳

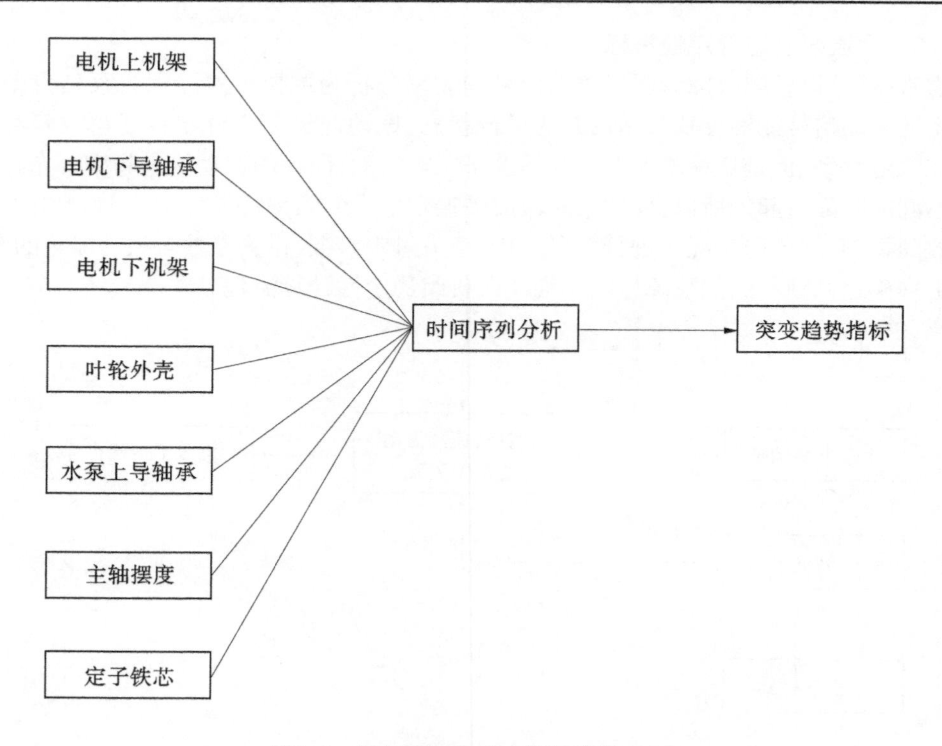

图 7-6　混流泵机组时序指标计算流程

定运行工况的几倍至几十倍。水力谐振的能量极大,对机组有极大的破坏力,容易引起固定部件松动,结构受损,且水力谐振的破坏力不限于此,其对流道结构的安全影响更为严重,易引起流道混凝土衬砌裂缝扩张而坍塌。

研究表明,水力谐振与转轮和流道特性相关,适当的流道流速和转轮激振引起了水力谐振,目前尚无有效的解决办法,只能通过防止机组在水力谐振区的避振运行方式解决。混流泵机组水力谐振指标计算流程见图 7-7。

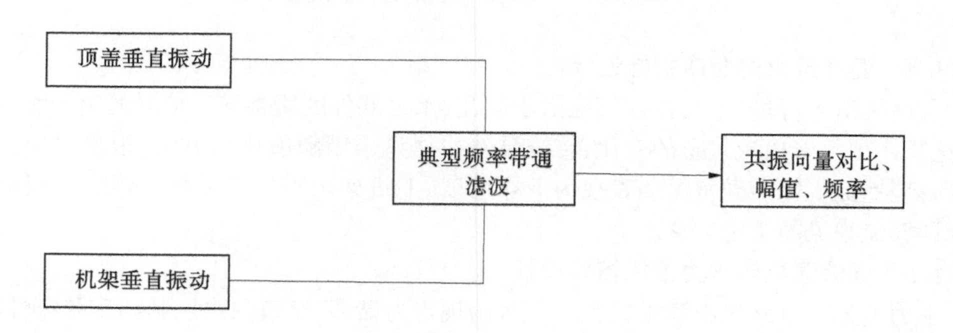

图 7-7　混流泵机组水力谐振指标计算流程

7.3.2　轴流泵健康指标设计

7.3.2.1　轴流泵机组统计特征指标

轴流泵机组统计指标计算流程同混流泵，见图 7-3。

7.3.2.2　轴流泵机组结构特性指标

轴流泵机组结构特性指标计算流程同混流泵，如图 7-4 所示。

7.3.2.3　轴流泵机组稳定性指标

轴流泵机组稳定性计算流程同混流泵，见图 7-5。

7.3.2.4　碰磨结构指标设计

轴流泵叶片面积较大，叶片和转轮的间隙设定不合理时很容易导致碰磨，目前的在线监测系统只能在剧烈碰磨阶段发现异常振动波形特征，即在低频振动波形上周期性出现冲击信号。由于在线监测系统采集的信号为位移信号，该位移信号是由速度信号积分得到的，该信号对水泵碰磨不敏感，需要经过对原始信号进行滤波处理，得到中高频波形，提前发现碰磨信号。因此，建议采用中高频信号作为碰磨预警信号。轴流泵机组碰磨计算流程见图 7-8。

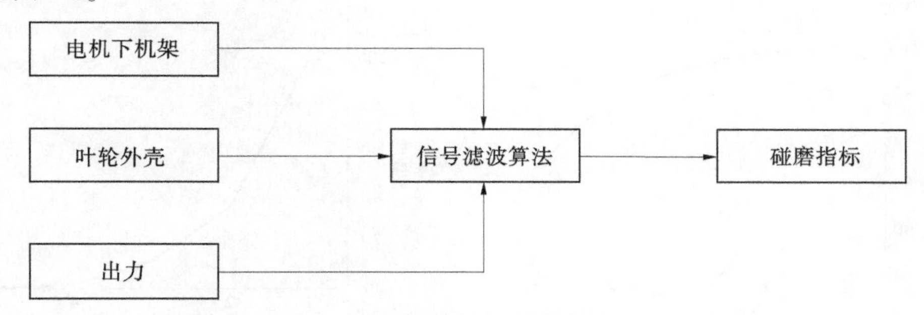

图 7-8　轴流泵机组碰磨计算流程

7.3.2.5　轴流泵机组时序指标设计

轴流泵机组时序指标计算流程同混流泵，见图 7-6。

7.4　泵站设备指标评价体系

泵站设备故障及失效原因复杂，一个单一的数学模型和指标参数无法对机组健康程度的三个阶段进行刻画和描述。因此，本书提出三种健康度模型，分别为 L_{i_linear} 线性退化模型、L_{i_e1} 指数模型 1、L_{i_e2} 指数模型 2，对单一指标在各个阶段的健康度评估进行计算，其健康度模型如下：

$$L_{i\_\mathrm{linear}} = \begin{cases} 0, & V_{\mathrm{r}} \geqslant V_{\max} \\ 100, & V_{\mathrm{r}} \leqslant V_{\min} \\ 100 \times \dfrac{V_{\max} - V_{\mathrm{r}}}{V_{\max} - V_{\min}}, & V_{\min} < V_{\mathrm{r}} < V_{\max} \end{cases} \tag{7-1}$$

$$L_{i\_e1}=\begin{cases}0, & V_r \geqslant V_{max}\\ 100, & V_r \leqslant V_{min}\\ 100\times\left(1-e^{-k_1\frac{V_{max}-V_r}{V_{max}-V_{min}}}\right), & V_{min}<V_r<V_{max}\end{cases} \tag{7-2}$$

$$L_{i\_e2}=\begin{cases}0, & V_r \geqslant V_{max}\\ 100, & V_r \leqslant V_{min}\\ 100\times\left(1-e^{-k_2\frac{V_{max}-V_r}{V_{max}-V_{min}}}\right), & V_{min}<V_r<V_{max}\end{cases} \tag{7-3}$$

L_{i_linear} 模型表征了在整个寿命过程中健康程度均匀变化的寿命评价模型，而 L_{i_e1}、L_{i_e2} 模型则分别表征了在整个寿命过程中健康程度变化以指数速度发展的寿命评价模型。其中，L_{i_e1} 模型的特点是在发展初期退化速度慢，而在后期退化速度快；L_{i_e2} 模型的特点则与 L_{i_e1} 恰恰相反。L_{i_e1}、L_{i_e2} 模型的特征曲线如图 7-9、图 7-10 所示。

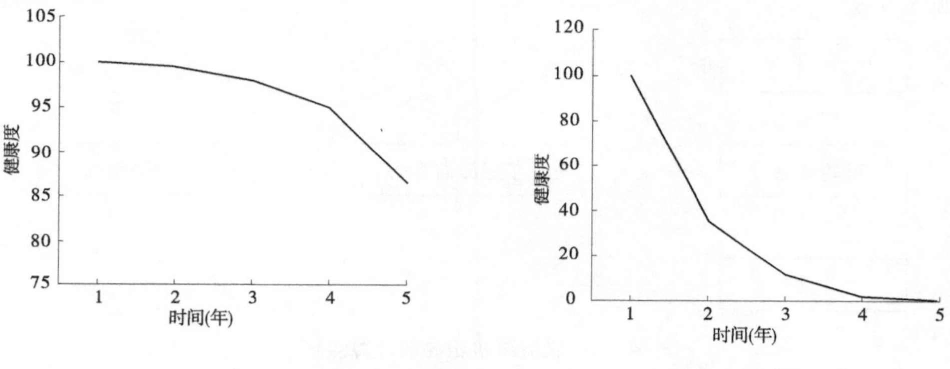

图 7-9　L_{i_e1} 模型的特征曲线　　　　图 7-10　L_{i_e2} 模型的特征曲线

在式(7-1)~式(7-3)中，V_{max} 为指标参数的极端值，在此测值下，该指标的健康指标为 0；V_{min} 为指标参数的极优测值，在此测值下，该指标的健康指标为 100（最高分）；k_1、k_2 分别为控制模型 L_{i_e1}、模型 L_{i_e2} 中退化速度的系数，命名为退化因子；V_r 为指标参数的实际测值，包括参数的实时测值和趋势变化量值。在单个指标参数的 L_{ir} 中，V_r 为指标参数的实时测值，在单个指标参数的 L_{it} 中，V_r 为指标参数的趋势变化量。针对单个指标参数的 L_{ir} 和 L_{it}，可以设定不同的 V_{max}、V_{min}、k_1、k_2。对于单个指标参数而言，V_{max}、V_{min}、k_1、k_2 需要设定，而 V_r 则可以通过计算机自动获取或者人工输入。

在获得整个指标的健康度变化模型后，还需要对各个指标的相关性进行分析，挖掘各个指标与设备、部件之间的关系和权重，泵站机组问题涉及水力、机械、电气三方面的激振源众多，其中以水力因素为主，有些振源机制至今不甚清楚，且很多振源会引起电站各个部位振动相互耦联。

一般情况下，正常运行的机组在平稳状态下的振动信号自相关函数与宽带随机噪声的自相关函数接近，在泵站设备振动信号分析时，实测得到的各振源与振动频率间关联关系如图7-11所示。

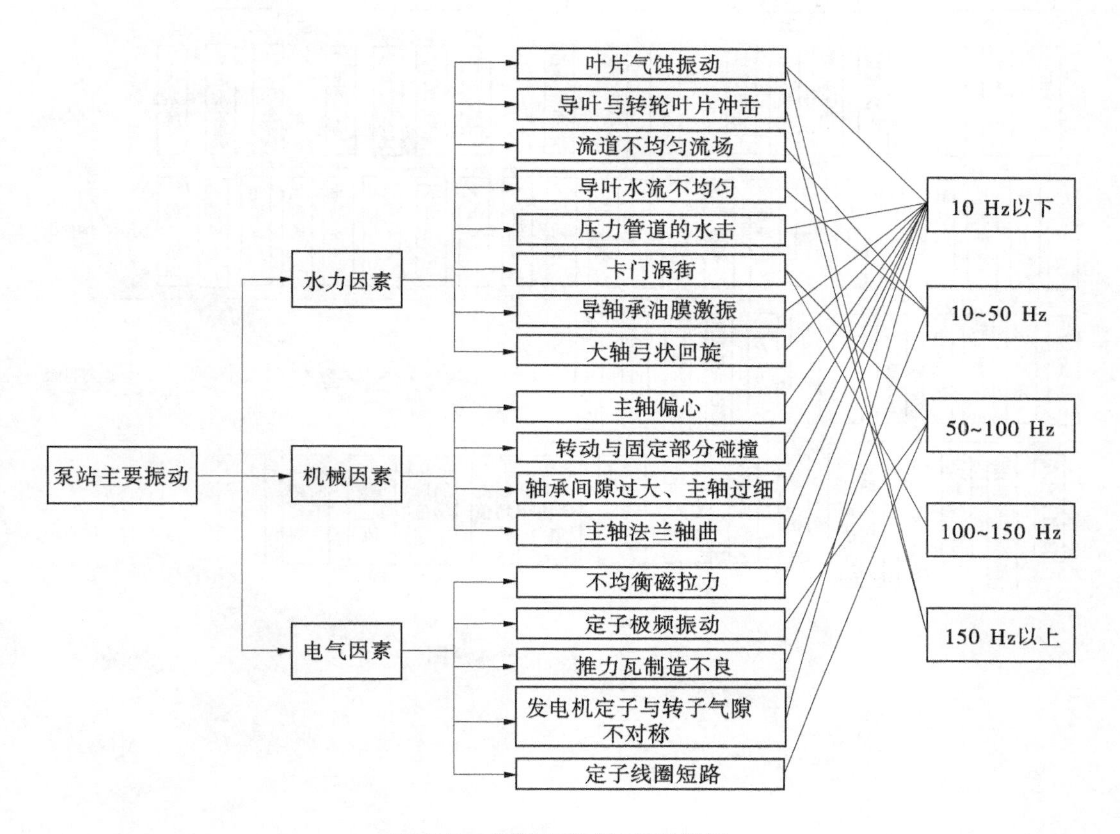

图7-11　指标自适应挖掘计算图

图7-11中，水力因素作为泵站振动的最主要影响因素，主要包括叶片气蚀振动、导叶与转轮叶片冲击、流道不均匀流场、导叶水流不均匀、压力管道的水击、卡门涡街、导轴承油膜激振等，其振动机制繁杂，涉及电站结构部件众多，振动频域分布在10~300 Hz；机械因素引起的振动主要包括主轴偏心、转动与固定部分碰撞、轴承间隙过大、主轴过细、主轴法兰轴曲等，多为低频10 Hz以下振动；电气因素引起的振动主要包括不均衡磁拉力、定子极频振动、推力瓦制造不良、发电机定子与转子气隙不对称、定子线圈短路等，其振频相较水力、机械因素较高，大多分布在50~500 Hz。

最终评价指标图如图7-12所示。

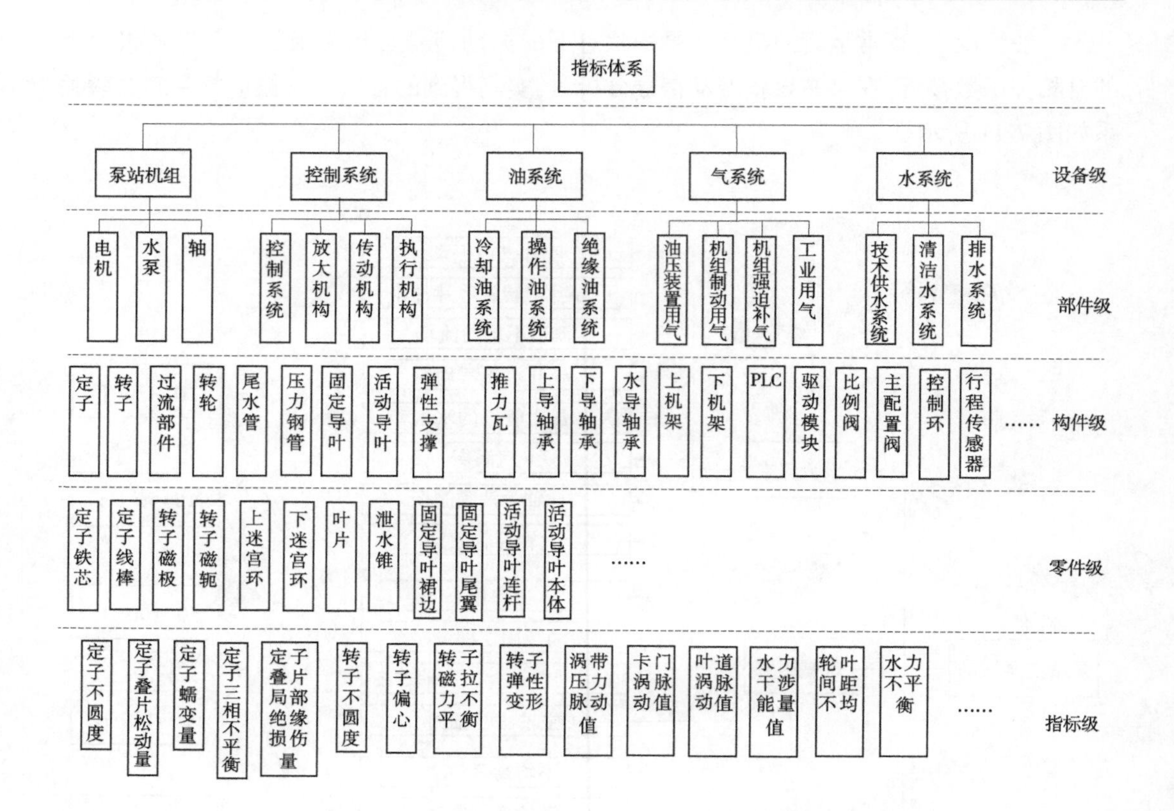

图 7-12 指标评价体系图

第 8 章　调水建筑物运行期安全控制措施

8.1　安全控制策略

在研究安全应对措施时,从导致事件发生的原因和事件可能造成的后果两方面进行研究,提出对策措施。从杜绝事件发生的原因方面,可针对自然因素、工程因素、管理因素、人为因素等方面,分别提出防范、消除、规避、减免事件发生的措施,这类措施称为主动措施。隐患等级不同,采取的安全控制措施也不同。

根据安全评价的成果,建筑物隐患等级分为 4 级,Ⅰ级为低隐患,即其隐患属于可接受范围内的。由于安全控制需要付出相当大的成本,因此对可接受范围内的、不会引起太大损失的隐患,不一定需要采取规避措施,而是把有限的资源使用到其他更高级别隐患的防范和处理。因此,Ⅰ级隐患的对策策略是关注,即隐患等级为Ⅰ的建筑物或渠段维持正常的监测频次和日常巡视即可。

Ⅱ级隐患为一般隐患,其对策策略为监控,对Ⅱ级隐患的建筑物和渠段需增加监测频次和日常巡视次数,必要时需采取措施进行隐患控制。

Ⅲ级隐患为较大隐患,对较大隐患必须给予充分重视,对Ⅲ级隐患的建筑物和渠段应针对各主要隐患因子,分别采取预防、消除、规避隐患事故发生的措施。

Ⅳ级隐患为重大隐患,必须给予高度重视,需果断采取紧急预防措施规避隐患,同时准备好应急预案,一旦发生险情,及时开展补救、减免等抢险措施(见表 8-1)。

表 8-1　隐患等级防范管理策略

隐患等级	Ⅰ	Ⅱ	Ⅲ	Ⅳ
隐患量值	[1,4]	(4,9]	(9,15]	(15,25]
隐患描述	低隐患	一般隐患	较大隐患	重大隐患
	可接受隐患	可容忍隐患	不可接受隐患	极高隐患
隐患对策	关注	监控	采取措施	采取紧急措施

从缓解事件造成的供水、经济、社会、环境等方面的影响出发,提出修复、补救、补偿、减免等措施,这类措施称为被动措施。被动措施的重点是编制、完善应急预案,包括工程抢险应急预案、应急调度预案、应急供水预案。安全控制措施研究方法如图 8-1 所示。

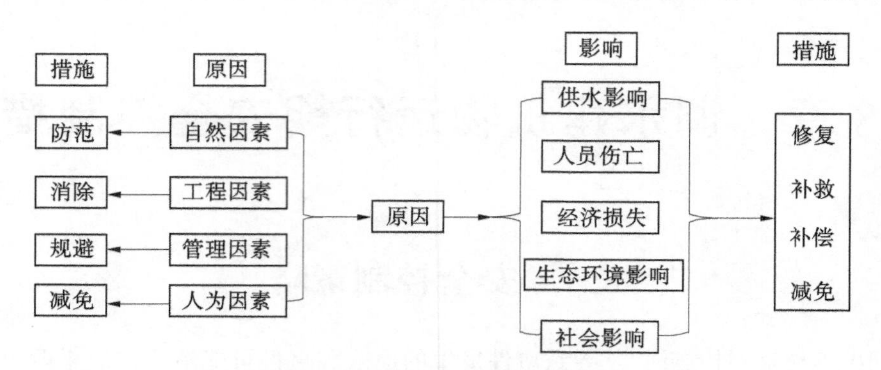

图 8-1　安全控制措施研究方法

8.2　安全控制措施

8.2.1　渡槽和倒虹吸

由于渡槽和倒虹吸均属于交叉建筑物，其安全控制措施较为相似，故将渡槽和倒虹吸一起进行讨论。渡槽和倒虹吸安全影响因素及其安全控制措施如下。

8.2.1.1　一般隐患防控措施

1. 自然因素

1）暴雨洪水

（1）密切关注汛期天气预报。

（2）汛期与上游水库建立联动工作机制，密切关注水库泄洪情况。

（3）汛前隐患排查，尤其是裹头、承台等部位防护设施的排查。

2）河渠交叉断面附近有跌坎、冲坑，可能造成河床冲刷

（1）跌坎上下游河道整治，进行河床平整和防冲加固，或采用浆砌石等进行跌坎冲刷防护。

（2）加强建筑物（倒虹吸、涵洞等）顶部和裹头、渡槽槽墩区域的冲刷防护。

3）地震

定期对渡槽减震设施（如弹塑性防落梁、球形钢支座）进行检查及维护。

4）极端气象

（1）密切关注天气预报，尤其在冬、夏季节。

（2）必要时在槽身外侧壁粘贴聚苯乙烯保温板或喷涂聚氨酯等隔热保温材料。

2. 工程因素

1）混凝土裂缝、止水破损

（1）过流面以外的混凝土表观裂缝可采用裂缝综合测试仪，深层裂缝采用弹性 CT 进行检测，裂缝可采用灌注环氧树脂处理。

（2）过流面则在总干渠输水流量较小时采用单槽（孔）检修方式进行过流断面裂缝及结构缝处理，并配合调度，尽量减少对渡槽（倒虹吸）输水能力的影响。在空槽（管）状态

下对槽身(管身)裂缝采取灌注环氧树脂、喷涂聚脲等措施,更换或修复渗漏的止水带。

2)进出口地基沉降变形

(1)分析监测数据,判断地基沉降变形是否收敛。

(2)必要时采取工程措施加固,若为土质地基可植入树根桩加固,若为砂砾石或砾质土地基则可采用灌浆方式。

3)槽身桩基沉降变形

在桩基周围对地基进行灌浆处理,加大桩土间摩阻力。

4)裹头、承台防护出现局部损坏

核查损坏原因,修复损坏部位,重新布设。

5)闸门、机电设备故障

加强设备定期检查及维护、及时进行设备改造或维修。

3. 管理因素

1)人员管理素质

完善管理制度,对员工进行定期培训考核。

2)调度运行硬、软件

加强设备定期检查及维护,检查设备备用情况,定期对调度运行模型参数进行率定和修正、调度指令人工复核。

3)抢险道路、设施

(1)总干渠门禁系统实现自动化控制。

(2)汛前对抢险道路进行风险排查,检查抢险设备调用、抢险物资的备料情况。

(3)编制防汛应急预案。

4)倒虹吸检修方案

输水倒虹吸不停水检修实施前,向设计单位了解,明确设计检修方式、闸门运用条件及设计参数,并拟订检修方案。采取必要的措施保证检修施工安全和建筑物安全。若出现检修人员和设备难以进入管身的现象,则应根据原设计参数,并结合现场实际情况,另行研究检修方案。

5)贝类繁殖

在输水流量较小时采用单槽(孔)检修方式,定期对建筑物过流面上附着的贝类进行清理。

6)退水闸、分水口前淤积

对闸前淤积严重的部位采用泥浆泵进行抽排清淤处理。

4. 人为因素

1)河道采砂引起河势变化

(1)复测工程区河道地形,重点探测采砂坑的范围、分布、深度情况等。

(2)根据河道地形变化情况,若交叉断面的水位流量关系已发生改变,根据复测的河道地形资料,对水位流量关系进行复核。

(3)进一步复核河道冲刷计算,并对槽身下部结构安全进行复核。

(4)必要时加强槽身承台防护措施,或对交叉断面附近河道进行整治,减少采砂坑对交叉建筑物的影响。

2)下游存在施工便道,大洪水时可能损毁,加剧河床冲刷

(1)建议拆除下游施工便道,并将其下游侧的冲坑用抛石填平。

(2)在交叉断面上游 1 km 至下游 3 km 范围内,杜绝采砂活动。

3)上游保护区范围内存在塘堰坝,冲毁时筑坝材料可能撞击槽墩

建议拆除上游塘堰坝,或对塘堰坝进行加固。

4)上游采砂船撞击

(1)汛期加强对工程区河道采砂船的隐患排查。

(2)与地方相关部门联系,汛期对采砂船进行管制。

8.2.1.2　较大隐患防控措施

1. 槽身挡水

针对河道水位流量关系发生变化,可能导致槽身挡水的情况,主要防范措施如下:

(1)复核工程区河道的水位流量关系。

(2)对槽身挡水工况进行结构安全复核。

(3)在渡槽上游布置拦漂设施,避免汛期大型漂浮物撞击槽身。

(4)在进口降压站园区周围设置防洪堤,防止洪水浸入节制闸降压站园区。

(5)对工程区河段进行河道整治。

(6)加强对加固段槽身应力的安全监测。

2. 下游河道行洪能力不足

针对上游存在小型水库,防洪标准远低于总干渠,有溃坝风险,同时下游河道行洪能力不足的情况,主要防范措施如下:

(1)复合上游小型水库的防洪能力,必要时对坝体进行加固,使其防洪等级达到总干渠标准。

(2)对渡槽(倒虹吸)下游河道的跨河道路进行过流能力复核,若过流能力不足,则应采取工程措施扩大过流断面。

(3)与当地河道管理部门协调,疏通下游河道并进行河道整治,恢复河道行洪能力。

3. 建筑物冲刷破坏

针对河道采砂带来的河道地形、河势变化可能造成建筑物冲刷破坏的情况,主要防范措施如下:

(1)复测工程区河道地形,重点探测采砂坑的范围、分布、深度情况等。

(2)对于河道地形变化较大,交叉断面的水位流量关系已发生改变的,建议根据复测的河道地形资料,对水位流量关系进行复核。

(3)进一步复核河道冲刷计算,槽身下部结构安全复核。

(4)加强槽墩承台和桩基的防护措施。

(5)对工程区河段进行河道整治。

4. 威胁倒虹吸管身安全

针对河道采砂坑规模较大,河道中存在大范围违规建筑、堆土,侵占河道行洪断面,加剧河道冲刷,威胁倒虹吸安全的情况,主要防范措施如下:

(1)与地方政府协调,禁止在总干渠和河道上下游保护范围内采砂。

(2)开展工程区河道地形复测工作,并根据现状河道地形对倒虹吸安全进行复核,必要时采取工程措施对河床管身段进行防护加固。

(3)对工程区河段进行整治,拆除侵占河道的违规建筑、清除河道堆土、回填砂坑等。

5.跌坎加剧河床冲刷

针对倒虹吸交叉断面存在跌坎,加剧了河床冲刷的情况,主要防范措施如下:

(1)分析管顶形成跌坎的原因,尽可能消除跌坎,使上下游水流平顺。

(2)加强对倒虹吸管顶覆土的防护,避免管顶覆土被冲刷后引起管身结构稳定等安全问题。

(3)在管身下游布置防冲设施,防止管身下游侧土体被冲刷。

8.2.2　PCCP 和压力管涵

8.2.2.1　自然灾害安全控制措施

1.洪水

(1)每年汛前、汛后,及时检查管道和箱涵与河流交叉部位防护设施完好情况,以及上下游河道地形、河势是否改变;汛中检查河道水位变化情况,及时分析对防护设施的影响,如有影响及时加强防护设施及上下游河道地形的整治和监控。

(2)每年汛前,检查露出地面的阀井周围地形是否与通水验收前一致。若不一致,及时采取防护措施,防止阀井被淹,确保阀井周围排水沟畅通;汛后,检查墙壁和底板是否出现斜裂缝、漏水现象,必要时复核阀室抗浮、抗滑失稳现象。

2.雪灾

当雪荷载接近 $p=2\%$时,应立即清扫屋面积雪。

3.风灾

当风力达到 10 级时,厂房外部石材、金属和玻璃幕墙可能被摧毁,因此应定期对外墙和屋面钢格栅进行检查,检查是否有松动或者接触不良现象。

4.低温冻融

(1)定期巡查倒虹吸顶面地形,确保倒虹吸顶面覆土厚度大于冻土深度。

(2)加强天气预报。在低温冰凌之前,加强明渠浮筒拦冰,并及时破除已经形成的冰盖。及时清除闸墩和闸门上的积雪和雨水,防止结冰,导致闸门无法开启。

(3)冬季加强对阀井内压力钢管的保温,防止出现冻胀爆管现象;对冬季不需要运行的钢管,应放空管道内水,降低冻胀隐患。

(4)预防混凝土的温度冻融破坏。保证结构物的排水设施畅通,除蓄水建筑物外,冬季不应积水的建筑物,在冰冻期到来之前设法排空积水,对引起混凝土吸水饱和条件的渗水通道(如裂缝、孔洞)应进行修补、堵塞。严寒、冻结期较长地区,可在某些混凝土结构物表面浇水形成冰覆盖层,起到一定保温、减小冻融深度的作用。

5.地质灾害

1)地下水位变化剧烈

建议加强沿线地下水位变化监测。

2)地质承载力较低

严禁建筑物一侧取土或者堆土导致加大应力不均匀系数,加强监测建筑物的沉降变形。如沉降变形过大,则需要采取纠偏措施。

8.2.2.2　人为活动安全控制措施

1. 单侧违章活动

(1)输水管线保护范围内,严禁出现一侧取土坑欠压,或者一侧盖房、堆土等超占压情况,防止输水管承受不平衡的侧土压力,引起管身整体变形失稳。

(2)若输水管线保护范围内出现饲养家禽、化工污水池等,污水会侵蚀管身接缝,降低输水管涵内水质。因此,需要加强巡视,监测输水管线保护范围内是否出现污染水质活动现象。

2. 顶部超载

PCCP、地下箱涵线路顶部为施工临时征地。埋管外压设计安全富裕度小,设计地面活动荷载,即地面占压土厚度均有限制。应采用巡视监测和自动化安全监测相结合,加强对埋管顶界桩内和管顶以上保护范围内的管理,禁止在保护范围内弃渣、盖房等占压超载违章活动。建议运行管理单位每月进行违章排查。当管顶保护范围内出现占压超载违章活动,管理单位应联合当地政府要求恢复至原地面。

3. 违章采砂活动

严禁采砂活动,同时建议委托设计单位,按照现有地形验算行洪水面线和管涵冲刷深度,复核堤顶高程和管涵防护设施。

8.2.2.3　工程自身安全控制措施

1. 工程设计

(1)随着暗渠通水运行时间加长,需要加强对暗渠的混凝土应力和渠外地下水位监测,防止混凝土骨料碱活性导致暗渠耐久性下降。

(2)为防止低温冻融导致无法开启闸门,建议尽快在节制闸、进口闸闸门前设置防冰装置,并加强天气预报,一旦寒流来临,应启动防冰装置。

(3)为减少输水箱涵对铁路的影响或者降低铁路改造对输水埋管的影响,设计采用箱涵防护结构穿越铁路,输水箱涵再穿越防护结构,输水箱涵与防护结构之间预设空隙。建议在箱涵防护结构埋设仪器,并加强箱涵防护结构的应力、应变和位移、变形监测。当地质条件较差,箱涵防护结构出现不均匀沉降变形时,可能引起输水箱涵变形、裂缝和漏水。因此,需要对不均匀沉降的箱涵防护结构采取校正措施,如在上翘的顶部加重,在下倾的箱涵底板底部换填基础等。

(4)设计需充分考虑实际工程现场的需求,选择合理的设计荷载组合和安全系数,对于腐蚀性环境,需采取针对性的设计防腐措施,如在有腐蚀性介质存在的环境中,建议增加环氧沥青防腐涂层,由于其附着力较好,极限延伸率大于砂浆涂层,相当于在管道外侧增设隔离层,加强砂浆对钢丝的保护效果。对于存在杂散电流的土壤环境,可在管道表面涂抹特殊的绝缘层,将管道和外界可能的电流通路隔离开,防止外界电流的干扰。

2. 管道制作与安装

(1)管节制造和安装过程中加强巡视,出现裂缝或者断丝等缺陷的埋管段,当渗漏水水量较大时,应及时换管,防止出现爆管。

(2)在不中断供水的情况下,建议定期采用新型检测方法检测 PCCP 管道预应力钢丝是否存在断丝情况。在停水排空情况下,可采用电磁法探测管是否存在预应力钢丝断丝情况。

(3)对有管节制造和施工缺陷段,补充 Sound Print 声监测或者压力传感监测设备,长期自动化监测薄弱环节段的 PCCP 压力变化。

(4)砂浆保护层是保护预应力钢丝免受外界环境腐蚀的屏障,需选用密实度高、抗渗性能好的砂浆。可通过改进喷涂设备提高砂浆保护层的密实性,降低其渗透能力,以阻止或延缓环境侵蚀介质(如氯化物等)对预应力钢丝的侵蚀。砂浆的配合比不应大于 1∶3,增加水泥用量可增强钢丝的碱性环境,并加厚钝化膜的厚度。砂浆涂层厚度需达到设计要求,且涂抹均匀,禁止使用硫铝酸盐水泥制作保护层。

(5)为了防止在钢丝中产生有害拉拔应力,在预应力钢丝缠丝过程中,需保证工艺和操作步骤规范,控制好钢丝的冷拉过程,防止抽拉过快,同时,需避免热量过高、抗拉强度过高,且注意缠丝均匀。另外,为了防止预应力钢丝的腐蚀,可对预应力钢丝表面进行人工钝化处理。

(6)提高管道的安装质量要求,严格控制沟槽的平整度、垫层的厚度、回填土的夯实要求等,严格要求施工现场的质量,监管不过关可能会对管道日后的运行造成安全隐患。

(7)按规范要求做好管道的出厂前检查和现场检查,针对钢丝的氢脆问题,做好氢脆灵敏性测试,避免钢丝氢脆问题,同时,从源头减少 PCCP 中钢丝的氢原子侵袭问题,采取稳定化处理,消除或明显减轻钢丝的氢脆敏感性倾向。

(8)通过在拌和物中使用掺和料及外加剂来提高混凝土性能,以降低混凝土的氯离子的渗透性,增加混凝土电阻率,从而延缓预应力钢丝的腐蚀。

3. 施工质量

1)混凝土施工表面缺陷

通过自动化监测仪器,重点监控临时通水验收和正式通水验收工作报告中提出的混凝土表面施工缺陷,如混凝土蜂窝、麻面、露筋和裂缝,钢筋应力、地下水位变化情况等。

2)PCCP 第三次打压不合格

对于第三次打压不合格的 PCCP 管道,应加强巡视检查。

3)管口破损

PCCP 管道安装时,部分管道承插口因椭圆度和碰撞而出现裂纹、掉皮、掉块现象,应加强巡视检查。

4)阴极保护材料重量不足

对已施工的锌阳极材料重量不够的位置,补埋一定数量和规格的棒状锌阳极。停水检修时,需要加强检查。

5)管道防腐层破损修补部位

对于管道外防腐层发生局部破损进行修补的部位,停水检修时,需要加强检查。

6)碾压不合格进行返工部位

对于埋管土方回填过程中存在铺土过厚、分层碾压不符合要求,后经过返工处理的部位,需要加强巡视检查,关注是否出现局部沉降过大,形成集水坑。

8.2.2.4 工程管理安全控制措施

1. 调度运行

(1)严格按照水闸调度规则进行运行管理,对称开启水闸,防止不对称开启引起的闸墩应力过大。控制水闸开度,逐渐增大,使下游水位保持水垫深度,防止水头差过大,避免引起下游底板消能结构的破坏。

(2)由于退水闸启动使用次数少,运用前需要检查退水闸出口及下游出水渠排水是否通畅,并确保出水归槽,防止淹没房屋和农田。

(3)对于混凝土碳化引起的钢筋锈蚀,需要在钢筋表面喷涂保护层,如亚硝酸钠、亚硝酸盐、非硝酸盐等钢筋阻锈剂,或者对钢筋进行镀锌处理等。

(4)对于含有碱活性骨料的混凝土,为防止产生碱活性反应,可在混凝土表面涂刷一层防水涂料,使混凝土与环境的水、空气来源隔绝。

(5)延长泵站启闭和阀门启闭时间,降低水锤。需要提高运行调度操作管理水平,降低 PCCP 瞬时内压,降低进出口压力管道变形失效隐患的可能性。

(6)需要经常巡视检查,若地下结构出现裂缝,密切监测裂缝的发展情况,根据裂缝发展演变情况,决定是否要进行加固处理。

(7)当管顶保护范围内有渗水现象时,巡视管理人员应及时上报。当渗水现象持续发生,管理单位应及时上报,挖除管顶覆土,查明渗水原因,然后根据情况,向水利专业人士寻求解决问题的方法。

(8)加强对混凝土镇墩和支墩的监测,发现镇墩和支墩沉陷及倾斜明显或者异常,需要采取纠偏加固措施。

(9)严禁埋管管顶增加覆土荷载或者活荷载等外压。

(10)由于穿越铁路段的输水箱涵爆管势必造成铁路火车停运,造成损失严重,且社会影响面广,因此需要加强对穿越铁路段输水箱涵的巡视监测和自动化监测,提高监测频次。当输水箱涵穿越的铁路需要改造时,需要提供铁路改造对箱涵套管的影响报告。

2. 检修保护

(1)加强 PCCP 的防腐保护和阴极保护。

(2)埋管管道上的排气阀井、排空阀井、检修井等的阀门很少启闭,需要定期启闭,进行检修,防止阀门的锈蚀、磨损、污物嵌入等导致无法关严,从而引起阀门漏水。

3. 应急突发事故处理

编制突发事故手册,定期演练,提高处理管道爆管、倒虹吸结构失稳、交通桥出现交通事故等突发事故的能力。

8.2.3 高填方渠道

8.2.3.1 一般隐患防范措施

1. 自然因素

1)暴雨洪水

(1)密切关注汛期天气预报。

(2)加强雨季和汛期隐患检查,重点对挖方渠道检查防洪堤及堤外积水情况,对填方渠道检查外坡雨淋沟情况。

2)极端气象

密切关注天气情况及总干渠冰情,必要时需配合冰期输水调度方案。

2. 工程因素

1)渠道沉降变形

(1)分析检测数据,判断渠道沉降变形是否收敛。

(2)必要时采取工程措施,若为土质地基,则可植入树根桩加固;若为砂砾石或砾质土地基,则可采用灌浆方式。

2)土工膜、结构缝渗漏、衬砌板隆起或裂缝

(1)对填方渠道,在渗漏出口设置压浸平台,防止水土流失。

(2)必要时采用小型围堰进行水下浇筑膜袋混凝土和不分散混凝土局部修复,或待总渠停水检修期间统筹考虑,按照原设计结构及标准恢复或加固。

3)渠道冲刷

(1)因渠道设计问题造成渠道流速超过渠道不冲流速,导致渠道冲刷时,可采用建跌水、陡坡、砌石护坡和护底等办法,调整渠道纵坡,减缓流速,达到不冲的目的。

(2)渠道土质不好,施工质量差,引起大范围的冲刷时,可采取夯实渠床或渠道衬砌措施,以防止冲刷。

(3)渠道弯道过急、水流不顺,造成凹岸冲刷时,其根治办法是根据地形条件,裁弯取直,加大弯道半径,使水流平缓顺直,或在冲刷段用浆砌石或混凝土衬砌。

(4)渠道管理运用不善,流量猛增、猛减,水流淘刷或其他漂浮物撞击渠坡时,可从加强管理入手,避免流量猛增、猛减,消除漂浮物。

4)渠道淤积

(1)在渠道设置防沙、排沙设施,减少进入渠中的泥沙。

(2)改变引水时间,即在河水含沙量小时,加大引水量,在河水含沙量大时,把引水量降到最低限度,甚至停止引水。

(3)防止客水挟沙入渠。若遇大雨、发生山洪,则应严防洪水进入渠道,淤积渠床。

(4)用石料或混凝土衬砌渠道。通过衬砌减小渠床糙率,加大渠道流速,从而增大挟沙能力,减少淤积。

5)渠道滑坡

(1)拱涵暗渠。有的渠段穿过覆盖很厚坡积层的深挖方段,或傍山渠道的靠山一侧,常在渠顶以上高陡坡发生坍塌。如采用削坡减载,挖方量很大,如修挡土墙也无法维持其稳定,可以采用将原来深挖方明渠改拱涵暗渠,拱涵暗渠修好后,在洞顶和两侧回填土石,并加强底部及两侧排水,以平衡下滑力。

(2)衬挡滑体。在渠道已经塌方或可能塌方地段,若受到山高坡陡地形限制,则削坡减载方量太大,可以采用衬砌挡土墙的方法,但应注意墙后排水。当渠段弯曲段的凹岸冲刷而坍塌时,可衬砌加固,并在渠道底板衬砌时,采取适当的横向抬高等措施,以改善水流条件。

(3)防渗固坡。对于填方段土渠,因渠道渗漏而导致渠堤外坡滑坡、坍塌的,应采取渠道防渗衬砌和外坡放缓并砌石固脚的措施。

3. 管理因素

(1)对交通不便利的渠段增加沿渠抢险道路。

(2)深挖方膨胀土渠段增设下渠维护道路。

(3)总干渠门禁系统自动化。

(4)汛前对抢险道路进行隐患排查,检查抢修设备调用、抢险物资的备料情况。

(5)编制防汛应急预案。

4. 人为因素

1)禁止保护范围内违规打井、取土、挖塘等

(1)与地方政府联系,拆除违规设施,制止违规施工。

(2)对已存在的取土坑进行填平处理或在总干渠坡脚加强防护措施。

(3)在难以制止的情况下可选择规范其行为,如对打井深度、井身结构、施工方法提出具体要求等。

2)紧邻水库

加强库水位监测,必要时采取工程措施进行渠坡防渗处理。

3)渠道内有阻水障碍物

在确保衬砌板稳定的情况下,对渠道内阻水障碍物进行清理。

8.2.3.2　较大隐患防范措施

1. 渠坡变形

针对渠道填筑施工质量较差,导致渠坡变形的情况,主要防范措施如下:

(1)加强渠坡变形监测。

(2)对渠顶道路裂缝进行封闭处理,防止雨水下渗。

(3)对渠坡进行加固处理。

2. 上游水库溃坝

针对河道上游存在小型水库,有溃坝洪水风险,同时河道下游水流无出路,洪水风险较高且地质灾害风险也较高的情况,具体风险防范措施如下:

(1)复核上游小型水库的防洪能力,必要时对坝体进行加固,提高其防洪等级达到总干渠标准。

(2)与地方河道管理部门协调,对下游河道进行疏通整治或开挖人工河道绕开障碍物,将水流引入原河道下游或附近其他过流能力较大的河道。

(3)在建筑物进口采取工程措施进行分流,将水流通过截流沟导入附近过流能力富裕较大的排水建筑物。

(4)加强水位监测,做好预案,当汛期洪量较大、水位上涨过快时,可采取临时抽排措施进行紧急处理。

8.2.4　防洪非工程措施

20世纪60年代以来,国内外在防洪理论和策略上均有新的发展和突破。防洪安全

仅靠工程措施既非人力所能及,也未必经济合理,采用工程措施和非工程措施相结合的方法已成为许多国家防洪决策的普遍趋势。

防洪非工程措施就是通过法令、政策、经济和防洪工程以外的技术手段,以减少洪水灾害损失,通过合理规划管理、搬迁安置、预报预警、防洪保险等方式,调度可能受灾害影响的人、物和资产,以减轻对洪灾的影响程度,提高抗御灾害的能力。防洪非工程措施并不能减少洪水的来量,而是利用自然和社会条件去适应洪水特性规律,减少洪水的破坏和洪水所造成的损失。

8.2.4.1　洪水隐患防范措施存在的问题

洪涝灾害是一种自然现象,类似1998年的流域性大洪水还有可能发生。随着经济的发展和人口的增加,人与水争地加剧,相当一部分河道萎缩、湖泊消亡,自然蓄洪、泄洪能力降低,使本来标准就不高的防洪工程承受着越来越大的防洪压力。当前,我国防御突发洪水事件主要存在以下几方面的问题:

(1)工程条件不足。我国大江大河的现有防洪标准,在不使用蓄滞洪区的情况下,一般只能防御20~30年一遇的洪水,长江中下游干流的防洪标准仅10~20年一遇。面广量大的中小河流防洪标准更低,一般只能防御小洪水,中等洪水就常常泛滥成灾。作为防洪重点的600多座城市,有403座城市防洪能力低于国家规定的防洪标准,甚至有70多座城市基本没有防洪工程。更为严重的是,这些低标准的防洪工程大都修建于20世纪五六十年代,有的先天不足,有的年久失修,有的水毁后没能及时修复。同时,由于蓄滞洪区内居民缺乏安全避洪设施,随着区内经济发展和人口增加,蓄滞洪区的运用难度越来越大。因此,我国防洪抗灾能力依然不高,不仅大洪水、特大洪水容易出问题,中小洪水也常常造成十分紧张的局面。

(2)部分地区防洪意识不强,对防洪减灾缺乏足够的准备。由于洪涝灾害频繁发生和防洪减灾工作的深入,全民水患意识不断增强,防洪减灾准备工作越来越充分。但是每年仍有一些地区由于防洪意识不强,缺乏足够的防洪减灾准备,不注重防洪建设,不注重平常投入,不认真研究防洪问题,不提高防洪减灾能力,更有甚者缩窄阻塞河道、围垦侵占湖泊,给防洪减灾带来诸多的隐患。人与水争地,生态环境恶化危害严重。

(3)预测、预报、预警能力偏低。近年来,在全球气候变化的大背景下,我国局部暴雨、山洪、超强台风和极端高温干旱等灾害呈现多发并发的趋势,特别是局部暴雨、山洪、滑坡和泥石流等灾害点多面广、突发性强、危害大。这些灾害多发生在边远地区,由于这些地区交通和通信不便,监测和预测、预报能力偏低,灾害预报精度和准确率还不够高,预警信息发布不够及时,预案体系不够完善,群众防灾意识不强,往往造成大量人员伤亡和严重经济损失。水库特别是中小型水库通信预警和水雨情测报等设施落后的局面尚未得到根本改善。城市局部暴雨和内涝问题日益突出,重大灾害事件时有发生。

(4)防洪抗洪保障能力亟待加强。防洪抗洪减灾工作牵扯面广,必须采取综合措施,加强部门配合、地区协调以及全社会的共同参与。目前,我国的防汛经费投入渠道还比较单一,社会化投入机制尚未完全建立,难以满足防灾、减灾的需要。地方保护区、洪泛区、蓄滞洪区、河道和防洪规划保留区内的防汛抗旱社会管理相对薄弱。防汛抢险队伍数量不足,规模偏小,装备落后,抢险服务能力偏低。社会化灾后保障能力不够,洪涝灾害救助主要依靠政府投入和社会捐助，洪水保险仅停留在研究层面，还没有形成操作性强的制度。全社会的水患意识还需要进一步增强，特别是工矿企业、城市社区、边远山区以及农民、中小学生、进城务工人员的防灾避险知识和自救互救能力亟待提高。

(5)一些地方防汛抗旱机构建设滞后。近几年来，个别地方防汛抗旱应急反应能力和处置能力不强的问题一直没有得到很好的解决，一个重要原因是机构建设不适应当前防汛抗旱工作的要求，一些基层防办没有固定的工作人员，仍然存在“汛前凑班子，汛后散摊子”现象。

因此，水利水电工程在洪灾风险防范方面还需要大力加强工程措施，尤其要注意加强非工程措施，如完善法制体系，加强完善应急预案编制工作，提高预测、预报、预警能力，建立洪水保险制度，提高全民防灾意识和自救能力等。与此类似，调水工程在洪灾风险防范非工程措施方面也需进一步加强。

8.2.4.2 防洪非工程措施

1. 防洪减灾政策与法规

法律、法规贯穿于防洪抗旱全过程，是一个完整的、与其他法律和政策充分匹配的政策法规体系，为防洪抗旱提供了全面的政策与法律支撑。

2. 群防体系

实行地方行政首长负责制，统一指挥，分级分部门负责；各类防守队伍明确职责、任务，参加汛前检查，熟悉工程情况，熟悉抢险预案，及时到岗到位；进入危险水位以后，24 h 昼夜不停查险除险，力求把所有险情消除在萌芽阶段。

3. 防汛检查

防汛检查是整个防汛工作的基础，防汛部门每年汛期都要组织有关人员进行全面细致的检查，确保水库安全度汛。

4. 有效落实管护人员和经费，强化防洪工程设施管理

为了确保防洪工程设施的有效管理，一是按规定配足工程管护人员，主要体现在人员的数量、人员的素质上，两者缺一不可，特别是人员素质，能够确保使工程经常得到有效的监视、发现问题能及时处理，防止大错铸成方觉察的现象发生；二是落实必要的管护经费，保证工程的安全隐患能得到及时有效的处理，使工程处于良好的运行状态，为防洪减灾提供“本钱”。

5. 完善的各类防洪预案，有效的洪灾风险管理

应急预案是控制水库风险最重要、最有效的非工程措施。随着时间推移、社会发展以及各类防洪工程设施的不断完善，原有防洪预案系统可能已不能发挥相应作用，因此应急预案的编制要实行动态管理，健全各类防洪预案，将风险管理纳入地方经济体系中，使得防洪预案能够在抗洪救灾、恢复重建、发展、防洪减灾与备灾等不同阶段充分发挥抵御洪灾的作用，呈现出良性循环过程。

6. 完善的洪水预报、预警系统

洪水预报、预警系统是一种重要的非工程防洪措施。安全、可靠、实时、现代的水情自动预报、预警系统，能为防洪调度和指挥抢险救灾提供科学依据，为防范、抗击洪水提供技术支撑。

7. 完善的防汛抗旱物资储备制度与反应迅速的抢险队伍

完善的防汛抗旱物资储备制度与反应迅速的抢险队伍，是取得防汛抗旱胜利的前提条件。防洪抗旱物资储备制度的建设是完成抢险救灾任务、实现安全度汛抗旱的基础。建立防洪抗旱物资储备制度可以克服防洪抗旱经费加拨过程缓慢和被挪用等弊端，也是一项切实可行的主动防洪抗旱措施。

做好物资储备的同时，也要加强抢险队伍的建设。全国各地大都成立了县、乡、村三级防洪抗旱抢险队，逐人登记，加强培训，认真学习防洪抗旱抢险知识，提高全民防洪抗旱抢险能力，并根据各自情况开展防洪抗旱抢险演习，提高抢险队伍应急抢险水平。正是防洪抗旱物资储备的完善及抢险队伍的保障，成功缓解了 2001 年淮河旱情以及抗御了 2007 年流域性大洪水。

8. 防汛指挥决策系统

自 1998 年淮河流域大水后，我国加大了对防汛抗旱指挥系统建设的投入力度，其指挥系统涉及水利部、七大流域机构和 31 个省(市、区)，以更好地为当地防洪抗旱工作服务。2007 年 7 月下旬，淮河中下游水位居高不下，堤防、水坝等水利工程长时间受高水位的浸泡，防汛压力明显增大。淮河防汛总指挥部通过防洪抗旱指挥系统，快速采集和传输水情、灾情等信息，并对其发展趋势做出预测、预报、分析，同时通过会商系统、远程视频监视系统、程控交换系统，与水利部、淮河流域各省、市、区的防汛抗旱指挥部进行数据传输和信息交流，制订防洪抗旱调度方案，迅速、准确下达指令，为防洪指挥提供了先进、可靠的决策支持，大大提高了防汛调度的及时性、科学性，从而成功抗御了 2007 年的洪水。

9. 防洪减灾宣传、培训、演练(习)

广大人民群众是抗洪救灾的主体，他们的自觉参与是取得防洪减灾成效最大化的基础。多渠道、大众化、科普化的宣传工作，能提高广大人民群众的水患意识、法律意识以及逃生技巧等。通过有效的培训、演练(习)等，可以更有效地确保真正发生紧急情况时有条不紊，行动敏捷、紧凑，做到及时性和快速反应；同时通过演练(习)可检验预案达到的效果程度，以不断完善更新应急预案。

10. 洪水保险

洪水保险作为一种社会保险，与其他自然灾害保险一样，具有社会互助救济性质。财产所有者以每年交付一定保险费形式，对其财产投保，遇洪水受灾后，可得到损失财产的赔偿费。洪水保险本身并不能减少洪水灾害损失，而是以投保人普遍的相对均匀的支出来补偿少数受灾人的集中损失。因此，洪水保险是风险转移的主要方法之一。我国洪水灾害频率高、范围广、灾情重，而且防洪标准偏低，因而实施洪水保险具有重要意义。

11. 洪泛区土地管理

洪泛区土地管理就是通过颁布一些法令条例，规范人们在洪泛平原的开发行为，协调人与洪水的关系，实现洪泛区自然属性和社会属性的统一，达到减轻洪涝灾害、促进洪泛区经济社会与环境协调发展的目的。

8.2.5 抗震非工程措施

8.2.5.1 地震风险防范措施存在的问题

世界各国都十分重视对地震和地震风险防范措施的研究。但我国在地震风险防范措施方面还有一些不足。

1. 地震预防方面

首先,防震减灾的相关政策和法规体系不完善,执行力度较差。其次,部分建筑工程抗震设防标准不科学、执行打折扣。再次,对地震常识普及宣传力度不够,广大民众存在疏忽和侥幸心理,面对地震缺乏有效的预防、规避和自救能力等。最后,目前还不能对大多数地震做出准确预报,特别是短临预报的成功率还比较低。

2. 地震救援的现状与不足

在我国,任何单位和个人都有依法参与防震减灾活动的义务,特别是中国人民解放军、中国人民武装警察部队和中国民兵,应当执行国家赋予的防震减灾任务。这是我国地震救援制度的体制优势。但是,地震救援是一个包括紧急抢救地震受伤人员和财产、医治受伤人员、安置受灾人员、抚慰受灾人员心灵和恢复受灾人员生活等众多环节的复杂工作过程,目前我国的地震救援体制仍然存在明显的不足,如管理协调效率不高、缺乏专业救援力量等。

3. 灾后损失补偿机制方面

目前,我国对地震灾后损失主要采取由政府主导、社会力量参与和商业保险补充的综合型补偿模式。我国的地震灾后损失补偿模式是一个过分依赖政府的模式,这种模式具有持续性差、不确定性明显、政府负担重和补偿程度低等特点。因此,我国应该学习日本等国家,积极建立适合我国的地震保险制度。

水利水电工程在地震风险防范方面还需要大力加强非工程措施建设,如完善法制体系、加强完善应急预案编制工作、提高预测预报预警能力、完善地震救援机制、建立地震保险制度以及提高全民防灾意识和自救能力等。与此类似,调水工程在地震风险防范非工程措施方面也需进一步加强。

8.2.5.2 抗震非工程措施

为了尽量避免水利水电工程受到地震作用时的溃坝现象,尽可能减轻由于地震引起溃坝而对下游地区造成的后果,除加强抗震工程措施外,非工程措施也会对减轻地震后果起到非常重要的作用。抗震非工程措施一般包含以下几种。

1. 抗震救灾政策与法规

《中华人民共和国防震减灾法》《中华人民共和国突发事件应对法》《中华人民共和国传染病防治法》《破坏性地震应急条例》等众多抗震救灾政策与法规中,明确了各级政府部门的职责、各专门机构和有关人员的职责以及每个公民应有的权利和义务,为抗震工作提供了坚实有力的法律支持。

2. 抗震救灾经费支持

中央财政定期下达水利抗震救灾应急经费,用于大、中、小型水库除险加固以及应急除险等,这给抗震救灾工作提供了强大的经济支撑。

3. 各类防震抗震应急预案

应急预案是控制水库风险最重要、最有效的非工程措施。抗震救灾标准应急预案、各省市公安部门启动的抗震应急预案、灾后救助预案、地震灾情信息收集预案等各类防震抗震应急预案为防震抗震工作提供了有力支持。2008 年水电水利规划设计总院制定了《水电工程地震应急预案编制大纲(试行)》,为进一步规范、指导水电工程地震应急预案的编制提供了遵循的依据。

4. 群测群防

从某种程度讲,群测群防是以人而不是仪器构成一个网络而形成的预警系统,是在当时国内科学不发达、财力不足的前提下,以低成本的测试,专家主导,爱好者参与,适合中国国情的一条路子。

5. 地震预报、预警系统

地震预报、预警系统是一种非常重要的非工程措施,在很大程度上决定了灾害损失的严重程度。科学、准确、及时的地震预报、预警系统能够在很大程度上减小风险,但目前地震预报、预警系统的研究还是一个很大的难题。

6. 完善的抗震救灾物资储备制度与反应迅速的抢险队伍

完善的抗震救灾物资储备制度与反应迅速的抢险队伍,是取得抗震救灾胜利的前提条件。建立抗震救灾物资储备制度可以克服抗震救灾经费加拨过程缓慢和被挪用等弊端,也是一项切实可行的主动抗震救灾措施。

做好物资储备的同时,要加强抢险队伍的建设。一支训练有素的抗震抢险队伍能够使人员损失得到很大程度上的降低。

7. 地震应急指挥

地震应急指挥是指当破坏性地震发生时,各级政府根据震情、灾情的实际情况,迅速调度指挥一切可以救灾的资源(队伍、物资),进行针对性救灾工作的决策过程,其目的是最大限度减少灾害损失,稳定灾区社会秩序。

8. 抗震减灾宣传、培训、演练(习)

通过多渠道、大众化、科普化的宣传工作,能提高全民防灾、减灾意识,增强防灾、减灾能力,最大程度地减少人员伤亡。

9. 地震保险制度

地震保险制度是抗震救灾体系中最重要的一环,但中国保险业目前还没有用于地震保险的独立条款和合理费率。可借鉴日本的地震保险制度:地震保险是一种专门保险,用以补偿因地震、火山喷发以及由此引发的海啸等造成的损失,该险种由投保人自愿加入,以居住用的建筑物和家庭财产为保险对象,是火灾保险的附加险。

10. 国内及国际社会的无私援助

遭受地震灾害的国家,损失都是非常惨重的,国内及国际社会的无私援助在一定程度上对受灾区的经济发展提供了巨大的物质和精神支持。

由于地震灾害的突发性及预测、预报的难度,使得应急措施变得十分重要。汶川大地震次日上午,科学技术部确定了以下六大应急措施:

(1)迅速组织多领域专家对地震灾情和预防次生灾害进行综合技术研判,掌握第一手材料,为抗震救灾决策服务。

(2)利用先进的卫星遥感、遥测等先进技术手段,获取灾区遥感、遥测等图像资料,为及时、准确掌握灾情提供有效帮助。

(3)根据灾区的紧迫需求,组织一批抗震救灾和恢复重建的应急适用技术和高新技术产品(装备),尽快送到一线,服务抗震救灾。

(4)紧急划拨经费支援地震灾区。

(5)印发部署科技抗震救灾工作的紧急通知,要求各级部门采取有效措施切实发挥科技在抗震救灾中的作用。

(6)尽快建立遥感、地质、建筑、医药等各领域的技术咨询专家组,随时准备赶赴一线投入地震救灾。

8.3 智能巡检措施

随着科技和经济的高速发展,水利发展越来越朝着现代化、信息化、科学化迈进。全方位推进智慧水利建设,大幅提升水利信息化、智能化水平是水利工程今后发展的重点方向。大型调水工程日常巡检和维修养护存在范围广、面积大、设备多、任务重等要求,成为调水工程管理的重点和难点问题。传统工程巡检模式为:运行人员根据巡查路线要求,定时定点开展巡视检查,并将巡视检查记录在相应的纸质台账上,发现问题以后需要运行人员及时上报给技术管理人员,技术管理人员再将问题汇总给管理单位,管理单位根据问题的轻重缓急组织开展维修养护。

传统巡检模式对运行人员本身的依赖较强,如果运行人员漏巡、对现场存在的问题判断有误或者出现其他风险漏洞,则会极大降低巡检效率,严重时甚至会危害调水工程安全运行。因此,调水工程建设时,管理单位积极探索实践自动化、信息化建设,着手用智能巡检系统代替传统巡检,运用到工程检查中,并且结合工程运行实际,通过不断探索与实践,形成一套既简便易行,又蕴含规范化、标准化理念的智能巡检系统。

随着互联网的迅速发展,物联网概念逐渐进入人们视线。它是现代信息技术与经济社会发展到一定程度必然经历的阶段。随着生产社会化以及智能化的发展,物联网技术应运而生,它是传统商品与信息网络深层次结合的产物。这不仅可以促进社会生产力的极大发展,而且改变着人们的生活方式,引起更大变革。物联网这个概念已深入到生活中的各个方面,物联网是信息技术发展到一定程度的必然产物,也是经济社会发展到一定阶段的新要求。物联网是生产社会化、智能化发展的必然产物,是现代信息网络技术与传统商品市场有机结合的一种创造。物联网在计算机互联网的基础上,利用信息网络技术、传感器技术将世界上万事万物连接到一起组成了庞大的网络,人们可以监控到整个网络的物品运行情况,实现了物的智能化管理操作。物联网主要由感知层、网络层和应用层三部分组成。感知层是收集信息,它主要包括射频标签及读写器、传感器、摄像头、传感器网络等,利用它们去识别、采集信息。网络层主要是将感知层获取到的信息分析整合,它主要指的是通信、网络管理中心及智能控制中心等。应用层是与行业紧密结合到一起,实现行业智能化。随着社会的进步与发展,各行各业急需提高智能化需求,物联网等技术被应用到了许多领域。对于一些烦琐数据采集处理的工作如日常巡检就更加需要智能化,通过移动终端采集巡检数据,通过无线传输将数据上传到服务器整合处理,相比较人工采集更加高效。以往的人工巡检存在众多弊端:

(1)管理制度混乱,完全凭借巡检人员自觉性,偶尔会随时抽查,但作用不大。

(2)巡检人员大多素质比较低,责任心差,往往存在侥幸心理,认为少去一两次不会发生意外情况,但事故往往就是这样发生的。

(3)还有一些弄虚作假的问题,巡检人员投机取巧,巡检数据胡乱填写,然后上交。

(4)员工经常让人顶替巡检。

(5)巡检数据真实性不高,并且难以有效管理,不能对巡检结果进行有效处理,由于数据量巨大,靠人工无法辨别巡检问题的趋势报告,无法及时、直观地查看设备出现故障的频率。

(6)对数据的分类整理,任务繁重复杂,容易出错,整理不系统。

巡检工作是日常维护的基础,巡检的科学化和规范化有助于将日常维护落实到实处,将风险处理在萌芽之中。因此,对于巡检工作要格外重视,巡检工作不仅仅将巡检数据记录下来,然后上传到巡检后台,最重要的是对巡检数据进行分析处理,对有问题的设备进行及时修复。

目前,工程中越来越重视安全以及效率的重要性,必须不断地对巡检系统进行改进以满足工程需要。结合物联网技术的发展以及调水工程实际情况,基于物联网技术的工业设备智能巡检系统势在必行。智能巡检管理系统每天制定任务,巡检人员通过终端领取任务,进行巡检,提交巡检数据,可以随时随地进行上传和下载,这样避免了之前巡检过程中的各种问题,为巡检工作提供了极大方便。

智能巡检管理系统能够使管理人员更完整、及时、规范地掌握巡查人员的工作是否尽职尽责,可以大大提高工作人员的工作效率,增强了巡检工作人员的责任心,满足了工程管理需要。

8.3.1 巡检系统研究现状

巡检是巡检工作人员按照预先制定好的巡检任务或工作安排,并借助巡检工具或者人体感官对设备或指定的区域进行检查,记录巡查情况并对遇到的特殊情况向上级汇报。巡检系统主要包括以下功能:对设备基本情况进行数据采集,记录巡检人员操作情况作为巡检工作考核;对巡检数据等相关信息进行分析处理,及时对厂区缺陷设备进行维护处理;对设备、人员、巡检终端、巡检任务以及巡检数据进行管理。

巡检方式主要采用人工现场巡检,也有采用远程视频监控以及飞行器、机器人巡检等手段。但是这些方式使用成本高、范围面比较窄、外在因素影响比较大,从而导致巡检质量难以保证。现在的巡检系统大多在传统巡检的基础上,利用物联网技术提高巡检监管力度,并对巡检数据提供分析汇总功能。

目前采用的巡检方式参差不齐,根据巡检信息采集方式的不同,主要分为以下三种。

8.3.1.1 人工巡检

巡检人员拿着笔、纸对现场情况进行记录,采集完数据将数据录入计算机。这样对巡检人员起不到监督作用,无法获知巡检人员采集数据的真实性,而且数据量巨大,巡检数据得不到有效管理。

8.3.1.2 基于位置的巡检系统

基于位置的巡检系统主要针对巡检范围大的情况,要求确定巡检人员的方位以及巡检线路与巡检计划是否一致。这样的采集方式主要分为两种:一种是巡检人员携带身份标识与巡检目标进行匹配,从而获知巡检人员的具体位置。另一种是巡检人员自身携带定位装置,可以实时确认位置信息。常用的定位装置是 GPS 定位装置,采用此装置适合对巡检线路要求比较高的巡检。

8.3.1.3 基于标识的巡检系统

该类系统在巡检目标上设置标签,在规定时间内巡检人员手持巡检工具,按照巡检任务对巡检目标进行扫描,匹配成功后录入巡检信息,能够确保巡检人员在规定时间内对巡检目标进行巡检。常用的信息标识主要有信息钮扣、条形码、二维码、射频标签等。信息钮扣主要用来进行信息识别,它的种类很多,外壳采用金属封装,抗腐蚀,不易损坏,密封性好。它具有唯一的数字标识,将信息钮扣装在所要巡检的目标上,这样与信息钮扣接触时会产生感应,完成巡检数据录入。条码技术在平面上能够呈现黑白的图形,通过几何图形按照特定规律实现。信息密度很高,能够承载大量信息,在破损情况下仍能够识别全部信息,防伪能力强,能够有效防止伪造,制造相当容易。射频标签采用的是 RFID(射频识别)技术。射频标签与读卡器共同组成了一套 RFID 系统,两者不需要直接接触,读卡器便可获取射频标签信息,它相比信息钮扣最大的不同是采用非接触式,成本降低。

随着物联网技术的不断发展以及信息化的不断提高,巡检系统功能不断完善并应用在很多行业,包括电力巡检、石油管道巡检、水电站、公共安全巡逻、铁道部门巡检等。

8.3.2 关键技术

8.3.2.1 智能巡检制度的构建

智能巡检系统主要是通过查看设备状态实施巡检来确定维修项目,这种巡检制度是一套科学的设备管理方法,也是设备状态检修的基石,遵循科学的“七定”管理方法。通过巡检人员对设备进行定点、定期检查,掌握设备产生故障的苗头信息,及时采取合理的措施,将异常、故障消灭在萌芽阶段,从而排除一定量的隐患。管理内容包括:

(1)定点:工程厂区现场设置巡检区域,在大块的巡检区域内设置小的巡检点,巡检点均根据经常性、日常性检查进行设置,由面及点的设置便于管理。

(2)定周期:巡检点位是根据设备分类最大化来定的,巡检周期则根据已制定的维修养护巡检规则,对各个巡检点位设定检查周期和检查频次。

(3)定标准:每个巡检点均有一些参考选项与数值,预先将各个巡检点上的检查要求和检查标准对应预设到每个点位中,然后根据具体情况来记录巡检的部位是否正常,是否在正常的阈值内。

(4)定巡检任务卡:编制巡检任务卡,包括设备的巡检点、巡检任务卡、巡检线路、巡检周期、巡检方式和巡检仪器使用等一系列注意事项,它是巡检人员开展工作的指导书。

(5)定岗位:确定开展巡检工作的人员名单,同时告知有关人员具体的岗位职责和相关注意事项,确保各类巡检工作能够落实到人,安排到位。

(6)定记录:巡检记录根据已制定的各类日常性检查表的格式对应记录,便于数据的统一管理,同时针对一些特殊的异常现象还应单独重新记录。

(7)定巡检处理流程:巡检处理流程规定对巡检结果的处理对策,明确处理的程序。急需处理的隐患和缺陷,由巡检人员直接通知维修人员立即处理,不需要紧急处理的问题,则纳入计划检修中解决。

这一流程简化了设备维修管理的程序,应急处理快,维修工作落实好。巡检处理程序还规定要对巡检处理活动进行反馈、检查和研究,不断修正巡检标准,提高工作效率,减少失误。

8.3.2.2　智能巡检系统的自动识别技术

在识别物的近距离范围内,通过某种识别装置来自动获取被识别物相关信息,其后将相关信息发送给后台计算机进行相应处理的感知技术就是自动识别技术。随着应用范围的不断扩展,许多高新感知技术学科应运而生,如条码技术、磁条技术、IC 卡技术、视觉识别、射频技术、光学字符识别及声音识别等。总体来说,自动识别技术对于数据的判别、采集解决了以往工作人员经常面临的输入慢、工作量大、经常出错、重复度高等问题,对数据的快速采集具有重大意义。因此,自动识别技术作为一种全新的技术,正广泛地被接受和运用。

1. 常见的自动识别技术

1)条形码

现今大部分的商品上都有条码,条码是一种标记符,由一系列按照某种固定规则排布的条、空以及对应的字符组成。条指的是对光线反射率较低的部分,空表示的是对光线反射率较高的部分。条和空无规则构成的每一组数据都表达一组特定信息,然后利用特定设备识别读取,转换成二进制信息或者十进制信息,再用计算机进一步处理。通过上述介绍可以获知,一维码仅能用作识别功能。所以,在使用过程中普通的一维码仅作为识别信息,然后在计算机系统中查找相应信息从而获取其表达的真实含义。

根据编码规格的不同,世界上现有 225 种以上条码。编码规格规定了条、空的排列是如何表示字母、数字、文字的。现阶段常用的一般是 UPC 码、39 码、128 码、EAN 码、ISSN 码和 ISBN 码等。通过一维码的辨识可以迅速知道辨识对象的一些基本信息,如商品名称、价格等。然而,一维码并不能对商品做出描述,这就是一维码最大的弊端。

2)二维码技术

与一维码不同的是,二维码可以通过大小不同的、黑白相间的点来储存信息的点阵图案。二维条形码根据编码方法的原理,可将其分为三种:

(1)线性堆叠式二维码:这种编码方式继承了一维条形码的编码原理,由多个一维码纵向堆叠而成。

(2)邮政码:这种编码方式按照条的长度进行编码,一般主要用于邮政编码,如:Postnet、BPO 4-State。

(3)矩阵式二维码:这种编码方式是将黑、白像素不均匀地分布在一维矩阵中进行编码。典型的码制如 Maxi Code、Data Matrix、Aztec 等。跟一维码相比,二维码包含了更多信息容量,不仅能够标识对象,还能描述具体信息。二维码不仅可以将人的姓名、电话等基本信息进行编码,还可储存人体的特征如指纹、照片等。对于有前科的犯罪人员,这一条信息也可以相应存储起来,从而降低了犯罪率,因此早期的二维码技术主要用来辨别证件的真伪。如果使用一维码,则要从数据库中调取这些相应信息,降低了效率与准确率。

3)RFID 身份识别技术

从 20 世纪 90 年代起,一种非接触的自动识别技术——射频识别(RFID)得到了广泛关注。RFID 通过无线射频在识读器与射频标签之间进行非接触双向数据传输,以此实现目标识别和数据交换。相关人士根据应用及前景预测在将来几年内,RFID 技术可在市场的新型产品与服务等领域带来巨大商机。此外,随之而来的还有资料储存系统、服务器、资料库程序、服务顾问、管理软件,以及其他电脑基础设施的巨大需求。从某种程度上来说,这些预测有着过于乐观的一面,但毋庸置疑的是,RFID 技术将会带来巨大的市场及应用前景。目前,以 Intel、IBM、Microsoft 和 Sun 等高科技公司为首的科研团队都在加速开发 RFID 软、硬件产品。从某种意义上来说,RFID 技术就是条形码的无线版本,它具有高速的读取速度、较大的存储空间、强大的穿透性与较高的安全性,这些优势是其在生产、物流、交通、运输、医疗、防伪、跟踪、设备和资产管理等众多领域具有广泛应用的主要原因。广阔的应用领域证明了 RFID 技术即将成为全球热门的新技术。现今的 RFID 技术是 AEI 在射频技术方面的具体应用与发展,射频信号的空间特性使得 RFID 无须接触即可实现双向通信。此外,RFID 技术还能够利用已经接收到的信息对所需标识的物体实现自动识别。正是由于无须接触即可识别和可实现多目标同时识别的优势,RFID 技术得到了许多领域的认可,并获得了早期识别技术无法比拟的青睐。最简单的 RFID 系统包含三部分内容:

(1)射频标签。具有唯一的标识符,每个标签都有独一无二的电子编码。它由耦合元件及芯片组成,可以附着在设备上标识目标对象。

(2)识读器。是用来读取/写入标签信息的设备,为方便起见,通常为手持式。

(3)天线。是实现标签和识读器之间射频信号传递的工具。

RFID 的工作原理是:识读器按照一定频率通过发射天线不断向外发送射频信号,当射频标签感知到天线所发送的射频信号时,就会产生感应电流从而获得能量处于激活状态。一旦被激活,射频标签就利用内置天线发送自身编码等信息。识读器的接收天线接收到来自于射频标签的载波信号后,由调节器加以处理返送给识读器,然后由识读器对信号进行解码与解调并送往后台主系统进行相关处理。在进行逻辑运算后,主系统根据结果判断该标签是否合理;若合理,则根据标签信息做出相应的回应与处理。

根据电子标签的特性来进行分类,可以将 RFID 技术分为有源和无源两种类型。当 RFID 工作时,为驱动应答器以便内部数据广播,由读写器向应答器发送频率特定的无线电波。有源 RFID 工作原理主要是电子标签通过主动方式将信息传达给读写器,然后将接收到的数据进行解读,随后将数据传递给应用程序进行下一步处理。无源 RFID 工作原理是电子标签获取读写器中的信号能量,然后将标签内部数据反馈给读写器。不同的制造厂家都有自身独特的制造工艺,可将天线、读写器、收发器及主机按照不同的方法集成为一个整体或者少数部件。

2. NFC自动识别技术

NFC自动识别技术属于近场通信(NFC),NFC又称为近距离无线通信,是一种短距离的高频无线通信技术,它允许电子设备之间以非接触的点对点数据传输(在10 cm内)模式进行数据交互。NFC识别技术由免接触式射频识别(RFID)演变而来,因此可兼容RFID。它最早由Sony公司和Philips公司各自研发成功,当时的主要用途在于为手持设备(如手机)提供M2M(Machine to Machine)通信。NFC具有天然的安全性,正因为此,它在手机支付等需要安全保障的领域内具有较为广阔的应用前景。与其他无线通信技术相比,NFC具有更高的安全性,因此被中国物联网校企联盟比作机器之间的"安全对话"。芯片、天线和基本软件的组合就能实现无线设备的短距离通信,这使得NFC具有成本低、简便易用和直观性强等特点,也是NFC在很多领域更有竞争力的直接原因。

支持NFC的设备有主动和被动两种数据交换模式。由启动通信的主设备(NFC发起设备)在通信过程中提供射频场的数据交换模式为被动模式。在被动模式下,主设备进行数据传输时可选的传输速率有106 kbps、212 kbps和424 kbps。从设备(NFC目标设备)采用负载调制方式,以相同速率将数据传输回主设备,这一过程中并不需要生成射频场。这种通信模式可兼容基于ISO14443A、MIFARE和FeliCa的非接触式智能卡,正是由于这种原因,在被动模式下,主设备可以通过相同的连接与初始化过程检测非接触式智能卡或者从设备的存在,从而建立正常通信。如图8-2所示为NFC主动通信模式。

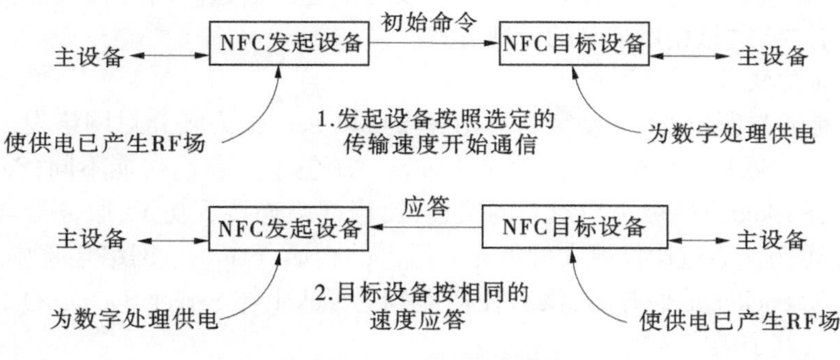

图8-2　NFC主动通信模式

8.3.2.3　智能巡检系统通信技术

网络通信主要包括无线和有线两种方式,无线网络与有线网络最大的不同就是传输介质的不同,有线网络通过实体介质传输,无线网络通过无线电技术传输。随着社会的发展,无线通信技术得到迅猛进步,给人们在各个方面带来了很多便利。目前,很多学校、广场、餐厅、图书馆及会议室等都覆盖了无线网络,给我们带来了很大程度的自由及高效的生活,提高了人与人的合作和沟通,为工作带来了很大的方便。

无线网络发展迅速,在其发展过程中,很多标准化组织参与制定的工作,例如Internet工程任务组、电气电子工程师协会、无线以太网兼容性联盟及国际电信联盟。目前,最常用的无线网络标准主要包括蓝牙标准、Home RF标准及802.11标准等。

1. WiFi与GPRS技术

WiFi是一种无线局域网技术,它的全称是Wireless Fidelity,目前主要遵循

IEEE 802.11a 和 IEEE 802.11b 标准协议。它有很多优势，快速的传输速率，可达 11 Mbps，有效距离长，兼容性强。WiFi 是 WiFi 联盟（WiFi Alliance）旗下的无线通信技术品牌。它所使用的频段在全球范围内都是免费的，并不由某一网络供应商独立提供，正因为此，以 IEEE 802.11 为通信标准的网络应用之间的互通性得到了很大的提升。此外，它可以为大规模范围内的无线应用产品提供免费的无线网络接口，此接口具有高数据带宽而且费用低的优点。同时，WiFi 技术的出现为我们生活带来了诸多便利，如在 WiFi 范围内可以快速地进行网页浏览，也可以进行电话通信等，这些降低了网络接入速率，提升了网络访问速度。

通用分组无线业务（GPRS）是在全球移动通信系统（GSM）的基础之上发展起来的，它能为用户提供高速的分组数据业务。通用分组无线业务通常被称作“2.5 G”网络，它不仅是全球移动通信系统的延续，也在移动通信网络从 1 G 向 3 G 过渡中起到了重要作用。目前，通用分组无线业务已经发展的相当成熟，完成了对国内绝大部分区域的覆盖，能够稳定地传输信号。它与全球移动通信系统网络传输方式不同，GPRS 网络进行数据传输的方式是分组（Packet），具有良好的稳定性和较高的传输速度。在以分组交换为通信方式的信息传播中，数据被打包为固定长度，每一个数据包的前面都有包头（其中包含地址标志，可表明该数据包的接收方）。分配信道并不需要在数据传送前进行，而是在数据包到达时再根据包头中的信息临时寻找可用信道。在这种传送模式中，频谱资源为所有用户共享，数据包的发送者和接收者之间并没有固定的信道。同时，GPRS 网络根据用户使用的流量计费，这是相对公平的计费方式。

2. Socket 通信技术

Socket 就是通常所说的“套接字”，应用程序可以 Socket 为媒介对网络发出请求或者应答请求。Server Socket 和 Socket 类库位于 java.net 包中。它们功能不同，Server Socket 主要在服务端，Socket 主要被用来建立网络连接，当网络连接成功了，服务器与客户端均会生产 Socket 实例。通过操作该实例可完成所需的会话。在一个网络连接中，作用于服务器端和客户端 Socket 是平等的，没有任何差别。Socket 与 Server Socket 的工作是通过 Socket Impl 类及其子类完成的。

Socket 间的连接过程可以根据连接启动的方式以及本地套接字的连接目标分为以下三个步骤。

（1）服务器监听：服务器端套接字对网络进行实时监听，等待客户端的连接请求，它不能对客户端套接字定位。

（2）客户端请求：客户端提出向连接服务器的申请，它对连接的服务器套接字进行描述，指定服务端套接字的 IP 地址和端口号，然后向服务端发送连接请求，等待服务器做出回应。

（3）连接确认：服务器端检测到有客户端请求连接申请，会马上做出反应，对客户端套接字建立新的线程，反馈信息给客户端。当客户端接受到服务器反馈信息后并确认，连接即成功。服务器端套接字还会一直保持监听状态，以便接收其他客户端套接字请求。

8.3.3 智能巡检流程

智能巡检流程应主要包括巡检任务制定、巡检任务执行、巡检任务报告、缺陷管理与巡检统计功能。

8.3.3.1 巡检任务制定

管理员在系统中录入并指派巡检任务计划，巡检人员通过移动终端设备可接收或查询被分派的任务。移动终端设备接收到制定好的任务时，提醒巡检人员查看该任务。

8.3.3.2 巡检任务执行

巡检人员在持有移动终端设备巡检时，移动终端设备通过 GPS 定位记录巡检路线，并通过 WiFi 或移动网络将巡检情况上传到智能巡检主机。

8.3.3.3 巡检任务报告

巡检人员在巡检过程中遇到问题时，通过移动终端设备记录问题，并上传到智能巡检主机。当一次巡检任务完成时，智能生成巡检结果报告，重点记录巡检路线及巡检中遇到的问题。

8.3.3.4 缺陷管理

系统在上报数据库的同时，会将附带的缺陷位置、照片、声音等信息一起传送至系统后台。对枢纽工程巡视检查发现的异常现象通过颜色标识进行示警。对巡检发现的问题按照隐患类别(渗流、变形、裂缝、管理措施等)进行分析诊断。

8.3.3.5 巡检统计

巡检统计包括巡检执行情况统计、巡检部位统计、缺陷统计、巡检工作量统计、巡检报告生成等。能按照不同的分类快速将巡检情况进行分类统计，使各级分管领导和管理者可以较全面地掌握巡检情况。

8.4 应急预案

当隐患事件已发生时，需立即采取工程措施对险情加以控制和消除。针对不同建筑物的各类隐患事件，可根据隐患事件程度和范围选择一种或几种处理措施。

8.4.1 渡槽和倒虹吸

8.4.1.1 建筑物地基失稳

1. 地基承载能力不足

(1)首先在距建筑物外轮廓边界约 2 m 的周边采用钻孔方式垂直植入树根桩，间距 1~2 m，分两序间隔施工。

(2)周边垂直向树根桩施工完毕后，在距建筑物外轮廓边界 0.5~1 m 的周边，采用钻孔方式斜向植入树根桩，桩底插入建筑物基础下部，间距 1~2 m，分三序间隔施工。

(3)根据地基条件，树根桩桩底高程一般为插入承载能力较高地层 1~2 m。

2. 填土地基边坡失稳

(1)变形体顶沿滑裂面进行封闭防渗处理。

(2)沿变形体下缘设置排水反滤体。

(3)当填土地基外侧临河,边坡失稳系水流淘刷所致,采用抛石或铅丝石笼固脚,抛石范围为整个淘刷区域。

(4)在坡脚采用块石或编织土袋砌筑压脚戗台,压脚戗台高度约为变形体最高处至剪出口最低处竖向距离的1/3,压脚戗台沿变形体滑动方向的顶宽度约为变形体破裂面顶底缘水平投影距离,顺渠堤轴线方向长度覆盖变形体,两侧外延距离各3 m。

(5)变形体外漏区域采用防水膜覆盖。

3. 集中渗漏出口导致地基水土流失

(1)在集中渗漏出口设置压浸平台,防止水土流失。

(2)迅速查明渗漏通道。

(3)靠近渗漏通道入口处采用黏土、土工膜封闭渗源。

(4)采用植入树根桩方式进行地基加固处理。

8.4.1.2　建筑物抗滑失稳

1. 有效重力减少

(1)修复结构缝止水和土工膜,防止渗漏。

(2)在周边设置排水减压孔降低基底扬压力,降水孔直径600~800 mm,内置排水反滤装置,孔深根据地层条件确定。

2. 滑动力增加

(1)设置临时支撑或采用其他平压方式,先控制墙体滑移变形。

(2)疏通或增设排水减压孔,孔内采取反滤措施。

(3)有条件可适当降低建筑物外侧填土高度。

(4)当上述措施均无法有效解决问题时,可对建筑物外侧填土进行加固,加固方式可采用抗滑桩或植入树根桩。

3. 摩擦系数不足

(1)设置临时支撑或采用其他平压方式,先控制墙体滑移变形。

(2)根据建筑物结构受力钢筋布置,在临空侧布置斜孔或在建筑物底板顶面或结构顶面布置垂直孔,钻孔穿过建基面插入地基2~3 m,孔径200~400 mm。

(3)孔内植入钢筋束。

(4)采用C50高强度等级细石混凝土填充。

8.4.1.3　建筑物抗浮失稳

1. 露顶建筑物

(1)临时在建筑物上方采用土袋增加压重,稳定上浮变形。

(2)疏通原设计布置的所有排水孔道,使其正常工作。

(3)当地基透水较强时,对于穿渠建筑物进出口底板可直接增设排水孔,降低扬压力、排水孔直径70~100 mm。

(4)对于调节池底板,在周边设置排水减压孔降低局部区域地下水位,降水孔直径600~800 mm,内置排水反滤装置,孔深根据地层条件确定。

(5)对于强透水地基,仅采用降水难以在短期内满足抗浮稳定要求时,可在降水井外围(距降水井轴线2~3 m)设置防渗墙或延长降水时间。

2. 下埋建筑物

(1)避免高地下水位期进行检修。

(2)恢复原设计在建筑物上方的地形条件,稳定上浮变形。

(3)在周边设置排水减压孔降低局部区域地下水位,降水孔直径600~800 mm,内置排水反滤装置,孔深根据地层条件确定。

8.4.1.4　建筑物裹头边坡失稳

(1)抛石护岸,砂砾石反滤。

①水流冲刷区外有渗漏:砂砾排水层+填土或土工袋压脚。

②水流冲刷区外无渗漏:填土或土工袋压脚。

③水流冲刷区:当河道为土质河床时,沿填筑体坡脚周边压入直径200 mm钢管桩;控制变形进一步恶化,然后在钢管桩外侧抛石护脚;对于砂砾石河床,在河岸一定范围直接进行抛石或抛投铅丝笼护脚;稳定河岸。

(2)变形体顶沿滑裂面进行封闭防渗处理。

(3)在建筑物基础周边对建筑物基础进行加固处理,其加固措施视地基土质而定。若为土质地基,可植入树根桩加固;若为砂砾石或砾质土地基,则可采用灌浆方式。

8.4.1.5　河道冲刷

(1)按操作规程关闭穿越河道建筑物上游进口控制闸或节制闸,随时监控闸前渠道水位变化情况。

(2)穿越河道建筑物上游渠道第一个退水闸根据节制闸闸前水位变化配合开启,以保持渠道水位基本稳定为原则。

(3)采用大体积料物,大块石、石袋、石笼等及时护岸,保持河岸稳定,以免河岸冲刷危及输水建筑物进出口安全。

(4)当河道中部发生超标准冲刷时,有条件时,应调集驳船,在输水建筑物上下游距建筑物边界3~5 m部位抛石保护河床;部分宽浅式河流,在不影响当地防洪抢险条件下,可在下游适当位置采用块石或土袋,或石笼束窄河床抬高穿渠建筑物所在河段水位,降低流速,减少冲刷。

8.4.1.6　结构破坏

(1)需要中断相关输水通道输水,减载或设置支撑除险,然后研究加固方案。

(2)先减载或设置支撑除险,然后研究加固方案。

8.4.2　PCCP及压力管涵

8.4.2.1　结构整体抗滑失稳处理应急预案

1. 穿越农田埋管整体失稳

(1)清除管顶不对称的覆土荷载或者回填管节一侧土坑,平衡管道两侧水平压力。

(2)采用坡降纠偏、顶升纠偏、综合法纠偏。纠偏常用方法有钻孔掏土纠偏、辐射井射水排土纠偏、注水纠偏、锚桩加压纠偏、压桩掏土纠偏等。

(3)当地质条件差,箱涵套管出现不均匀沉降变形时,将会引起输水埋管变形裂缝和漏水,因此需要对不均匀沉降的箱涵套管采取校正措施,如在上翘的顶部压重,在下倾的箱涵底板换填基础等。

2. 调压池、连接井等高挡墙失稳

(1)调压池挡墙或者底板出现不均匀沉陷变形引起漏水现象,首先关闭调压池上游检修阀门,待调压池、蓄水池清空后,对挡墙沉陷部位采用灌浓浆处理,抬高沉陷部位基础,矫正挡墙或者底板不均匀沉陷。

(2)当岸墙、翼墙因地下水位、上下游水位的变化,边荷的增加、地震等级的提高、防渗和排水失效等因素,导致墙后水土压力加大,使挡墙出现整体破坏时,加固改造措施主要有:①疏通或增设渠内水面线以上的排水设施,以减小墙后水压力;②墙后换填摩擦角较大、重度较小的回填料,减小土压力;③增加墙趾宽度,在墙底板下增设阻滑桩,或在墙后增设锚杆或抗滑板。

3. 水闸失稳

(1)当水闸基础和地基发生不均匀沉降时,可采用地基处理、基础托换进行基础加固,也可以调整荷载分布进行纠偏。

(2)当水闸向下游整体滑移变形时,可在闸墩下游布设抗滑桩,也可在底板下游进行固结灌浆或者增设锚杆。

(3)当水闸向垂直水流向出现变形位移时,水闸两侧水压力、土压力大小不均,可把闸后回填料换为易于透水的砂性土,两侧回填高度保持对称。

8.4.2.2　局部承载能力失稳处理应急预案

1. PCCP 局部承载能力失稳

(1)当 PCCP 管节出现预应力钢丝断丝时,应采用碳纤维布或钢带对钢丝断裂处上下游约 1 m 宽度进行预应力补强,预应力从中心向两边逐渐减小。

(2)当由于外力作用(如钻孔)或内力作用使 PCCP 管道产生局部破损,经现场鉴定可修复时,可在洞口安装内衬板进行修复。

(3)输水工程发生 PCCP 爆管时,根据爆管点所处的纵断位置,实施完成停水调度和最近截断爆管位置后,开启就近的泄水系统,利用水泵排水,同时利用潜水泵进行爆管涌水面或淹没面外围排水。一旦爆管,不论爆管处所占面积大小,由于预应力钢丝断裂将影响整根管材的预应力效应。目前,由于缺乏外喷砂浆层的握裹力或黏结力权威性试验成果和结论,对整根管材预应力失效范围难以进行准确评估,为保证安全,彻底消除隐患,建议采用整根管材更换的方案。

2. 箱涵局部承载力失稳

当倒虹吸混凝土箱涵被局部冲毁时,可采用内衬加固、外包加固、钢丝网水泥喷浆和喷射混凝土修复等。在内衬加固中,可采用内衬钢板、钢丝网水泥,或者在箱涵内套钢筋混凝土预制管,额外增设一条箱涵;外包加固中,可在箱涵裂缝处采用钢丝网水泥喷浆或喷射混凝土补强加固。

3. 启闭室局部承载力失稳

当启闭闸室梁、板、柱出现横向裂缝、纵向裂缝或斜向裂缝,梁板设计强度不足时,可首先降低活荷载,然后建议委托原设计单位复核启闭排架的承载能力,如有必要,可采用粘钢加固、外包钢加固。

8.4.2.3　输水埋管过流能力减小处理应急预案

(1)加大闸门开度或者孔数,增加过流能力。

(2)当低温过流能力减小时,可增加埋管管顶覆土厚度,防止冻胀。

(3)当埋管内泥沙淤积时,定期清理泥沙。

(4)当闸门前有冰凌时,可用温水破除闸门和闸墩上的冰凌,用机械或开水破除闸门前的冰盖或冰塞。

(5)当溢流面有空蚀破坏、增大糙率时,需要采用环氧砂浆对溢流面进行抹平。

8.4.2.4　构件渗漏处理应急预案

1. PCCP 管身贯穿性裂缝漏水

(1)环向裂缝。

通过对漏水或涌水点开挖揭露,当属于管身环向裂缝引起时,拟定内修和外修两个抢修方案:

①内修方案。当现场具备完全排水或管内检修阀、排空阀完全排水条件时,进入管道内,将环向裂缝打磨清理干净,用环氧树脂打底,然后用环氧树脂水泥泥子补平,再采用全圆碳纤维补强加固并密封,粘贴宽度不小于 50 cm。

②外修方案。同 PCCP 承插口漏水处理方案。

(2)纵向裂缝。

纵向裂缝引起的漏水,同样拟定内修和外修两个抢修方案:

①内修方案。当现场具备完全排水或管内检修阀、排空阀完全排水条件时,进入管道内,将环向裂缝打磨清理干净,用环氧树脂打底,然后用环氧树脂水泥泥子补平,再采用碳纤维沿纵向裂缝长度两侧各外延 50 cm 全环补强加固并封闭,最后将整根管外包 50 cm 厚 C20W6F150 混凝土。

②外修方案。先进行排水降压处理,完成后沿纵向裂缝采用专用堵漏剂封闭,打磨清理干净,采用碳纤维沿纵向裂缝长度两侧各外延 50 cm 补强加固并封闭,然后按 15 cm 间距安装管箍紧固,最后整根管外包 50 cm 厚 C20W6F150 混凝土。

2. PCCP 承插口漏水

承插口漏水时,根据现场排水条件,同样拟定内修和外修两个抢修方案:

(1)内修方案。当现场具备完全排水或管内围堰完全排水条件时,进入管道内,将承插口接缝部位砂浆全环凿除,在承插口部位修 45°斜坡,塞入焊条,将钢制承插口焊死,并用环氧树脂涂刷 200 μm 厚防腐层,填充双组份聚硫密封胶,最后采用环氢砂浆密封修补部位。

(2)外修方案。当虽不具备完全排水条件,但具备停水检修条件(如双管中的一条)时,可就近关闭检修阀,开挖和排水降压同步进行,排水降压利用就近空气阀,先关闭空气阀的检修闸阀,然后拆卸空气阀,利用事先准备好的连接法兰和管路排水降压。开挖和降压(管顶以上 2 m 水头即可)完成后,凿除漏水承插口部位的水泥砂浆深度 5 cm(全环),采取专用的堵漏剂全环封堵 PCCP 管道接缝,初步止漏打磨后,采用环氢涂料 4 层以上 600 g/m^2 破璃丝布封闭,封闭宽度不小于 20 cm,最后采用专用管箍加固封闭。

3. 穿越公路或者铁路 PCCP 漏水

(1)当穿越公路、铁路套管端头有渗水逸出点时,分析渗水来源。当套管端头埋管管身裂缝漏水时,对管身裂缝附近采用化学灌浆,然后在管身裂缝附近外包钢板,并加强固定。当套管内埋管管身裂缝漏水,对输水管外回填混凝土布置钻孔 8 m、10 m 深,进行环向固结灌浆。

(2)当 PCCP 渗水量较大时,运行管理人员应尽快关闭附近两端检修阀,开挖排水沟导出渗水量,降低对公路、铁路路基的影响,同时与公路、铁路管理人员沟通具体解决措施。

(3)检查埋管结构缝止水,如止水破损,则对结构缝缝面采用柔性材料进行加固,或者采用防水涂料加固。

(4)当溢流面或闸墩有空蚀破坏时,建议用环氧砂浆抹平空蚀凹槽,并涂抹防水涂料。

(5)当闸室两岸出现绕渗破坏时,可在闸肩增设防渗刺墙或垂直防渗设施,如构筑防渗墙、高压喷射灌浆建造防渗帷幕、垂直铺塑等。

4. 材料应急老化处理应急预案

1)PCCP 材料老化

更换承插口的钢环或橡胶圈,对承插口接缝处重新处理。

2)混凝土老化

(1)裂缝修补。

①表面修补:包括表面涂抹、表面粘贴等。

②凿缝填充修补:一般适用于修补水平面上较宽的稳定裂缝或准稳定裂缝,也可以用于修补因钢筋锈蚀引起的顺筋裂缝。

③锚固:修补分缝和预应力锚固,它们多用于混凝土及钢筋混凝土的补强加固,以恢复混凝土承载力为目的的修补。

④灌浆:混凝土裂缝可用灌浆进行修补,混凝土裂缝灌浆的目的:一是补强加固,二是防渗堵漏。裂缝灌浆有水泥灌浆和化学灌浆两种。

(2)低温冻融破坏的混凝土修复。

水工蓄水建筑物上游做好防渗层,修补渗漏水的裂缝、孔洞,切断水源并保证排水系统畅通,使负温区混凝土内的水减少到最低限度,争取做到只冻不胀。对无法设置上游防渗层或设置有困难者,可在靠近上游的混凝土内钻孔灌浆设置止水帷幕,在其后加强排水,排走透过帷幕渗进混凝土结构内部的水。对多数结构物的混凝土冻融破坏,均可采用凿旧补新的方法进行修补加固处理。

3)混凝土碳化引起钢筋锈蚀的修补

钢筋锈蚀发展前期,在保护层表面喷一层涂料;锈蚀发展中期及后期,清除保护层混凝土,补强钢筋。

4)混凝土碱骨料反应的破坏

当发生碱骨料反应的破坏时,应凿除混凝土,重新浇筑。

8.4.3 高填方渠道

8.4.3.1 边坡失稳

1. 渠堤外坡

(1)变形体顶沿滑裂面进行封闭防渗处理。

(2)沿变形体下缘设置排水反滤体。

(3)在渠堤外坡脚采用当地材料填筑压脚戗台,压脚戗台高度约为变形体最高处至剪出口最低处竖向高度的 1/3,压脚戗台沿变形体滑动方向的顶宽度约为变形体破裂面顶底缘水平投影距离,顺渠堤轴线方向长度覆盖变形体,两侧外延距离各 3 m。

(4)变形体外露区域采用防水膜覆盖。

2. 过水断面内坡

(1)变形体顶沿滑裂面进行封闭防渗处理。

(2)在一级马道路缘石外侧以静压方式植入直径 200 mm 钢管桩。

3. 一级马道以上边坡

(1)变形体位于坡顶:变形体上部开挖减载;变形体顶沿滑裂面进行封闭防渗处理,变形体表面和坡顶采用防水膜覆盖。

(2)变形体位于坡中部:变形体顶沿滑裂面进行封闭防渗处理;整个变形体采用塑料防水膜覆盖。

(3)变形体位于一级马道附近:变形体顶沿滑裂面进行封闭防渗处理;整个变形体采用塑料防水膜覆盖;在变形体中下部以静压方式植入直径 200 mm 钢管桩。

8.4.3.2 渗流破坏

1. 集中渗漏、流土

(1)在集中渗漏出口设置压浸平台,防止水土流失。

(2)迅速查明渗漏通道。

(3)靠近渗漏通道入口处采用黏土、土工膜封闭渗源。

2. 管涌

(1)在涌水口采用绿豆石填压,绿豆石填压厚度一般为 20 cm,且不小于管涌出水口尺寸的 2 倍;填压平面直径一般为 10 倍管涌通道直径,且不小于 1 m。

(2)在绿豆石上方填中粗砂,厚度一般为绿豆石厚度的 50%,然后填绿豆石;绿豆石上方填筑碎石;碎石上方压填块石,碎石厚度与绿豆石厚度相同,块石厚度为绿豆石厚度的 2 倍。

(3)在进行管涌出水口处置的同时,在排水反滤体外围采用编织袋码砌形成围井或采用装配式围井。

(4)在管涌出水口处置的同时,迅速查明管涌通道。

(5)靠近管涌通道入口处或渠堤引水侧,采用无毒化学堵漏材料封闭通道源头。

8.4.3.3 防洪堤

1. 浸顶

(1)在防洪堤外侧距防洪堤约 50 cm 处开挖截渗槽,底宽 30~50 cm,槽深 30~50 cm。

(2)在防洪堤外侧坡面敷设土工膜,将土工膜下端植入截渗槽,采用黏土填塞,并压实。

(3)在土工膜外侧砌筑编织土袋到加高高程,坡脚处宽度根据洪水预报计算需要的加高高度确定,一般为需要加高高度的1.5~2倍。

(4)疏通排洪通道,降低局部区域洪水位。

2. 溃决

先用编织土袋或铅丝石笼封堵缺口,然后在其外侧用黏土或编织土袋堵漏。

8.4.3.4 排水涵管堵塞

(1)疏散可能淹没区居民,防止水位上升造成当地居民生命财产损失。

(2)准备直径为0.6~0.8 m的浮球,浮球系在尼龙绳的一端,尼龙绳长度约为1.5倍涵管展开长度。

(3)洪水期间,将浮球放入需要清理的通道涵管进口内,随水流穿过涵管在出口浮出水面。

(4)利用纤维绳将钢丝绳从倒虹吸输水通道中穿过。

(5)钢丝绳中部安装一定重量的带有爪牙或钢丝刷的钢丝网。

(6)在进出口两端适当位置,利用绞车来回拉动钢丝绳,挠动淤积物,使其通过流水排出排洪涵管。

(7)在排洪倒虹吸进口上游一定距离(一般不小于100 m)的天然河道较宽位置的下游侧,将铅丝石笼采用钢丝绳固定在河道岸边,防止杂物沿水流进入倒虹吸;条件允许时可考虑在倒虹吸出口采取适当措施减缓入涵水流流速,配合事故处理。

(8)在洪水期间应加强渠道沿线天然河流水流状态的巡查,特别注意防止大型漂浮物进入左岸排水倒虹吸涵管,随时打捞聚集在进口处的漂浮物。

8.4.3.5 排水渡槽浸溢

(1)在排水渡槽进口上游一定距离(一般不小于100 m)的天然河道,设置临时或永久拦沙坎,防止含泥量极高的水进入排水渡槽,造成渡槽淤塞。

(2)在洪水期间应加强渠道沿线天然河流水流状态的巡查,随时打捞聚集在渡槽进口处的漂浮物。

(3)对于可能发生漫溢的排水渡槽下部渠坡采用混凝土硬化处理,加强坡面防护。

8.4.3.6 渠堤漫顶

(1)当渠水漫顶是由于大气降水、渠外洪水加入造成时,主要通过输水调度解决。

(2)当漫顶是渠堤或建筑物地基沉降变形引起时,可在渠堤顶采用袋装土或其他抢险物资堆砌临时子堤挡水,然后研究处置方案。

8.4.3.7 渠堤溃决

(1)在口门较窄时(溃口宽度不大于1 m,深度不大于1 m),采用大体积物料(如篷布、石袋、石笼等)及时抢堵,以免口门扩大,阻止突发事件进一步发展。

(2)溃口口门尺寸较大时,应在第一时间采用大型石笼、大块石等抢筑裹头。

(3)在堤防迎水面安装两排螺旋锚,然后抛砂石袋减少急流对堤防的正面冲刷,减缓堤头的崩塌速度。

(4)沿堤防裹头向背水面安装两排螺旋锚,抛砂石袋,减少急流对堤头的冲刷和回流对堤背的淘刷。

(5)待裹头初步稳定后,采用打桩等方法进一步予以加固。

(6)向龙口抛填石笼、块石护底,龙口稳定后实施封堵措施。

(7)溃口封堵首先采用立堵法,从溃口两侧按照拟定的封堵轴线快速向中间合龙,合龙至一定位置后,流速较大时,采用平堵法实现溃口合龙。溃口合龙时若流速、流量较大不宜合龙时,可采用钢管框架阻挡填料实现合龙。

(8)实现封堵进占后,首先在临水侧回填黏土,再铺设复合土工膜,复合土工膜上部抛填黏土袋压重防止冲刷。

(9)渠道流量增加宜采用优化调度方式除险。

(10)设备故障排除需相邻节制闸配合。

8.4.3.8　衬砌抗浮失稳

(1)疏通原设计布置的所有排水孔道,使其正常工作。

(2)在渠堤周边或一级马道以上坡面设置排水减压孔降低局部区域地下水位,降水孔直径 600~800 mm,内置排水反滤装置,孔深根据地层条件确定。

8.4.3.9　车辆坠落

应急措施包括坠落车辆打捞,坠落物资打捞,水质污染处理,渠道衬砌及防水系统水下修复、桥梁修复等多方面内容,需要进行专门研究。

8.5　应急调度与处置措施

8.5.1　应急调度目标

通过应急调度,控制突发事件的发展和蔓延,防止和减小次生灾害,减少退水,提高应急调度措施的经济性。

制订应急调度预案应首先考虑预案的时效性,是否能快速控制突发事件,保证工程安全的同时兼顾社会效益和经济效益,预案具有可行性和可操作性。

应急调度预案的主要目标如下:

(1)及时控制灾害的发展和蔓延。

(2)保障工程安全。

(3)减小退水量,减少经济损失。

(4)保证事故上游正常供水,下游供水不中断。

应急输水调度方案是一个多目标、多约束条件的闸门操作过程,不同的闸门响应方式和响应过程,对调度目标造成的影响区别很大。应急调度时,节制闸关闭时间越早、关闭速度越快,渠道内水体达到平稳状态所需时间越短,有利于快速控制突发事件,但是节制闸前水位壅高也越大,闸后水位降落也越快,不能满足渠道对水位变化速率的要求。例如,节制闸下水位日降幅最大限值的正常调度要求,在应急调度时就难以保证。节制闸、退水闸与分水闸联合调度较单一闸门调度引起的水位波动小,但闸门控制策略及闸门操作相对复杂。

8.5.2　应急调度预案编制思路

应急调度预案编制首先应按突发事件类别及发生的渠段位置等进行事故的识别和分类分级，而后进行分级响应，采取应急处置或调度措施，最终事故得到有效控制后应急终止。

突发事件类别总体可分为水质污染、渠道及建筑物结构破坏、设备故障及社会安全类等四类，根据闸门控制策略的不同，具体分为三大类事故进行应急预案编制：水质安全事故、渠道及建筑物结构破坏事故及设备故障事故。社会安全类事故控制规则同水质安全事故。

应急调度预案应包括以下内容：

(1)对突发事件分类分级。

(2)参与应急调度各闸门的启闭过程(节制闸闸门开度时刻表及分水闸、退水闸流量变化过程)。

(3)渠道的水力响应过程。

8.5.3　应急调度预案运作流程

调水工程总干渠全线线路长，建筑物众多，结构复杂，沿线跨越地域多，气候、地质条件变化频繁，且工程沿线多穿越村镇、城市周边地域，居民生产、生活交叉较多，容易出现突发事故，因而应急反应需建设完善的应急调度预案库，同时形成完整、完善的系统化工作流程，以应对随时可能出现的突发事件，应急调度预案过程框架见图 8-3，主要内容包括突发事件预警识别、突发事件分类分级、应急响应及应急终止四大步骤。

8.5.3.1　突发事件预警识别

针对工程运行调度过程中可能发生的突发事件，完善预防预警机制，开展风险分析评估。结合工程已建立的关键部位及渠道特征断面水质、水量和水位监测网络，建立日常巡视检查制度，适时获取应急管理需要的监测数据，建立健全信息网络，及时采集相关信息，分析突发事件发生的可能性、级别、趋势和危害程度，向上级主管部门提出预测报告和应对建议。如有必要，可加密监测频次或加设特征断面监测，及时传输到应急管理办公室信息中心，做到早发现、早处置。

1. 信息监测

监测信息主要包括工程沿线的污染物泄漏、沿线交通肇事事件、闸门调度失灵、恶劣水文气象、洪涝灾害和地质地震灾害等公共信息，以及渠道建筑物安全信息和总干渠的水情信息(含渠道水质、水位、流量)。

当发生污染物泄漏、交通事故、闸门调度失灵、灾害性天气、江河洪水和地质地震灾害等突发事件时，应急管理办公室信息中心应及时向当地气象、水文、地震、环保、交通、公安等部门了解最新数据及其发展趋势，其中包括突发事件发生的时间、地点、类型、发展趋势及可能造成的危害等信息；沿线渠道建筑物安全，渠道水质、水位、流量及供水调度等日常信息及分析结果，由属地各级管理机构按时提交至应急管理办公室信息中心。

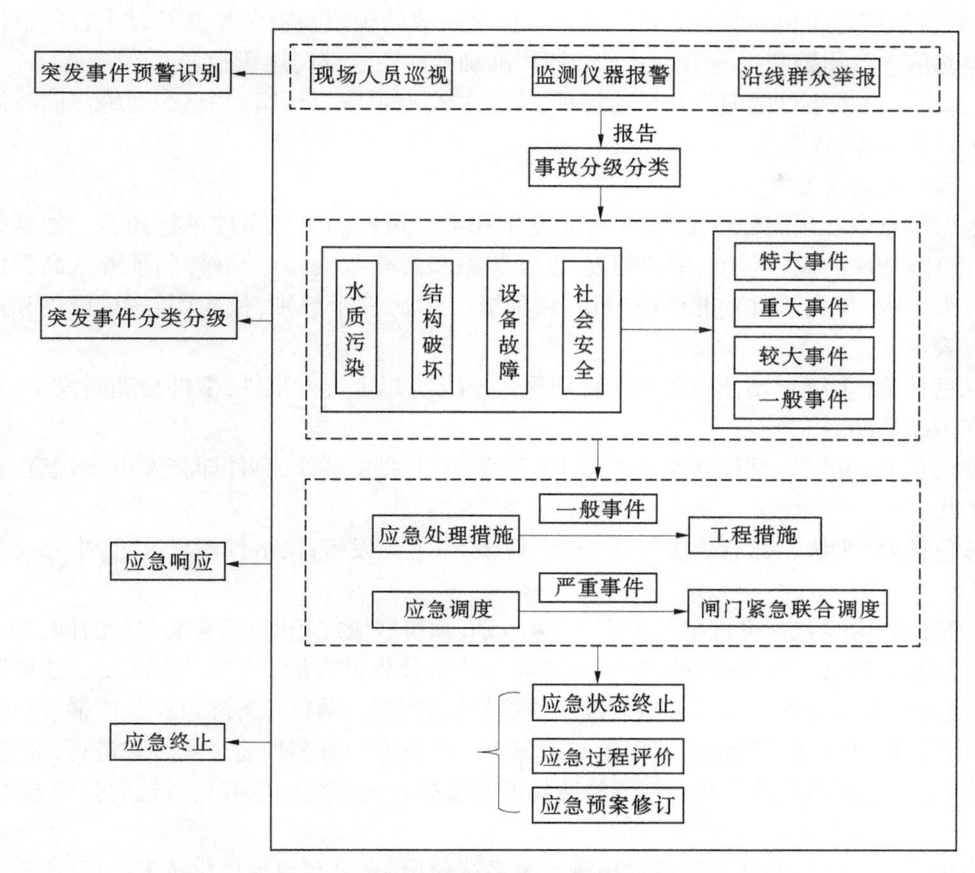

图 8-3　应急调度预案过程框架

2. 预防预警行动

结合信息监测手段,在特殊时段和渠段特殊部位针对性预警。

(1)例如,在夏季汛期,应密切关注沿线穿越的较大河流洪水涨落情况,加强与当地水情主管部门沟通协调,实时收集洪水雨情及预报信息,评估洪水可能对总干渠输水运行产生的不利影响,及时发布预警信息。

(2)总干渠沿线周边化工厂或水库水源地上游陆域、水域如发生有毒有害原料泄漏事件,可能传播并危及本工程输水水质安全的,各级管理站应加强监测或调查,掌握供水水质动态情况,并及时向上级信息中心报送水质信息。

(3)日常运行管理应加强节制闸和退水闸等闸门调度设施的检查维护,有问题早发现、早维护,以便应急使用。

(4)特别干旱季节,如有沿线群众违法取水或扒堤抢水情况,发生水事纠纷,应及时与当地公安部门联系协调,制止此类事件的发生或延续。

(5)沿线总干渠设有各类交通桥梁。若有汽车、行人和其他物体意外落入输水渠道,应及时与当地交通部门联系,制订救助方案,尽快打捞落物,避免此类意外事件对输水调度产生较大影响,特别是对装载有化工有毒有害物质原料的,更应及时应对。

(6)各级管理单位要综合分析可能引发供水事故的预测预警信息并及时上报。根据早期监测信息及预警和报警信息,应该及时、准确地向主管部门逐级报告。

(7)开展突发事件的假设和风险评估,完善各类专项应急预案,并组织演练。同时做好相关宣传工作,提高安全意识。

3. 预警级别及发布

根据信息中心预测分析结果,对可能发生和可以预警的突发事件进行预警。根据突发事件可能造成的危害程度、紧急程度、发展势态和影响范围,突发事件的预警从高到低可划分为Ⅰ级(特别严重)、Ⅱ级(严重) 和Ⅲ级(一般)三个级别,依次用红色、橙色和蓝色予以表示。

红色预警(Ⅰ级):预计将要发生特别重大(Ⅰ级)以上突发事件,事件会随时发生,事态正在不断蔓延。

橙色预警(Ⅱ级):预计将要发生重大(Ⅱ级)以上突发事件,事件即将发生,事态正在逐步扩大。

蓝色预警(Ⅲ级):预计将要发生一般(Ⅲ级)以上突发事件,事件即将临近,事态可能会扩大。

预警公告内容包括突发事件类别、预警级别、预警区域或场所、预警期起始时间、警示事项、影响估计及应采取的措施、发布机关等。预警公告发布后,预警内容需变更或解除的,应当及时发布变更公告或解除公告。预警公告的发布、调整和解除可通过广播、电视、报刊、通信、信息网络、警报器、宣传车或组织人员逐户通知等多种途径和方式进行,对老、幼、病、残、孕等特殊人群以及学校等特殊场所和警报盲区应当采取有针对性的公告方式。

4. 预警支持系统

为加强工程运行调度突发事件预测预警系统建设,充分利用现代化技术手段,实现网络管理、智能分析、数字传输,提高各类突发事件预测信息的及时性、准确性、科学性,建立突发事件应急指挥综合信息管理系统,实现预警信息跨区域、跨部门联合与共享。

(1)建立突发事件预警信息系统。建立周边重点污染源排污状况实时监控信息系统、区域环境安全评价科学预警系统等。

(2)建立应急资料库。建立供水调度数据库系统、突发环境事件应急处置数据库系统、突发事件专家决策支持系统、环境恢复周期检测反馈评估系统等。

(3)建立应急指挥技术平台系统。根据需要,结合实际情况,建立有关类别事件专业协调指挥中心及通信技术保障系统。

8.5.3.2　突发事件分类分级

1. 突发事件分类

根据突发事件的性质和机制,结合总干渠供水调度实际情况,主要从水质安全、渠道及建筑物结构安全、设备故障和社会安全等4个方面进行分类。

1)水质安全事件

水质安全是工程输水的前提和基础,一旦发生水体污染事件,水质不能达标,无法满足沿线用户用水需求,即应做弃水处理。而沿线周边的化工厂和交通桥梁都可能是潜在的隐患,主要有以下几种水质安全情况:

(1)沿线周边化工厂爆炸或渗漏引起的渠道水质污染事件。

(2)装载有毒有害化学品车辆从沿线交通桥梁坠渠诱发的水质污染。

(3)人为恶意投毒事件。

2)结构破坏事件

(1)边坡失稳或泥石流引发的渠道淤堵(毁)破坏。

渠道边坡稳定问题是比较严重的工程地质灾害,渠坡的稳定性主要取决于地质构造及渠坡土(岩)层的性状,由一般黏性土、岩石组成的渠坡稳定性好,但由膨胀土、湿陷性黄土状土、软黏土等特殊土组成的渠坡稳定性较差。此外,深挖方渠段形成的高边坡也容易诱发边坡失稳破坏,一旦边坡失稳或泥石流造成大量土方滑落渠道,将造成不同程度的渠道淤堵(毁)破坏,进而引起渠道水位壅高甚至漫溢(决口)。

(2)渠道漫溢事件。

渠道漫溢一般发生在挖方渠段和渡槽渠段(槽顶设计超高较小),闸门控制操作不当和渠道淤堵均可能引起渠道漫溢。

(3)地质地震、暴雨洪水和爆炸等引起的渠道及交叉建筑物破坏与失事。

近代中小地震活动的频次和水平均不高,不过仍应引起重视,毕竟地震可能对总干渠造成毁灭性破坏。此外,总干渠沿线穿越众多河流,汛期暴雨可能引发河流洪水翻越总干渠或将左岸排水建筑物管涵冲垮;同时,对于渠道倒虹吸工程,如果其上河流冲刷深度超标,也可能引起渠道倒虹吸顶板裸露,进而发生冲毁破坏。

3)设备故障事件

控制设施(设备)是确保总干渠正常运行的神经网络,一旦发生故障,将造成部分闸门操作失灵、输水调度一定程度的失控,进而引发渠道水位壅高(或降低),不利于渠道正常运行输水控制。主要有以下几种情况:

(1)附近电网停电。

(2)雷击导致带电设备失灵。

(3)电气设备故障或爆炸破坏。

(4)金属结构设备故障。

(5)人为盗抢工程电缆等设施。

(6)闸门底板异物造成的闸门不能关闭到位或闸门脱落。

4)社会安全事件

(1)恐怖袭击。

恐怖袭击事件主要以重要建筑物和控制设施设备爆炸破坏或以水体投毒方式出现,严重威胁工程安全和水质安全,将对工程输水调度产生严重不利影响。

(2)水事纠纷和群体上访事件。

水事纠纷和群体上访事件对总干渠正常运行调度影响不大,一般不需采取应急输水调度措施,应加强应急组织管理,如及时报告当地(或上级)政府和水行政主管部门进行协调处理。

(3)交通桥梁及沿线明渠坠车落人落物事件。

根据工程运行实践情况来看,交通桥梁及沿线明渠坠车落人落物事件出现较多。对于一般的坠车落人落物事件，不需采取应急输水调度措施，应及时报告当地政府交通主管部门，协调进行相应的打捞抢救工作。如果涉及重大人员伤亡和财产损失（或发生水质污染的），则应进行应急调度措施。

2. 突发事件分级

以上这些事件都将不同程度地影响工程供水的安全性、连续性和平稳性，其直接后果是造成北京引水流量的减少甚至完全中断，或造成人员伤亡和财产损失，或危及周边公共安全。根据突发事件的性质、严重程度、可控性和影响范围等因素，将各类突发事件初步分为4个级别：Ⅰ级（特别重大）、Ⅱ级（重大）、Ⅲ级（较大）、Ⅳ级（一般）。

1）Ⅰ级（特别重大事件）

满足以下条件之一的，为特大事件：

遭受重大水质污染、结构破坏、闸门调度瘫痪或造成30人以上死亡（含失踪），或危及30人以上生命安全，或造成1亿元以上直接经济损失的，或造成100人以上中毒（重伤），或需要紧急转移安置10万人以上的。

2）Ⅱ级（重大事件）

满足以下条件之一的，为重大事件：

遭受严重水质污染、结构破坏、闸门调度瘫痪或造成10人以上、30人以下死亡（含失踪）的，或危及10人以上、30人以下生命安全的，或造成5 000万元以上、1亿元以下直接经济损失的，或造成50人以上、100人以下中毒（重伤）的，或需要紧急转移安置5万人以上、10万人以下的。

3）Ⅲ级（较大事件）

满足以下条件之一的，为较大事件：

遭受水质污染、结构破坏、闸门调度故障或造成3人以上、10人以下死亡（含失踪）的，或危及3人以上、10人以下生命安全的，或造成30人以上、50人以下中毒（重伤）的，或造成较大直接经济损失的。

4）Ⅳ级（一般事件）

一般突发事件不严重影响闸门正常输水调度，且短期内即可修复的事件；满足以下条件之一的，为一般事件：

（1）造成3人以下死亡（含失踪）的，或危及3人以下生命安全的，或造成30人以下中毒（重伤）的，或造成直接经济损失不大的。

（2）沿线路桥发生交通肇事或其他原因，造成渠道内坠车落人落物，但未造成水质污染，并且未发生重大人员伤亡和财产损失的。

（3）渠道发生轻度水质污染的，经水净化处理后满足水质标准要求的。

（4）因机械或电气设备故障等造成一孔闸门（节制闸一般为2～3孔）不能灵活启闭的，但未严重影响输水调度的。

（5）渠道衬砌发生局部破坏，但未严重影响输水调度的。

（6）地质滑坡或其他原因造成渠道局部堵塞，但未严重影响输水调度的。

（7）其他不严重影响输水的突发事件。

当发生突发事件后，依照上文建立的突发事件分类分级标准，对事故类型进行判别分类,并将事故发生时间、地点、事故类型、事故初步原因判断、现场人员伤亡、财产损失状况、是否有次生灾害发生等详细信息分级上报,指挥调度中心接到险情报告后,根据现场信息对事故进行分级,并发布预警,根据事故级别分为红、蓝、黄色预警。同时保持与事故现场的信息沟通,及时获得最近的事故进展情况,对事故类别、分级及预警级别进行调整。

8.5.3.3　应急响应

1.总体要求

突发事件应急响应坚持属地为主的原则,属地各级人民政府按照有关规定全面负责突发事件的应急响应工作。根据突发事件的性质、可控性、严重程度和影响范围,并根据总干渠输水中断持续时间,以及人员伤亡和财产损失情况,突发事件的应急响应分为Ⅰ级响应(特大事件)、Ⅱ级响应(重大事件)、Ⅲ级响应(较大事件)和Ⅳ级响应(一般事件)四级。超出本级应急处置能力时,应及时请求上一级应急救援指挥机构启动上一级应急预案。

在对突发事件分级的基础上,分别提出不同的应急响应措施,还应从以下几方面考虑:

(1)事故发生位置。若事故发生在某个水库或某条连接渠,属于支流问题,其造成的后果相对要小些,可能使引水流量减小;若事故发生在总干渠某渠段,属于干流问题,其造成的后果相对要复杂,影响范围大,可能使引水流量大幅减小甚至完全中断。

(2)事故类别。分析水质污染、闸门调度设施失灵破坏以及渠道溃堤决口和主要建筑物失事等事故可能造成的不同方面的后果,应加以区别对待。

(3)是否危及沿线周边公共安全。若突发事件除直接影响向北京输水外,还危及事发当地周边公共安全,还应考虑当地的应急救助措施。

总之,针对各类各级突发事件,提出相应的应急响应措施,以及节制闸和退水闸联动的输水调度措施,以减小事故对输水的影响程度和范围,保证总干渠安全、连续和平稳的供水调度,并最大限度地减少人员伤亡和财产损失,从而将事故灾害的不利影响降至最低。

2.信息报告

报告内容为:事故发生的时间、地点、类别、输水运行情况、伤亡人数、财产损失、影响范围、事故初步原因,以及所采取的应急措施等。紧急情况下,事故报告单位可越级上报。报告分事件发生报告、事件处理报告和事件处理结果报告三种。可采取直接报告、电话及正式书面报告等形式。对发现及处理情况可采取直接报告和电话报告的形式,对处理结果,要求以正式书面报告的形式报告。

3.信息处理

1)信息登记

在接到突发事件报告时,立即对所接收的报告进行登记,包括:

(1)发生事故的时间、地点、信息来源、事件性质,简要经过,初步判断事故原因。

(2)事故造成的危害程度,输水是否中断、伤亡人数和事件发展趋势。

(3)事故发生后采取的应急处理措施及事故控制情况。

(4)需要有关部门协助抢救和处理的相关事宜及其他需上报的事项。

2) 信息核实

属地工程管理部门接到突发事件的报告后,会同有关部门立即组织调查小组,对事件进行调查核实,查明事件的起因、实际危害程度及发展趋势,重大事件、特大事件,在属地管理部门调查的同时,需组织调查小组,对事件进一步调查核实。

3) 信息发布

突发事件发生后,要及时发布准确、权威的信息,正确引导社会舆论。属地管理部门及其他部门不得随意或恶意传播有关的信息。事件发生的第一时间要向社会发布简要信息,随后发布初步的核实情况、政府应对措施和公众防范措施等,并根据事件处置情况做好后续发布工作。信息可通过广播、电视、张贴告示等方式进行发布。依据国家有关法律法规和程序发布。

4) 通信

应急管理办公室根据实际需要,对启动应急预案涉及的相关部门提前制订通信联系方式及备用方案,在未出现突发事件的情况下,要求应急管理办公室对通信联系方式定期进行核实。在确认应急预案启动的同时,应急管理办公室将通信联系方式及时提供给现场指挥处置机构,并协同现场指挥机构做好辅助工作。

4. 应急监测

应急监测部门负责组织实施突发事件的应急监测工作,应急监测包括总干渠水情分析(含水质、水量和水位等)和建筑物结构破坏监测等。可采用仪器自动化监测、人工监测和巡视检查等手段,并协助事件调查组的初步调查。应急监测报告应包括以下内容:①监测范围;②监测时间;③监测因子;④监测频次;⑤监测结果。

5. 指挥和协调

现场指挥采用分级制,遵循属地化原则。在突发事件发生后,根据事件的级别不同,在统一协调(或领导)下,会同当地水利、交通、公安、民政、气象等部门,组成现场应急指挥机构,负责现场应急救援的指挥,对突发事件进行处置。各部门在现场应急指挥机构统一指挥下,密切配合、共同实施抢险救援和紧急处置行动。现场应急指挥机构组建前,事发地管理部门和先期到达的应急救援队伍必须迅速、有效地进行输水调度和实施救援。现场指挥、协调、决策应以科学、事实为基础,果断决策,全面、科学、合理地考虑工程运行实际情况、事故性质及影响、事故发展及趋势、资源状况及需求、现场及外围环境条件、应急人员安全等情况,充分利用专家对事故的调查、监测、信息分析、技术咨询、救援方案、损失评估等方面的意见,消减事故影响及损失,避免事故的蔓延和扩大。在事故现场参与救援的所有单位和个人应服从领导、听从指挥,并及时向现场应急指挥机构汇报有关重要信息。

指挥协调主要内容包括:

(1)提出现场应急行动原则、要求。

(2)派出有关专家和人员参与现场应急救援指挥部的应急指挥工作。

(3)协调地方政府,各级、各专业应急力量实施应急支援行动。

(4)协调受威胁的周边地区的监控工作。

(5)根据现场监测结果,确定正常输水运行时间。

接到现场突发事故报告后,指挥中心迅速根据险情级别建立应急响应机制,启动应急预案,从分类分级响应进入应急响应过程。对于一般性事件,采取妥善的工程措施进行处理;对于严重事件,需要总干渠部分或者全线闸门进行紧急联合调度,采用应急调度数学模型生成的全线闸门操作指令进行应急调度。

8.5.3.4　应急终止

1. 应急终止的条件

符合下列条件之一的,即满足应急终止条件:

(1)总干渠正常输水运行调度。

(2)事件现场得到控制,事件条件已经消除。

(3)事件所造成的危害已经被彻底消除,无继发可能。

(4)事件现场的各种专业应急处置行动已无继续的必要。

(5)采取了必要的防护措施以保护公众免受再次危害,并使事件可能引起的中长期影响趋于合理且尽量低的水平。

2. 应急终止的程序

(1)现场救援指挥部确认终止时机,或由事件责任单位提出,经现场救援指挥部批准。

(2)现场救援指挥部向所属各专业应急救援队伍下达应急终止命令。

(3)应急状态终止后,相关应急监测和工程管理部门应根据上级指示和实际情况,继续进行水情监测和渠道建筑物结构安全评价工作,直至其他补救措施无须继续进行。

3. 应急终止后的行动

(1)应急指挥部指导有关部门查找事件原因,防止类似问题的重复出现。

(2)不同类别突发事件专业主管部门负责编制特别重大、重大事件总结报告,于应急终止后上报。

(3)应急过程评价。组织有关专家,会同事发地各级人民政府组织实施。

(4)根据实践经验,不同类别突发事件专业主管部门负责组织对应急预案进行评估,并及时修订应急预案。

(5)参加应急行动的部门负责组织、指导应急队伍维护、保养应急仪器设备,使之始终保持良好的技术状态。

4. 善后处理

各级人民政府有关部门积极稳妥、深入细致地做好善后处置工作。对突发事故中的伤亡人员、应急处置工作人员,以及紧急调集、征用有关单位及个人的物资,要按照规定给予抚恤、补助或补偿,并提供心理及司法援助。督促有关保险机构及时做好有关单位和个人损失的理赔工作。

当事故现场造成的危害得到控制、无继发可能,已无继续实行应急调度的必要后,由事件责任或相关部门提出,现场救援指挥部批准解除应急状态,恢复正常输水,并对本次事件的起因、事件处理过程、事件处理结果进行评估,及时修订更新应急预案。

8.5.4　应急处置措施

根据突发事件类别和级别(严重程度),可采取不同的应急处置措施。应急处置措施主要为突发事件的应对措施,但还应包含日常管理中的预防工作,尽量做到防患于未然,减少事故的发生,体现以预防为主、预防与应急管理相结合的工作原则。本报告中,应急处置措施仅提出总体方案和要求,具体实施措施和方法应由各设计单位和专业单位完成。

8.5.4.1　水质污染事件

水质污染事件主要由装载有毒有害化学品车辆渠道坠车和人为恶意投毒引起,属于灾难类事件,关系到沿线用水的水质安全问题。日常管理中应加强水质监测,适时掌握总干渠沿线水质变化动态情况。一旦污染事件发生,应紧急联系事发地政府环保主管部门和有关专家协助应对,并加强应急监测,在受污染的水体上下游渠段设置对照断面和监测断面,了解水体中污染物的运移转化情况并评价水体受污染的程度,以尽快确定造成水质污染的物质。污染物的监测方法应按照我国行业标准《水环境监测规范》(SL 219—2013)的内容操作,紧急情况下可采用快速检测方法(精确性满足监测要求)替代常规检测,并加密监测频次。若污染发生在水源水库,则应加强水库主要入库支流、水库取水口等处的水质监测;若污染发生在总干渠渠段,则应加强污染渠段上下游节制闸、交叉建筑物等处的水质监测。一般天然江河水体污染,可以充分利用受纳水体的自净容量,使污染物在运移中逐步稀释,从而依靠水体自净能力使污染物得到处理。而总干渠不同于自然江河,其水体自净能力十分有限。单一依靠水体的稀释收效很慢,需要采用人工投加化学药剂或人工治理的方法降低污染物的危害程度和范围。根据水体污染物的不同类别,分别采用不同的处理技术,总的操作方法是:对可吸附有机污染物,采用活性碳吸附技术;对金属盐类污染物,采用化学沉淀技术;对可氧化污染物,采用化学氧化技术;对微生物污染,采用强化消毒技术;对藻类暴发,采用强化混凝与气浮相结合的过滤处理技术。总的来说,可分为两种情况:一种是不影响沿线闸门正常输水调度,采用污水渠道内净化处理;另一种是采取节制闸和退水闸紧急联动调度,中断输水,将污水通过退水闸排放到渠外。

对于轻微的水污染事件,一方面,利用总干渠本身的自净能力运移稀释;另一方面,配合利用现有处理技术工艺去除污染物,在不影响沿线闸门正常输水调度的条件下,可采用水净化常规处理(加药、混凝、沉淀和过滤等)和投加粉末活性碳吸附深度处理联用技术,消除水中有毒有害物质,保持正常输水运行调度。当然,若总干渠水体受污染程度较轻,水质虽不能满足北京饮用水标准,但可为当地工业用水或农业灌溉使用时,也可启用附近退水闸将这部分受污水体排至附近河流。

对于严重的水污染事件,若污染水体扩散范围大,形成长距离受污水体,短时间内无法排出污水且不能达到水质标准,则应调用应急调度闸门操作指令,进行全线节制闸的联合调度处理。在沿线闸门的紧急调度过程中,出现渠道水位超过允许值的情况,则开启附近退水闸消峰,水位下降后再予以关闭。待事故段受污水体经冲洗处理并检测水质达标后,重新开启水库取水口和节制闸闸门,沿线节制闸自上至下依次开启,总干渠上下游水流重新贯通,恢复正常的渠道控制和调度。

事发渠段污染水体开启退水闸进行弃水处理。退水闸弃放污水时应协调地方政府主管部门,采取合理措施,尽量利用退水区附近的天然凹地、水塘和废弃水库等地形地貌蓄滞污水,集中处理后再排放至天然河流,防止发生次生事件和灾害。因水质污染造成人员伤亡,必要时启动各级公共卫生事件应急预案和公共事件医疗救援应急预案。

如果附近不具备蓄滞污水条件,则应在总干渠内进行集中治污处理,待水质达到排放标准时,经当地环保主管部门允许后排放至附近河流或水沟。

8.5.4.2 结构破坏事故

渠道及建筑物结构破坏主要包括渠道衬砌破坏、边坡失稳、渠道壅堵以及溃堤、漫堤和建筑物失事(包括临时交通埋管)、输水涵管破坏等事故。日常管理应密切关注,加强巡视检查。应加强高边坡和地质条件较差渠段的监测,适时了解边坡的位移变形情况,汛期暴雨强降水期间应加强渠道边坡巡查,当发现边坡出现变形、开裂、坡面冲刷、防护设施破坏时,应及时采取措施进行抢修处理,坡面排水沟阻塞时应及时疏通。高填方渠段应密切关注渠道外坡面或坡脚附近,出现较为严重的散浸和管涌等渗流现象,应分析原因及时采取处理措施,以免险情进一步发展演变为溃堤等重大事故。对于左岸排水建筑物,应在汛前对行洪通道进行清理,保证洪水下泄顺畅。应该指出的是,渠道衬砌破坏是较为常见的结构破坏事件,正常运行调度中,应避免渠道水位降幅过快。

根据工程结构破坏的严重情况,可分别采取以下应急处置措施:

(1)若渠道破坏不严重,可暂不做处理,保持闸门正常输水调度不变,待通水结束后再进行维修处理。

(2)对于渠道壅堵事故,也可在保持闸门正常输水调度不变的条件下,采用水下人工或机械等方法清障疏浚;或采用局部围堰施工方法进行清障和维护处理;或适当调整上下游临近节制闸闸门开度,降低事发渠段水位,以便进行施工维护处理。

(3)对于暴雨洪水、地质和地震等自然灾害诱发的渠道(或交叉建筑物)溃决、漫堤和失事的事件,紧急情况需要全线节制闸联合调度,采用应急调度闸门操作指令进行闸门控制,一旦造成渠道水位突破超高值,应立即启动附近退水闸进行弃水处理,待水位回落至控制水位时,再关闭退水闸。待工程抢修完成后,重新开启水库取水口和节制闸闸门,沿线节制闸自上至下依次开启,总干渠上下游水流重新贯通,恢复实现正常的渠道控制和调度。

8.5.4.3 设备故障事故

设备故障主要包括电网断电、电气设备故障、金属结构设备故障和盗抢工程设施设备等事故,属于事故灾难类事件,也是影响输水控制工程安全的一个重要方面。

对于电网断电事故,日常管理应对供电线路保障可靠性进行分析,配置备用电源。一旦附近电网停电,由备用发电机组自动启动并投入运行,以保证重要负荷不断电,特别应保证节制闸和退水闸等控制设施用电正常。

对于电气设备故障,应设专职值班人员负责电气设备的运行和维护。日常管理控制室内、高压室内严禁存放易燃易爆品,定期对重要设备进行巡视检查。遇到天气突变、雷雨、高温、严寒、开关事故跳闸及自投装置动作和设备有异常现象等特殊情况时,应加强或进行特殊巡视。保存好必要的备品备件,配备必要的仪表、材料,根据需要配备必要的工具,以满足运行维护需求。

对于金属设备故障,日常应进行节制闸、控制闸、退水闸和分水闸的闸门、启闭机等维护,使闸门和启闭机运行平稳,止水严密、灵活部件转动自如,运行声音正常。

对于人为故意盗抢工程设施设备的事件,平时应加强安全保卫工作。一旦发生,一方面进行工程紧急抢修维护,另一方面应及时向当地政府公安部门报告,协助进行案件处理。

以上这些事件,均有可能造成相应节制闸和退水闸的闸门操作控制失灵甚至瘫痪。若闸门不能自由落下(或上行),可通过调整临近上下游节制闸闸门开度,进行必要的输水控制,防止渠道水位升降幅度过大,从而达到正常输水的要求。

若闸门调度操作短时间不能排除故障,为避免渠道水位超高甚至漫堤,应在渠道水位达到超高水位时及时开启临近上游退水闸,适当排出多余水量。

8.5.4.4　社会安全事故

1. 恐怖袭击

恐怖袭击事件主要包括重要工程设施(如交叉建筑物、控制工程和重要变电站等)遭遇爆炸破坏(甚至失事)和人为恶意投毒,属于社会安全类事件。同时,可能造成工程安全事件或水质安全事件。恐怖袭击造成的直接后果和社会影响均非常严重,日常管理应密切防范,一旦恐怖袭击事件发生,应迅速报告当地政府、公安、驻警单位,启动相应反恐预案,并服从该预案应急领导小组的统一指挥。

在相应反恐预案启动之前,按照职责和任务,一是负责现场秩序维持,稳定局势,控制事态扩大;二是立即组织抢险救援组和应急处置组前往抢修,尽快恢复运行;三是采取闸站分段控制的办法进行抢修,尽量缩小停水时间。

2. 水事纠纷和群众上访事件

水事纠纷和群众上访事件均属于社会安全类事件。总干渠输水明渠两侧应完善安全防护设施,日常管理应加强巡视保卫工作,发现问题及时制止。同时,协调地方政府出台有关通告,对沿线居民进行宣传教育。居民点附近应设置明晰的警示标志或告示牌,禁止居民进入渠道游泳、取水和洗衣等活动,避免牛羊等牲畜家禽进入渠道,以免发生人员等溺水事件进而引发水事纠纷。一旦发生水事纠纷和群众上访事件,应立即报告当地政府公安部门。

3. 交通桥梁坠车落人落物事件

交通桥梁坠车落人落物事件属于事故灾难类事件。总干渠沿线交通桥梁众多,发生渠道坠车落人落物事件概率较大。在交通事故易发桥段协调地方交通部门悬挂警示标志,提醒来往车辆和行人。在不引起水质污染、重大生命安全和财产损失的情况下,一般渠道坠车落人落物事件对渠道正常输水调度影响不大,超重车辆通行和交通肇事由地方交通主管部门负责处理,调水工程运行管理单位协助当地交通主管部门进行相应打捞抢救工作。应当指出的是,若不及时打捞落物,落物顺水而下,也可能撞击闸门从而造成闸门结构破坏。

建议由省(直辖市)级政府责成地方交通主管部门采取有效防范措施,避免此类事故发生。

4. 其他事件

根据事件性质、严重程度及短期能否修复,从而采取相应的应急处置措施。例如,渠道初始充水或输水过程中,由于对一些水力参数和其他参数评估的偏差,进而导致闸门开度不当,可能引起渠道水位超出警戒水位甚至漫堤,应及时启用临近退水闸排出富余水量,以化解险情。

8.6　补救措施

隐患事件发生后,还需从缓解事件造成的供水影响、人员伤亡、经济损失、生态环境、社会影响等 5 个方面出发,提出修复、补救、补偿、减免等被动措施。

8.6.1　供水影响

减免供水影响的主要措施包括:

(1)研究不断水情况下的水下快速修复技术。

(2)寻找备用水源,编制应急供水预案。

(3)增设中线调蓄水库。

(4)研究应急调度技术。

(5)对于交通不便利的建筑物或渠段,增设抢险道路。

8.6.2　人员伤亡

减少人员伤亡的主要措施包括:

(1)规范抢险施工人员操作,避免抢险人员伤亡事故。

(2)当发生渠堤溃决时,立刻疏散人员,避免因渠水外溢造成人员伤亡事故。

(3)配合应急调度,紧急关闭事故渠段上游节制闸,并开启上游最近的退水闸退水。

8.6.3　经济损失

减小经济损失的主要措施包括:

(1)通过调度指施,尽量补偿供水损失。

(2)当需要启动退水闸紧急退水时,应与地方协调,并通过应急调度,避免退水闸退水引起的耕地淹没等赔偿损失。

(3)与地方政府沟通协调,尽量减少因供水中断或减小带来的间接经济损失。

8.6.4　生态与环境影响

减少环境影响的主要措施包括:

(1)避免因干渠隐患事件带来的次生灾害。

(2)加强污染源隐患排查,并与地方协调,避免总干渠两侧保护范围内出现污染源。

(3)加强退水渠两岸污染源隐患排查,避免因总干渠紧急退水带来的污染源扩散。

8.6.5　社会影响

减少社会影响的主要措施包括:

(1)通过主流媒体,加大正面宣传力度。

(2)一旦发生隐患事故,注意保密措施,避免引起社会恐慌。

8.7 建　议

由于调水工程线路长,工程复杂,其隐患控制涉及工程的方方面面,需管理单位各部门参与、配合、协调开展工作,有时还需要地方政府相关部门的密切配合,故建立一套联动协调机制对隐患防范、控制和减免是非常必要和有效的。联动机制包括以下两方面:

(1)建立相关部门共同参与的跨部门联动工作机制。

在各相关部门成立实施小组,由各部门的负责人和关键岗位成员组成,负责结合本部门、本岗位的职责,完成全面隐患防范、消除、规避、减免等相关工作。

(2)建立与地方的协调工作机制。

调水工程的安全运行离不开地方各级政府的支持与配合,建立调水工程管理部门与地方政府相关部门的协调工作机制是非常必要和有效的,尤其是在控制地方经济建设和活动影响带来的风险方面,主要包括:

①禁止侵占、损毁输水河道(渠道、管道)、水库、堤防、护岸;

②禁止在河道保护范围内采砂、侵占河道、加设阻水设施等;

③禁止在地下输水管道、堤坝上方地面种植深根植物或修建鱼池等储水设施、堆放超重物品;

④禁止侵占、损毁交通、通信、水温水质监测等设施;

⑤禁止在总干渠保护范围内实施影响工程运行、危害工程安全和供水安全的打井、堆土、采砂、取土、挖塘等行为;

⑥在工程管理范围和保护范围内建设公路、桥梁、河道整治等工程设施,审批、核准单位应当征求调水工程管理单位对拟建工程设施建设方案的意见;

⑦对调水工程水源地实行重点水污染物排放总量控制制度,确保供水安全。

第 9 章　总结及展望

9.1　总　结

安全运行评价是实现引水工程经济效益、社会效益、生态效益的重要保障。由于大部分调水工程具有跨流域、地质地形复杂、建筑物和设施种类繁多的特点，虽然调水工程已广泛设立监测、监控系统对关键建筑物、关键设施进行控制，可仅仅这些还不能完全保障安全输水的需要，因此本书开展了调水工程安全评价的研究，总结如下：

(1) 调水工程建筑物的安全运行是保证调水工程能发挥其工程效益的基本前提。基于调水工程线路长、建筑物种类多，各建筑物安全影响因素多等特点，本书选用层次分析法对调水工程建筑物进行安全评价，对于各调水工程建筑物，建立目标层、准则层、功能层、指标层等各个结构层次。其中，准则层包括安全性、适用性和耐久性；功能层包括各主要隐患；指标层包括各安全影响因素。

(2) 以大量工程实例为样本，总结出渡槽、倒虹吸、PCCP 及压力箱涵、高填方渠道等调水工程建筑物的安全影响因素，并建立安全评价指标体系，确定各指标层的权重系数，进而区分各建筑物的主要及次要影响因素。其中，渡槽的主要安全影响因素是暴雨洪水和施工质量；倒虹吸的主要安全影响因素是施工质量、暴雨洪水和设计安全富裕度；PCCP 及压力箱涵的主要安全影响因素是工程自身内在因素；高填方渠道的主要安全影响因素是施工质量、设计安全富裕度和暴雨洪水。

(3) 在对调水工程进行安全评价的基础上，应该对各类调水工程建筑物提出相应的安全控制措施，同时应当建立应急预案和补救措施，作为调水工程安全评价的补充，进一步提高调水工程的安全性。

9.2　展　望

目前，对于调水工程安全运行的要求越来越高，但由于调水工程运行条件的复杂性，涉及的建筑物及安全影响因素众多，其安全评价体系的建立是一个相当复杂的问题，由于编者水平所限，还有诸多问题有待进一步研究和完善：

(1) 安全影响因素确定。由于调水工程面临的风险众多，本书所确定的安全影响因素很难全部覆盖。本书所列的安全影响因素是根据现场实地调研和文献资料收集获取的，安全影响因素的完整性和适用性有待进一步完善、补充。此外，建立的安全评价体系的层次结构还需要细化，指标体系的合理性需要在以后的工程应用中加以验证。

(2) 目前，对安全评价指标权重的确定方法很多，本书对于其他可应用的相关方法尚未做进一步的研究和比较，有待做更深入的研究。同时，如何得到更为合理的指标权重，需要做很多研究。

(3)安全评价中各专家、管理人员评价值的综合问题。由于选取若干群组成员参与安全评价,他们的知识结构、智慧和经验各不相同,每个人所获得的信息也不相同,因此在评价时会产生不同的理解,表现出不同的偏好。如何有效综合各专家对工程的评价值,反映专家不同的评价水平,从而从一定程度上消除专家的判断偏差,保证评价的科学性和有效性,也是必须深入考虑的问题。

(4)随着计算机技术及通信技术的发展,调水工程安全管理的信息化、标准化是必然的发展方向,如何对建筑物种类和数量繁多的调水工程开发出一套简单实用、切实可行的安全保障系统具有重要的实用价值。本书对此做了一些简单的介绍,在这一领域尚有许多的研究开发工作要做,包括如何建立更为科学、合理、有效的应急系统,如何引入人工智能技术提高系统的自动化水平,使之成为现场操作人员更有效的工具等。

参 考 文 献

[1] 司春棣. 引水工程安全保障体系研究[D]. 天津:天津大学, 2007.

[2] Editors B, Rebbia C A. Water resources management, Boston[M]. WIT Press, 2001.

[3] Biswas A K. Water for sustainable development in 21 century[C]//Adress to 7 Word congress on water resource, Morocco: Water International, 1991, 16(4):84-91.

[4] 沈佩君,邵东国,郭元裕. 国内外跨流域调水工程建设的现状与前景[J]. 武汉水利电力大学学报, 1995, 28(5): 463-469.

[5] Zu yan-mei. South-North water diversion projects planned for China[J]. International Journal on Hydropower & Dams, v3, n1, 1996, 47-49.

[6] 张国良. 南水北调工程概况[J]. 水利水电施工, 2005(2): 9-27.

[7] 赵志仁, 郭晨. 国内外引(调)水工程及其安全监测概述[J]. 水电自动化与大坝监测, 2005, 29(1): 58-61.

[8] 水利部国际合作与科技司,水利部国际经济技术合作交流中心. 国外水利水电考察学习报告选编1998~2000[M]. 北京:中国水利水电出版社,2003.

[9] 袁少军,郭恺丽. 美国加利福利亚州调水工程综述(上)[J]. 水利水电快报,2005, 26(10):9-14.

[10] 袁少军,郭恺丽. 美国加利福利亚州调水工程综述(下)[J]. 水利水电快报,2005, 26(11): 14-16, 22.

[11] 冯德顺,石伯勋. 美国加利福利亚州调水工程成功的启示[J]. 水利水电快报, 2003, 24(4):1-2.

[12] 李运辉,陈献耘. 美国加利福利亚州水道调水工程[J]. 水利发展研究, 2002,2(9):45-48.

[13] 王光谦. 世界调水工程[M]. 北京:科学出版社,2009.

[14] 魏昌林. 埃及西水东调工程[J]. 世界农业,2001(268):26-28.

[15] 林继镛. 水工建筑物[M]. 5 版. 北京:中国水利水电出版社,2009.

[16] 宋崇能, 于彦博, 刘芳, 等. 水利工程安全评价应用现状[J]. 治淮,2007(8):39-40.

[17] Altman E I, Avery R B, Eisenbeis R A, et al. Application of classification techniques in business, banking and finance[J]. Journal of Money Credit & Banking, 1981, 15(4):532.

[18] Stam A. Extensions of mathematical programming-based classification rules: a multicriteria approach[J]. European Journal of Operational Research, 1990, 48(3):351-361.

[19] Tam K Y, Kiang M Y. Managerial applications of neural networks: the case of bank failure predictions[J]. Management Science, 1992, 38(7): 926-947.

[20] Schocken S, Ariav G. Neural networks for decision support: problems and Opportunities[M]. Elsevier Science Publishers B. V. ,1994.

[21] Müller G. Index of geoaccumulation in sediments of the rhine river[J]. 1969, 2(108): 108-118.

[22] 贾振邦,于澎涛. 应用回归过量分析法评价太子河沉积物中重金属污染的研究[J]. 北京大学学报(自然科学版), 1995(4):451-459.

[23] 唐川,张军,万石云,等. 基于高分辨率遥感影像的城市泥石流灾害损失评估[J]. 地理科学, 2006(3):358-363.

[24] 荣靖,冯仲科. 基于 GIS 的森林健康风险源识别和管理技术研究[J]. 北京林业大学学报,2005(S2):208-212.

[25] 吴振翔,陈敏,叶五一,等. 基于 Copula-GARCH 的投资组合风险分析[J]. 系统工程理论与实践, 2006(3):45-52.

[26] 曹宏杰. 担保公司风险形成的博弈分析[J]. 当代经济, 2010(14): 142-143.

[27] Fray I E. A comparative study of risk assessment methods, MEHARI & CRAMM with a new formal model of risk assessment (FoMRA) in information systems[M]. Springer Berlin Heidelberg, 2012.

[28] Amundson J, Brown A, Grabowski M, et al. Life-cycle risk modeling: alternate methods using bayesian belief networks[J]. Procedia Cirp, 2014, 17: 320-325.

[29] Sjoberg L. Factors in risk perception[J]. Risk analysis, 2000, 20(1): 1-12.

[30] Bedford T, Cooke R. Probabilistic risk analysis: foundations and methods[M]. Cambridge University Press, 2001.

[31] 朱元甡. 上海防洪(潮)安全风险分析和管理[J]. 水利学报, 2002, 8: 21-28.

[32] Slovic P, Finucane M L, Peters E, et al. Risk as analysis and risk as feelings: some thoughts about affect, reason, risk, and rationality[J]. Risk analysis, 2004, 24(2): 311-322.

[33] Chiu W A, White P. Steady-state solutions to PBPK models and their applications to risk assessment I: route-to-route extrapolation of volatile chemicals[J]. Risk analysis, 2006, 26(3): 769-780.

[34] Vose D. Risk analysis: a quantitative guide[M]. John Wiley & Sons, 2008.

[35] 刘恒, 耿雷华. 南水北调运行风险管理研究[J]. 南水北调与水利科技, 2010(4):1-6.

[36] Hayashi T I, Kashiwagi N. A bayesian approach to probabilistic ecological risk assessment: risk comparison of nine toxic substances in Tokyo surface waters[J]. Environmental Science and Pollution Research, 2011, 18(3): 365-375.

[37] 屠新曙. 时变风险度量模型[J]. 系统工程理论与实践, 2012, 32(3): 535-542.

[38] 金菊良,郦建强,周玉良,等. 旱灾风险评估的初步理论框架[J]. 灾害学, 2014(3):1-10.

[39] Varouchakis E A, Palogos I, Karatzas G P. Application of bayesian and cost benefit risk analysis in water resources management[J]. Journal of Hydrology, 2016, 534(3): 390-396.

[40] Kong X M, Huang G H, Fan Y R, et al. Risk analysis for water resources management under dual uncertainties through factorial analysis and fuzzy random value-at-risk[J]. Stochastic Environmental Research & Risk Assessment, 2017: 1-16.

[41] Zadeh L A. Fuzzy sets[J]. Information and control, 1965, 8(3): 338-353.

[42] 毛霖. 公交智能化运营调度评价方法研究[D]. 南京:东南大学, 2018.

[43] Budayan Cenk, Dikmen Irem, Talat Birgonul M, et al. A computerized method for delay risk assessment based on fuzzy set theory using MS Project[J]. KSCE Journal of Civil Engineering, 2018, 2: 1-12.

[44] Alexandru Andrei, Ciobanu Gabriel. Fuzzy sets within finitely supported mathematics[J]. Fuzzy Sets and Systems, 2018, 339: 119-133.

[45] Yazdanbakhsh Omolbanin, Dick Scott. A systematic review of complex fuzzy sets and logic[J]. Fuzzy Sets and Systems, 2018, 338: 1-12.

[46] Frini Anissa. A multicriteria intelligence aid methodology using MCDA, artificial intelligence, and fuzzy sets theory[J]. Mathematical Problems in Engineering, 2017: 11-35.

[47] Cattaneo Marco E G V. The likelihood interpretation as the foundation of fuzzy set theory[J]. International Journal of Approximate Reasoning, 2017, 90: 333-340.

[48] Logvinov S S. Applications of the theory of fuzzy sets in complex control systems[C]//Proceedings of 2017 20th IEEE international conference on soft computing and Measurements. Russ: St. Petersburg, 2017: 887-889.

[49] Tripathy Balakrushna, Sharmila Banu K. Rough fuzzy set theory and neighbourhood approximation based modelling for spatial epidemiology[J]. Handbook of Research on Computational Intelligence Applications in Bioinformatics, 2016, 6: 108-118.

[50] Salah Ahmad, Moselhi Osama. Risk identification and assessment for engineering procurement construction management projects using fuzzy set theory[J]. Canadian Journal of Civil Engineering, 2016, 43(5):429-442.

[51] Zadeh L A. Fuzzy sets and fuzzy information granulation theory[M]. 北京:北京师范大学出版社,2005.

[52] 刘远成. 基于灰色综合评价法的水利工程外观质量评价[D]. 大连:大连理工大学, 2019.

[53] 周新力. 基于灰色系统与事故树的列车调车脱轨事故预测与评价研究[D]. 南昌:华东交通大学, 2018.

[54] 严成,林小玲. 基于模糊数学与灰色理论的特区创新能力评价[J]. 市场论坛, 2018(9): 64-67.

[55] 杜栋. 现代综合评价方法与案例精选[M]. 北京: 清华大学出版社, 1993.

[56] 李春慧. 基于灰色关联分析与集对分析的水质综合评价应用研究[J]. 江西建材,2017(2):132-134.

[57] 乔小琴. 基于灰理论的土石坝安全监控综合评价模型研究[D]. 郑州:郑州大学, 2010.

[58] 任博芳. 系统综合评价的方法及应用研究[D]. 北京:华北电力大学, 2010.

[59] 杜栋, 庞庆华, 吴炎. 现代综合评价方法与案例精选[M]. 北京:清华大学出版社, 2008.

[60] 邢宏珍. 基于 AGC 的火电厂厂级负荷优化分配系统的研究[D]. 北京:华北电力大学,2007.

[61] 王安辉. 安徽省城市土地利用效率研究[D]. 杭州:浙江大学, 2012.

[62] 周伟. 基于方法的研究型大学科研绩效实证研究[D]. 天津:天津大学,2010.

[63] 赵勇等. 调水工程水文风险管理理论与实践[M]. 北京:中国水利水电出版社,2014.

[64] 徐蔼婷. 德尔菲法的应用及其难点[J]. 中国统计, 2006(9):59-61.

[65] 赵冬安. 基于故障树法的地铁施工安全风险分析[D]. 武汉:华中科技大学, 2011.

[66] 王艳艳, 梅青, 程晓陶. 流域洪水风险情景分析技术简介及其应用[J]. 水利水电科技进展, 2009, 15(3):400-407.

[67] 王义成, 丁志雄,李蓉. 基于情景分析技术的太湖流域洪水风险动因与响应分析研究初探[J]. 中国水利水电科学研究院学报, 2009,7(1):7-13.

[68] 李求进, 张瑄, 刘骥, 等. 基于事故情景分析法的液氯泄漏定量风险评价[J]. 中国安全生产科学技术, 2008,4(2):18-21.

[69] 范洪波,刘培国. 情景分析在商业银行风险管理中的应用[J]. 金融论坛,2010(5):45-50.

[70] 宁钟,王雅青. 基于情景分析的供应链风险识别[J]. 工业工程与管理,2007(2):88-94.

[71] 孙斌. 基于情景分析的战略风险管理研究[D]. 上海:上海交通大学,2009.

[72] 元云丽. 基于模糊层次分析法(FAHP)的建设工程项目风险管理研究[D]. 重庆:重庆大学, 2013.

[73] 张乐. 基于层次分析法的中小企业财务风险评价研究[D]. 蚌埠:安徽财经大学,2014.

[74] 李鑫. 扬州市水资源供需现状分析[J]. 水利发展研究, 2014, 14(9): 69-71.

[75] 唐前进. 物联网产业发展现状与发展趋势[J]. 中国安防, 2010, 15(6): 1-20.

[76] 宁焕生,徐群玉. 全球物联网发展及中国物联网建设若干思考[J]. 电子学报, 2013, 38(11): 2590-2599.

[77] Dimitris K. Closed loop PLM for intelligent products in the era of the internet of things[J]. Computer-Aided Design, 2010,3: 101-150.

[78] 孙利民, 李建中, 陈渝. 无线传感器网络[M]. 北京: 清华大学出版社, 2005.

[79] Rolf H W. Internet of things: new security and privacy challenges[J]. Computer Law & Security Review,

2010, 26(1): 23-30.
[80] Chrision P M. Security and privacy challenges in the internet of things[A]. Germany: Electronic Communications of the EASST,2013:1-12.
[81] 朱云龙. 基于安卓的可信移动巡检系统[D]. 上海: 华东理工大学,2013.
[82] 胡晓峰,叶立永. 条形码智能巡检技术在排水泵站管理中的应用[J]. 城镇供水,2009(5):75-79.
[83] 龚辰杰. 基于 VPN 的远程视频监控的实现[J]. 电脑知识与技术,2013,13(7):1529-1531.
[84] Robb Frank J, Marsh, Charles P. Robotic inspection system for steel structures[J]. American Society of Mechanical Engineers, Pressure Vessels and Piping Division (Publication) PVP, v352, 1997: 45-49.
[85] 吕文红,田昌英. 基于 GPS 和 RFID 技术的智能巡检系统[J]. 电子设计工程, 2012, 1(25): 97-100.
[86] Wu C W, Zhao L. Development and application of intelligent PAD mobile itinerant inspection system [J]. Electric Power Construction,2008,29(10):32-34.
[87] 张玉波. 逢盛世自动识别枝繁叶茂[J]. 中国自动识别技术, 2011, 20(1): 38-42.
[88] 殷晶晶. 高密度图形码及数字水印技术的研究与应用[D]. 武汉:华中科技大学,2005.
[89] 郭治国. 车辆铭牌激光标刻系统研究[D]. 武汉:华中科技大学,2004.
[90] Garfinkel S L, Juels A. RFID privacy:An overview of problem and proposed solutions[J]. IEEE Security and Privacy,2005,15(1):34-43.
[91] 吴捷. 面向 RFID 应用的情境感知计算关键技术研究[D]. 上海:上海交通大学,2010.
[92] Huber N, Michael K, Mc Cathie L. Barriers to RFID adoption in the supply chain[C]. RFID Eurasia, 1st Annual,2007.
[93] 袁应龙,陶森. 基于 NFC 技术的消防产品防伪及巡查系统研究[J]. 武警学院学报, 2014, 12(2):30-35.
[94] 田冲. 无线网络跨层调度算法研究[D]. 山东:山东大学,2009.
[95] 李华培. 论 GPRS 网络优化[J]. 信息系统工程,2013,12(6):30-32.